科研方法与论文写作

徐　健　牛丽娇　益　琛　赵　凤　范九伦　著

科学出版社

北　京

内 容 简 介

本书全面介绍了研究生应该如何进行科研选题、开展科研、撰写论文、投稿等内容，具有较强的针对性和实践性，结合专业特点，深入浅出，在实例中讲解科研和写作技巧。内容包含了科研方法和论文写作的完整流程，具体有论文的选题、检索资料的方法、学术会议的准备、论文的创新点、论文各个环节的撰写方法、论文撰写格式、科研论文的配图、论文投稿与发表、论文编辑软件、PPT 制作等，能够给研究生和教师提供较为全面的论文写作指导。

图书在版编目（CIP）数据

科研方法与论文写作 / 徐健等著. —北京：科学出版社，2022.10

ISBN 978-7-03-073394-8

Ⅰ. ①科… Ⅱ. ①徐… Ⅲ. ①科学研究－研究方法②科学技术－论文－写作 Ⅳ. ①G312②H152.3

中国版本图书馆 CIP 数据核字（2022）第 188300 号

责任编辑：闫 悦 / 责任校对：胡小洁

责任印制：吴兆东 / 封面设计：蓝正设计

科学出版社 出版

北京东黄城根北街 16 号

邮政编码：100717

http://www.sciencep.com

北京虎彩文化传播有限公司印刷

科学出版社发行 各地新华书店经销

*

2022 年 10 月第 一 版 开本：720×1 000 B5

2024 年 1 月第二次印刷 印张：13 3/4

字数：270 000

定价：139.00 元

（如有印装质量问题，我社负责调换）

前　言

科技创新是影响一个国家经济社会发展和国际地位的重要因素，近年来，我国大力提倡基础科学研究。截至 2021 年，基础研究投入年均增长 16.9%，化学、物理等多个学科的科研发展居于世界前列，取得了一批重大原创性的科技成果。这些成就是科研工作者们辛苦付出的结果。与此同时，这些成就也是对广大科研工作者们的激励，尤其是对于高校研究生。在科技事业蓬勃发展的今天，对高校研究生有了更高的要求，必须付出更多的努力，才能够将前辈们创造的辉煌延续下去，才能担起民族复兴的伟大重任。为了适应国家发展的需要，研究生逐年扩招，但是研究生培养质量必须得到保障。一名合格的研究生应该具备所研究领域内的基础知识、科学研究的能力、独立思考的能力、创新思维能力、论文写作能力等。因此，探究如何培养新时代研究生的方法是非常有必要的。

研究生的培养和发展会因为专业的不同而存在差异，但科学研究是培养的必经之路，论文写作是必备的技能。本人从事教育工作 14 年，在这期间接触了大量的研究生，并指导了多名研究生，看到过太多新入科研的研究生的不知所措和迷茫。有的研究生因为不知道如何找资料、如何选题而苦恼；有的研究生科研做得很好，但是论文写作不得要领，论文投稿一次次被拒稿，盲审总是不能通过。每当看到这些本人总会思考，以自己的科研和教学经验能否帮助这些学生走出困境。于是，本人决定开始整理资料、收集研究生科研和论文写作中存在的各种问题，撰写一本关于研究生科研方法与论文写作方面的参考书。

科研方法和论文写作是一门具有较强实践性的课程。对于大多数研究生而言，这两者都仅仅是科研的工具，都希望通过学习掌握一定的方法，能够独立开展科研并写出自己的论文。因此，书的实用性非常重要。本书在每个知识点上加入实际写作案例，便于研究生快速掌握科研方法和论文写作方法。

本书的创新之处如下。

(1)知识新。本书仔细研究最新发表的高水平期刊论文的创新点和写作风格，总结其写作规范和技巧。阐述知识点时使用的案例均摘自近年来发表的高水平期刊和国内高水平大学的学位论文。

(2)思维新。本书的目标是将学生培养为服务地方的高水平科研人才，这类人才应当有一定的国际化视野。本书的知识点涉及国际高水平期刊和会议论文的撰写方法、参加国际会议的报告准备等内容，培养研究生在国际学术圈中活动的能力。

本书共有 10 章，包括研究生论文选题、资料检索、学术会议、论文的创新点、论文撰写、论文格式、论文配图、论文投稿、论文排版、学术报告 PPT 制作等，从检索资料到选题，再到论文写作以及论文的发表，对研究生科研中存在的流程进行了系统的介绍。

本书的所有章节文字均由徐健和牛丽娇撰写，其中，牛丽娇独立撰写内容超过三万字，益琛、赵凤、范九伦为本书提供部分实验数据和图片。

本书的出版是所有作者、编辑、审校人员共同努力的结果，本书得到了西安邮电大学研究生院的支持，在此表示深深的感谢。

由于作者水平有限，本书难免存在不足之处，敬请读者指正批评。

作者

2022 年 10 月

目　　录

第1章　论文的选题

硕士研究生是科研的主力，保障其培养质量尤为重要。科研选题是硕士研究生进行科研的第一步，而科研方法的学习是硕士研究生主要的学习任务。恰当的选题是科研成功的一半，但很多研究生常常会出现选题过大、选题过偏、选题过陈旧等问题。因此，对硕士研究生科研选题进行指导非常有必要。

科研选题包含了资料收集、整理、分析等一系列工作。选题一般程序为：文献调研、提出多个备选题目、确定选题。其中，文献调研最常用的是基于网络文献数据库的方法，通过使用网络文献数据库，研究生可以快速了解本领域的国内外研究现状。已有学者总结了硕士研究生应该怎样提出科研问题，即从事实之间的联系、理论与事实之间的矛盾、理论内部关系、不同理论之间的关系，以及社会需求五个方面提出问题[1-2]。确定选题需要遵循一定的选题原则，最终的选题必须实用、可行、有价值。

对于初入学的硕士研究生而言，由于缺乏理论知识和科研经验，面对选题时常常表现得手足无措。因此，本章从研究生和导师的现状出发，从科研选题的途径、科研选题的原则、获取选题有效信息的渠道等方面展开讨论，指导硕士研究生进行科研选题，解决硕士研究生科研选题方面的典型问题。

1.1　研究生培养的不足之处

国内的研究生教育与国外不同，随着我国硕士研究生的逐年扩招，不同特点的导师在研究生培养过程中有时会存在一些不足之处。目前电子信息类的研究生导师主要分为以下几类。

(1) 中青年导师。这类导师大多数在学校工作的时间较长，具备一定的教学经验，课题资源也比较丰富。但作为学校的教学、科研主力，他们有时工作压力大，对每个学生进行指导的时间并不充足。

(2) 刚毕业的博士生。这类导师的研究课题一般比较新，能够让学生接触到比较前沿的知识，但是他们中有的教学经验相对缺乏，在与学生的沟通上有时会出现问题。面对这类导师，学生应该积极主动地跟导师交流，在交流中要避免与导师发生冲突，要充分尊重导师。

(3) 行政职位类导师。这类导师有的人脉较广、资源较多，但是由于行政事务繁忙，指导学生的时间不够充足。有的导师让副导师辅助指导研究生，但副导师一方面需要与正导师沟通，另一方面需要与学生沟通，哪一方面沟通不畅都会对指导产生不利影响。面对这类导师，学生应该积极主动开展科研，尽快找到自己的科研方向，并充分借助导师的资源推进项目。

(4) 教研型导师。这类导师的特点是拥有丰富的教学经验，并且学生报考率较高。他们有时会让学生帮忙做一些与教研相关的课题，但缺点是教研类的课题不能够用来完成相关学位论文。所以面对这类导师，学生应该学会自己找研究方向。

(5) 工程型导师。这类导师的特点是大多都承担企业课题或拥有自己的企业，科研经费充足，能给学生提供很好的科研条件，并且他们的学生可以在公司一边实习、一边开展研究。但缺点是有些工程项目类研究课题很难提炼创新点。

以上就是五类研究生导师各自的特点。为了填补一些导师在指导上面的不足，硕士研究生在科研选题过程中应该充分与导师交流，充分借助学校和导师的资源，从而选择出适合自己的课题。对硕士研究生而言，在校开展科研的时间仅有两到三年，因此要尽早做规划，避免浪费时间。

1.2　科研论文的种类

(1) “提出问题”类论文。在掌握研究领域内一定知识的基础上，通过自己的认真思考和观察，提出新的研究问题、开辟新的研究方向，用心去发现身边有哪些问题可以使用本研究领域的方法解决。

举例： 数字图像处理是利用计算机对图像采集设备获取的数字图像进行各种操作的研究领域。例如，图像去噪、图像去模糊都是一些老问题，但是清华大学的一位博士首次提出了利用传统的数字图像处理方法去除雨天图像中的雨，提高雨天图像中的景物清晰度。

案例分析：这个问题是以前人们没有研究过的，只要第一次把它提出并使用一定的方法解决，就可以称为创新。在寻找解决问题的办法时，不用非得找一个复杂的、技术含量高的方法，有时简单有效的方法就可以作为解决该问题的方法。后续其他学者进行该研究时，可以将该方法作为基础。在科研过程中，只要抛出了一个新问题，其作者就有机会成为这个问题领域的“开山鼻祖”，后续的人们如果跟着这个话题继续研究，在论文中就不得不提到“开山鼻祖”的论文，该论文的引用率自然比较高。实际生活中的科学问题纷繁复杂，这也代表着成为“开山鼻祖”的机会很多，研究生应该拥有一颗能够观察生活现象并发现问题的心，学会最大限度地将所学知识联系实际。

“提出问题”类论文可以称为“一流的科研”。正如爱因斯坦所说：“提出一个问题往往比解决一个问题更重要，因为解决问题也许仅是一个数学上或实验室上的技能而已，而提出新的问题、新的可能性，从新的角度去看旧的问题，都需要有创造性的想象力，而且标志着科学的真正进步。”这句话解释了在科研中“提出问题”的前提是拥有善于观察现象的眼睛和创造性的思维模式，当然不是每个人都能拥有这样的科研境界，但从科学研究发展的角度讲，这应该是每个科研工作者的最高追求。

(2)“解决问题”类论文。在提出问题的前提下，通过研究别人已经提出的问题，自己找到更好的解决问题的方法。可以是第一次提出一个能有效解决问题的方法或数学模型，该方法使实验结果在性能上获得很大进步；也可以是第一次引入一个已有的方法，解决了一个已有问题。

举例： 为了减轻或消除航天遥感相机成像过程中图像退化造成的模糊，将高斯拟合的点扩散函数用于遥感图像恢复，减轻了图像模糊，使图像细节更清晰，更容易辨别。

案例分析：遥感图像的清晰化是一个老问题，但引入点扩散函数后就能够使清晰化效果变好，这就用已有的方法解决了一个已有的问题。想要在别人方法的基础上提出新的解决问题的方法，需要先深入理解别人算法的细节，发现别人的不足之处。有一些论文可能存在“报喜不报忧”的情况，在文章中只展示好的实验结果。只要调试、精读程序，就有可能会发现作者在方法细节上的一些问题，并在此基础上提出新算法或对该算法进行“打补丁”，弥补其不足之处。

与“提出问题”相比，“解决问题”类论文可能在创新力度上略逊一筹，但至少也要对相关领域内的知识有一定的积累，否则很难提出好的问题解决方案。对许多经典模型，要先充分了解后才能够使用，对模型越熟悉，使用起来越游刃有余。除此之外，还要具备一定的数学基础才能对模型进行推导。在实验过程中，通常需要不断的尝试才能找到有效的方法。要在足够多的数据库上实验，才能够发现在不同环境中、不同数据上的实验效果如何。对实验结果进行分析，寻找更好的方法。

(3)“算法改进”类论文。在重现别人实验的过程中，对别人算法进行适当改进，以达到更好的实验效果，如可以在别人的算法上加约束条件、将几个人的算法拼合起来、把别人的模块拼成另一个产品、将别人的程序模块拼成一个功能等。需要注意的是，在改进算法的时候要确保所做的工作是有价值的，即思考是否兼顾了效率和效果、是否能够通过实验现象对理论进行合理解释、是否能够推广到其他研究领域等。

举例： 在一篇关于图像处理的论文中，作者提出了一个新的图像重建的算法，但他在实验中用到的是建筑图像。若将此算法应用到人脸图像上，发现图像的重建效果并不理想。但某学者将此算法进行略微改进后再应用到人脸图像上，其效果比原作者的算法效果更好。

案例分析：这类在别人的基础上进行改进的创新与前两种相比力度较小，但是比较适合初入科研的研究生们进行尝试。并且，通过这类创新，可以让研究生了解科研过程、掌握科研方法，为今后培养良好科研习惯和从事科研工作打下基础。

(4)“调整参数”类论文。调整参数是指在调试别人程序的过程中，改变了程序中某一小步或者某个函数里面的参数，并得到了更好的实验效果。有些时候，参数的调整对实验结果并没有太大的影响，但是节省了某方面成本(如时间复杂度和存储空间)。对于一些初入科研且基础不够好的同学，可以选择“参数调整”类课题。通过对参数的不断调整，提高对程序的理解，逐步夯实基础。

举例：使用卷积神经网络进行数据处理。调试卷积神经网络用于机器学习任务，有的人用 10 层卷积，而有的人用 13 层卷积后性能变得更好了；有的人卷积完了之后没有归一化，有的人卷积完加了一层归一化性能变好了；有的人某个地方用的参数为 3，另一些人将此参数调成 5 后发现结果更好了等。

案例分析：在调整参数过程中，可能得到了比较好的实验结果，但解释不了原因，这也是这类文章的不足之处。调整参数的论文在这几类论文中是属于水平较低的，也正是这个原因，这类文章通常不能够在期刊上发表。但调整参数的前提是能够看懂别人的算法，至少要能够读懂有参数部分的代码。所以，调整参数常常作为一个入门级科研人员的训练方法，调整参数类论文也可用于锻炼硕士研究生的论文写作能力。

以上四种方法对应不同类型的研究生，能写第一类论文的同学需要有能观察能思考的头脑；能写第二类论文的同学需要进行刻苦钻研，在该领域内掌握一定范围和一定深度的数理知识和编程技能；能写第三类论文的同学属于研究生中的大多数科研平庸者，这一部分同学尽管在撰写这类论文过程中没能达到较高的科研层次，但是在掌握了一部分科研技巧和方法后，能够为将来的科研打下基础；仅仅能够完成第四类科研写作的同学属于研究生中的不合格者。从科研的角度出发，希望硕士研究生能朝着第一种和第二种的方向发展，能够拥有良好的数学和编程基础，阅读大量文献，研究出自己的成果。

1.3 研究生选题的原则

选题在研究生论文写作过程中至关重要，在选题之前我们需要清楚选题的大致原则。在选择自己研究课题的时候将一些可能出现的问题先排除，这样有助于后面科研的顺利开展。

原则一：要跟导师的研究方向尽量贴近。

在 1.1 节中谈到了导师分为 5 种，但是不管什么类型的导师都有一个自己的研究方向。在选题的时候要尽量选择跟导师研究方向相近的。例如，导师的研究课题是做散打过程中的力量检测系统，就可以考虑在散打这方面有没有什么科研问题需要解决，从而确定自己的选题。

选择跟导师相近的课题有什么好处呢？第一，方便获取资源。众所周知，硕士论文写作需要用大量的材料作为支撑。导师有多年的科研经验，积累了很多的课题相关资料以及一些自己发表的文章，学生在写论文的时候可以拿来当作参考资料。导师在自己的研究方向上拥有比研究生更多的知识经验，即便是新课题，导师由于知识储备更丰富，查找资料的渠道也会更多。第二，得到较全面的指导。导师在自己领域内具有丰富的科研经验，在研究方面能给学生提供较全面的指导。第三，拥有更好的交流机会。导师的人脉会比学生多，例如，导师可以派学生出去参加学术会议，在会议上会有与其他学者交流的机会，可能在交流过程中别人的方法能够启发自己的创新思维。研究生应该珍惜这样的机会，多将自己的想法和问题与别人交流，在各种想法的碰撞之中寻找科研灵感。

原则二：要做可以进行实际应用的课题。

对于工科研究生来说，所选课题最好考虑其应用价值。与理科研究生不同，工科研究生不应该将研究仅仅停留在公式推导上面，工科研究生应尽力把数学理论及公式推广到实际应用上。例如，爱因斯坦提出了质能转换方程 $E=mc^2$，若没有奥本海姆将该公式实际应用到原子弹的制造上，它仅仅是写在纸上的一个公式。所以，学习工科的同学有责任去挖掘理论研究成果的实际应用价值。

原则三：要做可行的课题。

选择课题的时候，为了之后能将课题顺利进行下去，应该充分考虑课题的可行性。例如，某同学计划训练一个 1000 层的神经网络，可能需要将整栋楼腾出来放工作站，这样才能训练得出来，这个同学的实验条件根本不具备。因此能不能将实验进行下去，自己的实验条件、人员和时间是否允许是选题时需要考虑的原则。所以，我们在选课题的时候，不能完全按照自己一些不切实际的想法，要充分考虑课题的可行性。

看一个研究课题是否是可行的，需要从以下三个方面判断。第一，看是否具备足够的实验条件。对于课题研究，拥有足够的实验设备和环境是硬性需求，没有这些条件实验根本无法开展。即使拥有实验条件，但是设备数量非常紧缺，也最好不要选择这样的课题。例如，几个人共用一台工作站，当一个人的程序跑起来的时候，会影响另一个人做实验。为了保证实验顺利，每个人只能轮流使用某个设备，这样会浪费大量的时间。第二，调查目前为止大概有多少人做过该课题，评估它还有没有继续研究的价值。一个课题，如果很多人做过且都已经研究成熟了，就可以选择放弃。如果是一个没怎么被研究过的课题，它的可行性还没有被一些人验证，对于这类课题，若做成功了就能成为该领域的开拓者，若失败了，可能会导致没有成果。如果一个课题已经被一些人验证了可行性，别人的论文自己能够读懂，自己也具备在该领域进行研究的基础知识，就可以优先选择该课题。对于一些生僻的方向，在选择之前一定要先调查清楚为什么研究的人那么少，通过调研评估该课题有无研究的价值。第三，考虑自己的毕业时间。如果想要在该领域稳扎稳打并做出一定的成果，可以考虑需要长时间研究的课题。如果时间条件不具备，想要早点出成果，就选择一个较难问题的子问题，争取在短时间内对于该难题的某一方面有所贡献。

除了以上三个条件，硕士研究生选题还应该考虑自己的科研水平，评估自己的知识储备和科研能力能否将这个课题进行下去。选择一个可行性高的课题，一旦科研有了成果，可以增加研究者的信心和科研兴趣。科研过程绝不是一帆风顺的，可能遇到各种各样的麻烦，所以在开始选择的时候就要学会避开一些问题。

原则四：要做自己感兴趣的课题。

科研中往往会遇到很多挑战，如自学一门课程、一门语言或一个软件，此时兴趣是最强劲的内在驱动力，它会引导和激励研究生去努力学习。可是初入科研的硕士研究生如何知道自己对哪些课题感兴趣呢？要想寻找感兴趣的课题，可以先找一篇该方向上的经典文章进行阅读，看是否能被其中的内容所吸引。如电子信息类的“经典论文”通常具备三个特点：第一，论文的被引次数较多；第二，论文的内容比较容易理解；第三，论文有完整的配套程序。硕士研究生在阅读论文和调试程序时往往会遇到难点，如果遇到难点就感到非常排斥，不愿继续研究，说明从心理上就不接受该课题，该课题就可以停止。如果遇到难点，可以继续研究，并通过自己努力可以解决几个难点，说明研究生能够从心理上接受该课题的难点，就可以选择该课题。

科研中的失败者会经历如下过程：听说该方向有前途：立志科研→研究过程中遇到麻烦：怀疑自己能力→长时间攻克不了：兴趣锐减→遇到利益：直接放弃。

科研中的成功者会经历如下过程：听说该方向有前途：立志科研→研究过程中遇到麻烦：通过各种方法弥补能力的不足→长时间攻克不了：继续做实验、查资料、跟导师探讨→遇到利益：忽略利益，坚持向目标方向努力，直到获取科研成果。

1.4　科研论文的选题途径

对于硕士研究生而言，在某些情况下不用进行选题。例如，同导师的师兄师姐之前已经做成熟的课题，由于他们快毕业了，没有时间和精力继续完成，一年级的研究生就可以接过来继续做。这种情况看似可以快速出成果，但是不利于研究生今后的科研发展。将来如果遇到自主选题的任务，依然需要具备选题的能力。所以，作为刚入学的硕士研究生应该积极主动地选择自己的研究课题，即使是导师指定课题，也要对该课题涉及的研究领域进行深入研究，不能仅仅满足于整理前人的研究成果。

对于大多数硕士研究生而言选题是必不可少的环节。选题时应该要明白，稀薄的空气培养不出优质的秧苗，稀薄的知识培养不出优质的创新，大脑里面要有足够的知识积累，才能游刃有余。在选择科研课题时，阅读储备量越大，可以选择的范围就越大，思考出来的创新点才会更有价值。论文选题的渠道，通常有以下几个。

(1)通读法——“棍扫一大片”。

通读法是指，硕士研究生初入某个研究领域时，将领域内的经典论文全找来认真研读，阅读后运行、仿真这些论文相对应的算法。在此过程中，对知识进行整理和总结，寻找课题研究的突破点。对研究生而言，这是一种相对扎实的方法，能够为之后的研究打下良好的基础。在查找文献的时候，可以从一篇经典论文出发，找到这篇论文的引用论文和被引论文，还可以从引用论文和被引论文中再找其各自的引用论文。这样就能够从一篇论文扩展到多篇论文，从而快速熟悉一个领域。

阅读文章时，要精读和略读相结合。其中，高被引频次的论文需要精读，而一些在该论文上做出小小改进的论文只需要阅读其“创新点描述”部分。一般高被引频次论文应该是第一次提出了某一种方法，并且它的写作应该是简单易懂的。之所以要简单易懂，一方面为了初入该科研领域的同学能够看懂，另一方面为非该领域的其他学者阅读方便。虽然一个科研方向仅有少数人研究，但是如果一篇文章能够被许多初学者和非该领域的其他学者读懂，自然引用率就高起来了。如图 1.1 所示，论文 A 是按要求找到的第一篇经典文献，则顺着这篇文章可以找到它的引用论文和被引论文，我们就能够轻松地找到领域内的其他高被引文献。

除此之外，综述类文章也可以帮助我们对科研领域内的知识做一些梳理。综述论文从某种程度上总结了一定数量的论文，可以帮助我们尽快找到相关论文。如图 1.2 所示，可以通过综述类文献开展“棍扫一大片”。首先找到一篇质量较高的综述文献，根据里面的内容总结，将文中提到的论文逐一找到。再参考这些文章的标题和摘要，决定是否阅读。这样按照作者归纳好的内容查找，同样是一个不错的查找文献的方法。

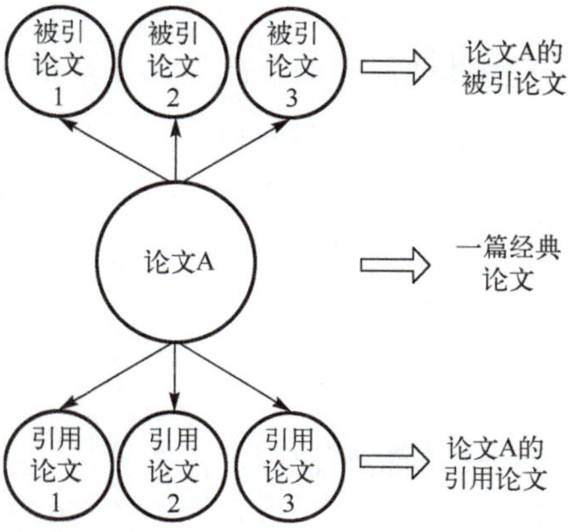

图 1.1　“棍扫一大片”法

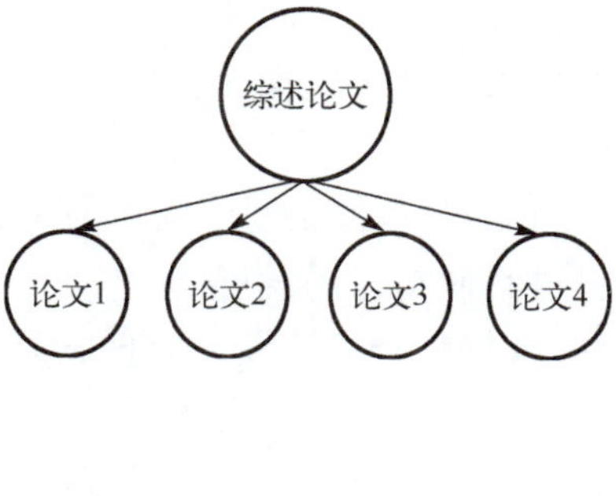

图 1.2　文献综述法

通读法适合那些打算在科学研究领域有所成就的同学。通过通读法寻找科研课题，最终会获得对于一个领域知识的系统性掌握和一大批算法的研究经验。

(2) 改进方案追踪法——“枪扎一条线”。

改进方案追踪法是指，查找该领域最近发表的一篇经典论文进行认真研读，然后仿真论文对应的算法或直接运行其配套程序，从这篇论文开始追踪算法改进的方案。在此过程中，首先观察该方法存在哪些优缺点，再设法从某个方面解决该方法存在的问题，最后以解决这些问题为目标开展科研。用这种方法进行科研选题，可以相对高效地提出科研问题、得到创新想法。不过在撰写论文的时候，使用该方法的研究生需要与使用“通读法”的研究生进行合作，让“通读法”的研究生帮助其撰写绪论。因为仅阅读一篇论文与数篇相关论文，没有对该领域的文献进行充分调研，写不出高质量的绪论。

这个方法的主要特点是抓住文章要点，在一篇论文上继续展开研究。在研究算法的过程中，尽量把程序中的每一条语句、每一个函数都读懂。还要跟踪变量，要弄明白每一阶段的输入、输出是什么。最后将程序在其他数据库上进行试验，或者在源程序上做一些调整，观察实验效果。

举例： 程序 A 为某篇经典文章的源程序，将其应用到某张图像的清晰化上，结果显示该算法能将图像中物品的轮廓恢复出来；程序 B 为读者更改过的程序，将程序 B 应用到原来的图像上，得到了物品更多的细节。这就说明程序更改成功了。

在这个过程中寻找作者在方法上还存在哪些问题，思考这些问题的解决办法，这里我们解决问题的渠道包括：跟导师讨论、调参数、学习新的数学模型、跨课题阅读、拼凑别人的算法等。注意新方法相比于原文方法在各方面指标都要有一定的提高，否则所做的更改就没有意义。

(3) 平移法——“拿来主义”。

平移法是将某领域的某一个算法，直接用到其他问题的解决上，并得到了不错的效果。例如，一个图像超分辨率的算法，原作者只做了图像超分辨率的实验，没有做图像去噪或去模糊的实验，某读者将算法应用到图像去噪上，结果图像变得非常清晰。

“平移法”是首先发现别人的研究漏洞，然后去填补这个漏洞，在一定意义上有助于推进科研事业的发展。

(4) 数据库分析法——“把脉风向”。

有些研究生在现有资源的基础上很难找到合适的科研课题，需要自己从别的地方寻找。例如，有的研究生导师所做的课题是工程型课题，涉及的理论研究不多。工程型课题注重实际的作品成果，但是有些产品的制作只需要把现有的一些程序模块组合成功能，研究生拿到这样的课题很难提炼创新点并写出论文。因此，这就需要研究生自己通过数据库分析法寻找与工程项目相关的课题。

通过网络文献数据库检索是研究生进行文献调研、选题最便捷的方法。很多高校的图书馆都购买了相应的文献数据库，学生通常只需要登录校园账号就能够访问。许多包含电子信息类学科的大学都会购买的数据库包括：科学引文索引数据库（Web of Science）、爱思唯尔（Elsevier）、基本科学指标数据库（ESI）等，但由于宣传培训不够，一部分学生对于这些数据库的应用并不多。这些学校应在学生中大量开展关于数据库使用方法的培训，以帮助学生更加高效地使用学校购买的数据库。本书在第 2 章介绍了几种数据库的用法，可供大家参考。

在很多网络文献数据库中都可以查看各学科的研究前沿和热点趋势，可以借助这些数据内容来进行科研选题。以中国知网为例，可以通过中国知网提供的指数分析和计量可视化分析来梳理研究领域脉络，具体做法如下。

第一，观察从研究之日起该领域内的发文量如何变化。如果发文量是上升趋势，说明这是一个热门研究领域；同时关注发文趋势的拐点，因为出现拐点通常是有相关事件发生或者有新的问题被提出，应该重点关注发生了什么。综合以上两点决定是否继续研究该主题。

第二，通过文献计量可视化分析，剖析每个研究主题的合理性和适用性。通过查看作者分析、学科分析、交叉学科的运用、中外文献的查新和主题研究的发展趋势等，来观察主题的研究层次和研究方向。其中，研究层次取决于所选课题的客观研究条件与科研工作类型；研究方向不同的成果分布在各科研机构和高校，并以发文形式体现。

第三，通过多方面分析，最终确定出所要研究的方向。

除了中国知网，还可以借助 ESI 数据库进行选题。作为一种定量分析研究绩效的专业工具，它提供了许多有用的文献指标。例如，“研究前沿”指标可以通过聚类分析提供学科核心论文，“篇均被引次数”可以查看一篇文章近十年来每年的平均被引次数，还可以查看研究领域内的高被引论文、热点论文、高水平论文等。ESI 数据库的具体使用方法详见本书 2.2 节。

1.5　获取信息的渠道

科研选题时，搜集和整理的资料足够多、足够全面，才更容易选出合适的课题。在选题时获取信息通常有以下四个渠道。

（1）查找论文。查找和阅读文献是研究生获取信息的主要方法之一，通过别人已有的研究成果再去发现并解决问题，也是一种科研方法。查找论文获取信息的优点是方式和场地灵活、花费小。不管在哪里，只要有一台连上网络的电脑，就可以登录文献数据库进行查找。但缺点是自己查找容易迷失方向，面对各种各样的文献、期刊，要想准确定位找出与自己课题相关、有参考价值的文章，需要有足够的耐心和刻苦的精神。同时掌握正确的论文检索方法也非常关键，具体如何查找文献可参考“检索资料的方法”(第2章)部分的讲解。

(2)通过调试经典算法的源程序获取技术细节。源程序是展示理论知识的桥梁，里面包含实验的每个细节以及一些特殊的技术方法，如果能将领域内的经典源程序找来进行调试，收获也将会不小。调试程序是一个辛苦的过程，有些实验的程序非常多，要全部跑通并看懂，需要花费大量的时间；有些程序可能有错误，需要进行一些改动才能顺利运行；也可能有些算法对环境要求很高，需要搭建环境才能顺利调试。总之可能存在各种各样的问题，在面对这些问题的时候一定要有足够的耐心。

(3)参加国际会议。国际会议是一个学术交流平台，参加国际会议是掌握领域内前沿知识既快又好的方式。可以直接听到世界各国研究者们介绍他们各自的成果，有机会学习领域内最前沿的研究成果。如果有幸遇到曾阅读过的文章的撰稿人，还可以争取和他进行面对面的交流。但是参加国际会议的花费较高，一些国际会议在国外举行，需要购买来回机票、支付住宿费等。参加国际会议的具体细节请参考本书“学术会议的准备”(第3章)部分的讲解。

(4)实验室内部的交流和讨论。充分利用身边的资源，多与师兄师姐们进行交流。可以向他们请教对于某一个问题的思路，多观察别人解决问题的方式，比较与自己的有何不同，看是否有值得借鉴的地方。如果可以的话，请他们介绍一些科研上的想法，并将自己的想法与之交流。因为他们的一些想法在你这里可能会产生不一样的理解，有时正是别人不经意的一句话恰好能够激发自己的灵感。

除了上述四种方法外，获取信息的方式还有很多，硕士研究生应该学会从所学专业的角度观察身边的事物，从各种细节中寻找选题突破点，好的选题需要细心去挖掘。总之，科研之路并非坦途，成功者往往具有长远的目光、坚韧的毅力和谦虚严谨的态度，失败者往往缺乏毅力和恒心。

1.6 如何高效阅读文献

阅读文献是初入科研的研究生了解一个科研领域从旧到新发展动态的重要渠道。虽然阅读文章不代表一定能产生创新点，但应该清楚一点，学习是一个积累的过程，有量的积累才能达到质的飞越。在平时应该多读经典文献，有选择性地泛读或者精读，并通过输出反馈来帮助自己消化文章内容，转化成自己的知识。这样努力下去，当知识积累到一定程度的时候，提出优质的创新点就不再是难事。

但是，对于大多数研究生，尤其是刚刚接触科研的新生来说，阅读文献是一个艰难且枯燥的过程。有的学生可能花很多时间去读一篇文章，看完之后还是不能理解其中的重点内容。一些外文文献，对于英语基础不好的学生而言，可能完整读一遍都比较困难。所以建议大家在阅读文献之前先想想自己的目标和期望是什么，然后带着这些目标去阅读文章，为自己找到答案。下面介绍有效阅读文献的方法，以供学习时参考。

从头到尾的按顺序读不是唯一的阅读途径，可以采取一定的策略提高阅读效率。我们可以把阅读分为两个阶段进行。

第一阶段：快读。只须领略段落大意即可，并在此过程中判断文章的参考价值。

快读阶段可以按照标题、关键词、摘要、结论这样的顺序来读。如果在此过程中发现对其内容不感兴趣或认为文章没有参考价值，就可以立即停止阅读。首先，标题和关键词是最直观反映文章内容的部分。然后，摘要描述了文章的总体内容，着重看其中对创新点的描述部分。最后，结论是对全文的总结，我们可以清楚获取关于文章研究成果的信息，可以从中判断该文章对自己未来研究是否有借鉴的价值。通过这三个步骤筛选的文章就可以进入下一阶段的阅读。

第二阶段：细读。对正文部分进行细读。

正文的阅读顺序是：表格和插图、引言、结果和讨论、实验。首先读表格和插图。表格和插图会配有相应的图题作为说明，这些内容言简意赅地指明文章做了哪些工作。另外，相比文字，图更容易快速理解，这样可以对文章的主要成果先有一个大致的了解。然后读引言。引言也是很重要的部分，其中指明了文章的研究背景和出发点，读者可以从中了解作者在写作之前做了哪些准备工作。论文的创新点通常会在引言的最后部分进行强调。这个部分的叙述能够快速将读者指引到正文中对创新点描述的最核心部分，读者只要认真阅读该部分内容就能够了解论文的创新方法。接下来读论文的结果和讨论部分。结果部分主要看根据前面的创新方法，文章得到了怎样的结果，效果好不好。在讨论部分看作者还推荐什么新的思路或研究方向。最后读实验部分。实验部分是最复杂的，因此，往往当确定一篇文章确实有阅读实验的必要性之后，才去深入阅读它的实验是如何进行的。这部分包含了作者的研究过程与实验细节，可以帮助读者再现实验。

以上就是论文阅读的总体步骤，按照这样一个顺序来读，可以更快地抓住重点，提高论文阅读的效率。

此外，在读的过程中要做好总结，这样方便回顾。应该做到，通过看笔记就可以呈现文章的有用信息，而不是再去翻原文。笔记也不仅仅是摘抄文章结论和创新点，最好自己能够思考并重新做出更简短的总结。笔记最好集中整理，不建议在文中直接标注，这样查找起来不方便。表 1.1 为论文阅读总结表填写举例。

表 1.1　论文阅读总结表填写举例

阅读论文需要考虑的问题	具体内容
论文选题是在什么领域的什么方向上	论文选题为计算机视觉、人脸图像和遥感图像的识别处理
该论文解决的科学问题(要具体)	该论文主要解决的问题是如何使用自学习的方法在不借助外部数据库的情况下实现图像的快速超分辨率
研究总体方案(流程)	首先进行图像块的随机匹配，将粗匹配和细匹配相结合，粗匹配使用一维的图像特征实现快速匹配，细匹配使用卷积 PCA 实现快速降维。然后使用四向传播将一个图像块的匹配结果传向邻域。充分利用图像的局部相似性
该论文的主要创新点(在流程的什么环节上有突破)	①提出了一种随机匹配方法避免了穷搜索； ②提出了一种匹配块的传播方法，充分利用了图像的邻域相似性
该论文的实验数据来源	使用同行都在普遍使用的数据集
实验数据证明该算法有什么优点和缺点	优点：①该算法能避免使用外部数据库，仅仅利用低分辨率图像本身自学习；②该算法复杂度低，可以用于多种放大倍数。 缺点：该算法对于具有重复结构的图像比较效果好，但对于结构不重复的图像，该算法的效果不如其他算法好
从图、表中能得到什么信息	根据表格可以看出，本文所提方法在 Urban100(专业数据集)数据集上的测试峰值信噪比高于对比算法 1 和对比算法 2
作者给出了哪些结论？这些结论如何响应了前言中的科学问题和研究目标	该算法充分利用了图像的先验信息进行自学习，效果超过了其他自学习算法。该算法证明了图像的各种先验信息确实存在，进一步开发图像的先验信息对于提高图像超分辨率的效果很有帮助
作者给出的结论证明或者证伪了文章中提出的哪些科学假设	该论文充分证明了图像的金字塔相似性
该算法的适用范围	适用范围：图像超分辨率及各种图像清晰化问题
文章中存在什么漏洞或者不足	①该算法虽然对于不同的放大倍数都适应，但是运行过程需要的运存比较高； ②该算法对于具有重复结构的图像效果比较好，其他图像效果一般
在此基础上继续拓展的方向有哪些	①是否能把自学习的方法用在神经网络上，产生更好的效果； ②能否开发更多的图像先验信息用于自学习
对你的主要启发	尽管图像的先验信息已经在不同的文献中反复出现和利用，但是在此基础上进行创新还是会带来更多惊喜。因此，可以从一个基本原理出发，去发现更多契机

本书将在 2.4 节介绍一种文献管理软件：NoteExpress，这个软件可以帮助我们高效地管理文献和笔记，尤其是在资料数量特别多的情况下，此软件非常有用。

第2章 检索资料的方法

学会如何检索资料是研究生必备的能力之一。在课题研究的过程中，检索资料是必不可少的环节，但是要从海量数据库中精准地检索出对自己有用的信息则需要借助一些方法。通常在数据库网站上可以通过设置相应的条件来检索文献，但由于有些同学缺乏信息检索的能力以及对各个数据库的网页结构不熟悉，导致在检索文献的过程中浪费了很多时间。本章将对 IEEE 数据库(2.1 节)、ESI(2.2 节)以及 Elsevier ScienceDirect 全文库(2.3 节)等常见数据库的用法进行介绍，以便大家能够快速地检索出想要的资料和信息。

除此之外，还要对检索得到的文献进行整理收纳。随着科研的推进，积累的资料越来越多，如果没有一个好的软件来进行管理，很难快速找到想要的资料。因此，本章 2.4 节将介绍文献管理软件 NoteExpress 的使用方法。研究生可以通过这个软件整理文献、阅读笔记，以及在写论文时插入参考文献等。

2.1 IEEE 数据库的用法

1. IEEE 简介

电气与电子工程师协会(Institute of Electrical and Electronics Engineers，IEEE)是一个美国的电子技术与信息科学工程师协会，是世界上最大的非营利性专业技术学会。IEEE 有两个前身，一个是美国电气工程师协会(American Institute of Electrical Engineers，AIEE)，成立于 1884 年，主要领域是有线通讯(电报和电话)、照明和电力系统等，代表人物为托马斯·阿尔瓦·爱迪生(图 2.1(a))、亚历山大·格拉汉姆·贝尔(图 2.1(b))；另一个是无线电工程师协会(Institute of Radio Engineers，IRE)，成立于 1912 年，主要涉及领域是无线电工程，代表人物为古列尔莫·马可尼(图 2.1(c))。

1963 年 1 月 1 日，AIEE 和 IRE 合并成 IEEE，成为美国规模最大的专业学会。IEEE 拥有全球近 175 个国家共三十六万多名会员，在电气及电子工程、计算机及控制技术领域中，IEEE 发表的文献占了全球约百分之三十。IEEE 每年也会主办或协办三百多项技术会议。

(a) 托马斯·阿尔瓦·爱迪生　　(b) 亚历山大·格拉汉姆·贝尔　　(c) 古列尔莫·马可尼

图 2.1　代表人物图像

2. 利用 IEEE 可以干什么

1) 进行课题研究

对于硕士研究生而言，课题研究是必经之路。IEEE 里面提供了各种信息渠道，尤其是当研究生在独立选题进行科研的时候，使用 IEEE 数据库作为辅助工具可以为他们带来很多便捷之处。例如，能很快找到研究领域内的一些经典论文，能很快了解国内外研究现状，能实时跟踪研究前沿动态等。当想要在一个领域开展研究时，应该怎样做呢？具体有以下两步。

第一步：了解所研究技术当前的研发状况和相关技术标准的发展状况，以及在该技术领域的领先研究者、研究机构、核心期刊会议。

(1) 进行关键词检索。

在各网络文献数据库中，关键词检索是最常用的信息查找方法。有最简单的一栏式检索，如图 2.2 所示，是 IEEE 的一个简单搜索界面。通过在搜索栏输入关键词，点击回车，就能出现与该主题词相关的文献、资料。

图 2.2　IEEE 一栏式检索界面

(2) 对检索结果进行筛选。

通常仅凭关键词检索出来的结果会非常多，而且很凌乱，只要跟关键词稍微相关的资料，都有可能出现在结果列表中。因此，需要对检索结果进行筛选。在 IEEE 数据库中，搜索结果列表左边的一列就是筛选条件，点击下拉列表就会出现一系列的选项。如图 2.3 所示，若想要按文献类型、发表年份筛选，只需要选择相应的文献类型以及确定文献发表的年份即可。在选择年份的时候，可以规定选择范围也可以选择具体的某一年。

图 2.3　条件筛选界面 1

除此之外，通过相应的设置，还可以指定检索作者名、机构名称、期刊名称等。如图 2.4 所示，左边一列是筛选条件。其中，倒数第二行的补充材料是指一些文章除论文本身之外还需要额外的资料来说明实验的实际效果，如视频、代码等。一般论文很少将实验细节描述得非常清楚，要想知道算法的细节，就需要查看代码。所以，对于一些论文，不需要再到别处去找其配套代码，直接在 IEEE 网站上就能找到。

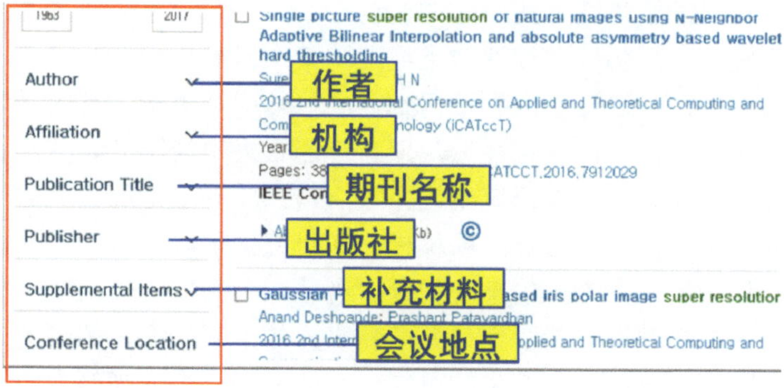

图 2.4　条件筛选界面 2

总结常用的寻找源代码的三个方法。①发表论文的网站。一般情况下，为了文章能够被更多学者跟进，期刊或作者会选择将代码挂在论文发表的网站上供读者阅读。②作者的官方网站。在论文里面可以找到作者的机构，在机构网站上有机构内科研人员的个人主页，很多科研人员会把自己的文章、代码等放到个人主页上。③GitHub 网站。这是一个开源代码网站，在里面通过论文名称、算法的简称、作者的名字等三种渠道可以检索出需要的代码。

还可以提前半年阅读在线文章。如图 2.5 所示，某些文章因为排版的原因会推迟发表，但这并不意味着在这期间读者不能看到这些文章。这些论文通常都放在"提前阅读(Early Access)"上面，读者可以很便捷地找到。查看这些文章有何必要呢？对于研究生而言，查看那些等待出版的文章就相当于提前阅读最新科技文章，有助于了解最新的技术发展方向和新出现的科学问题。

图 2.5　查找等待出版的文章的界面

(3) 定位该领域的专家和机构。

①可以为自己继续深造寻找合适的机构。

如果有研究生以后想要继续读博士或应聘某个研究机构进行工作，需要寻找新的导师和新的学校，可以筛选出领域内知名的导师或者机构。有的同学想要继续深造，在申请机构的时候可能存在疑惑，即自己能否去申请国外一些知名大学或教授的博士或研究职位呢？其实在研究生上完之后，只要有一定的研究成果，就可以去尝试申请领域内国内外著名的导师或机构。在研究生阶段，研究生的研究领域已经变得很窄了，只研究某个方向的某个问题，有些知名教授正需要某一小方向上的研究人员。同样，有的教授寻找学生也并非易事，如果某研究生的研究方向正好是他需要的，那他就会有选择该研究生的可能。因此，研究生应当努力尝试申请合适的机构继续深造。

②可以为自己的论文寻找合适的期刊投稿。

若有一篇准备发表的论文，也可以在这里寻找合适的期刊。研究生在投稿阶段经常会出现这样的情况，有的同学写了一篇文章却不知道该投到哪个期刊，只能问导师。其实研究生完全可以自己寻找期刊，找到一些待选期刊后再去征询导师的意见。这样既能够锻炼研究生的信息检索能力，对导师和研究生而言也能够进行良性互动并提高工作效率。

③可以了解该领域的专家和机构，以便取得联系，进行科研合作。

若想要检索领域内知名作者或机构发表的文章，可以在“作者(Author)”和“机构(Affiliation)”处快速定位。如图 2.6 所示，在作者检索分析处，下拉菜单会预先显示发表文章数量最高的 25 位作者。如果这里面没有想要查询的作者，可以输入名字查询(图 2.7)，不过在查找特定作者时注意要优先使用姓(last name)。

图 2.6　快速定位领域内的专家和机构

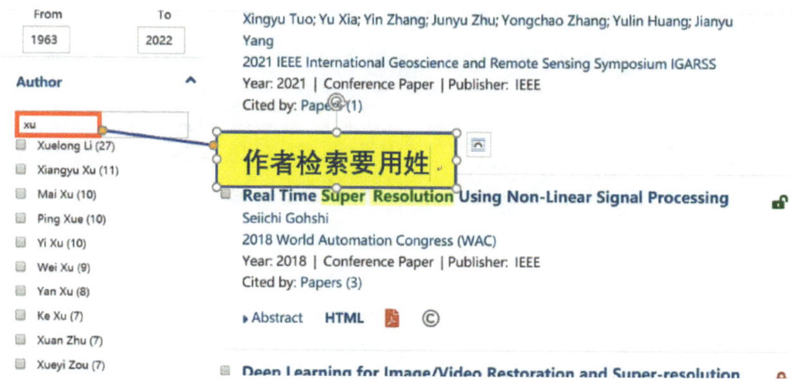

图 2.7　检索作者

同样，机构检索分析的下拉菜单也预先列出了发表文章数量最高的前 25 个机构。此外，检索期刊可以根据期刊名、地名、国家名称等进行检索。

(4) 对检索结果进行排序。

可以对检索结果按照不同条件进行排序，排序条件有：相关、最新、最早、论文引用最多、专利引用最多等。例如，读者想查询关于该关键词近三年来的研究成果，就可以在关键词检索出结果之后，点击页面上的“最新(Newest First)”字样，就会出现从目前开始往前三年的结果列表。如图 2.8 所示。

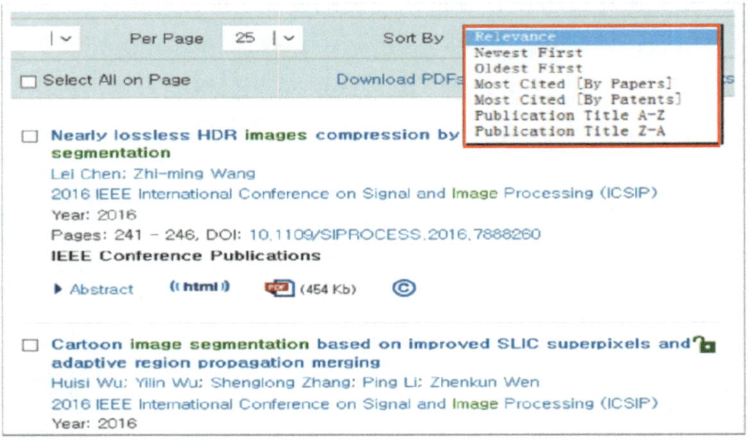

图 2.8　对检索结果排序

第二步：精确定位文献、全面获取文献信息，并从众多数据库中获取有效资源。

(1) 获取文章摘要、期刊、年、卷、期、页。

查看文献的详细信息。如图 2.9 所示，选择目标文献，点击“摘要(Abstract)”

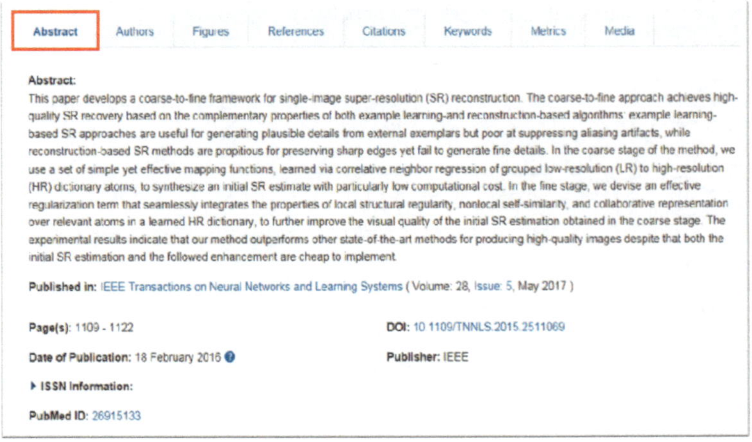

图 2.9　查看文献详细信息

就可以获得文献的摘要、期刊等信息。在论文写作过程中，对于题录、页码、发表时间、出版商等信息，建议大家先在论文发表的网站上核对清楚再写在参考文献中，而不是在百度或者其他第三方网站上找转载的论文信息。由于转载过程中的一些操作，可能导致转载的论文信息出现错误。

(2)获取作者信息。

点击图 2.9 中的“作者(Authors)”可以获取作者信息，如图 2.10 所示。很多文章发表的时候作者会贴上自己的照片和简介，从这里可以了解到作者的信息。查看作者信息有什么用呢？研究生在校期间可能会去参加各种学术会议，有机会与之前所读文章的作者见面。因此，对作者的信息有一定的了解，有助于和他进行交流，并可以通过学术会议与这些学者取得联系，获得合作机会。

Jian Xu received the B.S. and M.S. degrees in telecommunication engineering from Xidian University, Xi'an, China, and the Ph.D. degree from Xi'an Jiaotong University, Xi'an, China. She is currently an Associate Professor with the School of Telecommunication and Information Engineering, Xi'an University of Posts and Telecommunications, Xi'an, China, and a specialist with the Lab of Image Processing of Crime Scene Investigation Unit of Shannxi Province. Her research interests includes image processing and pattern recognition.

图 2.10　作者信息

(3)查看参考文献和引用。

在各数据库上，可以直接点击参考文献的“引用(Citations)”，里面已经将该文章的引用格式编辑好了，可以直接复制过来。这对于读者来说是非常方便的，里面有不同种类的引用格式，读者可根据需要选择。若里面没有找到需要的格式，可以自行更改。如图 2.11 所示，点击“参考文献(References)”查看。

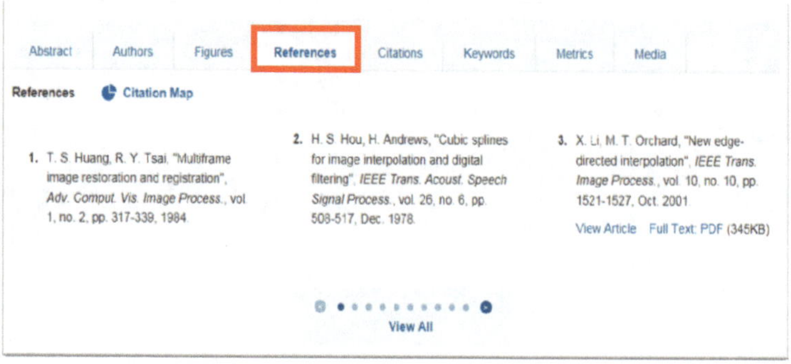

图 2.11　查看参考文献引用格式

(4) 查询该文献的利用情况。

可以利用数据库进行文献调研，查看一篇文献的被引用情况，包括文献的下载查看和引用次数，如图 2.12 所示。

图 2.12　查看文章的被引文献

2) 进行课题追踪和查新

利用 IEEE 数据库可以进行课题的追踪和查新，了解该课题最近的发展状况以及其他可能的研究方向。

(1) 个人定制。

如图 2.13 所示，读者可以在系统里面设置关键词，让系统定期自动搜索该关键词下最新发表的文章，发送到读者的邮箱里面。

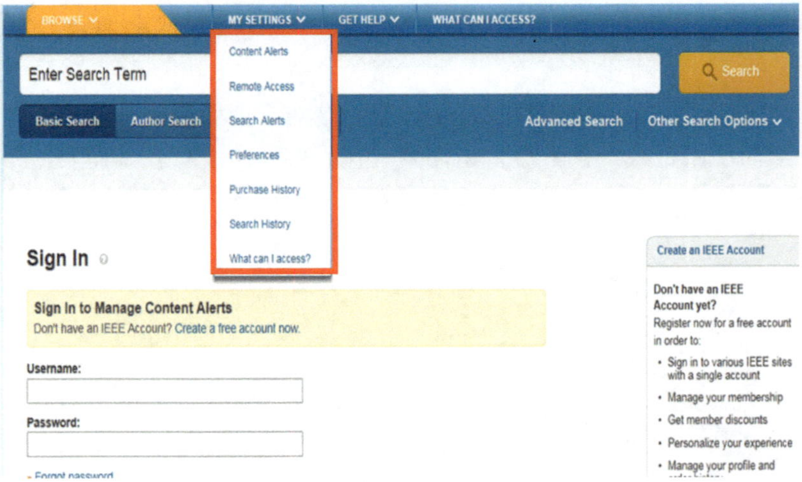

图 2.13　个人定制界面

(2) 寻找研究方向。

对搜索结果进行筛选，利用文献数据库进行选题。如图 2.14 所示，根据“最新出版(Just Published)”“最受欢迎(Most Popular)”菜单来筛选，利用这些最新出版和最受欢迎的文献辅助寻找适合的研究方向。

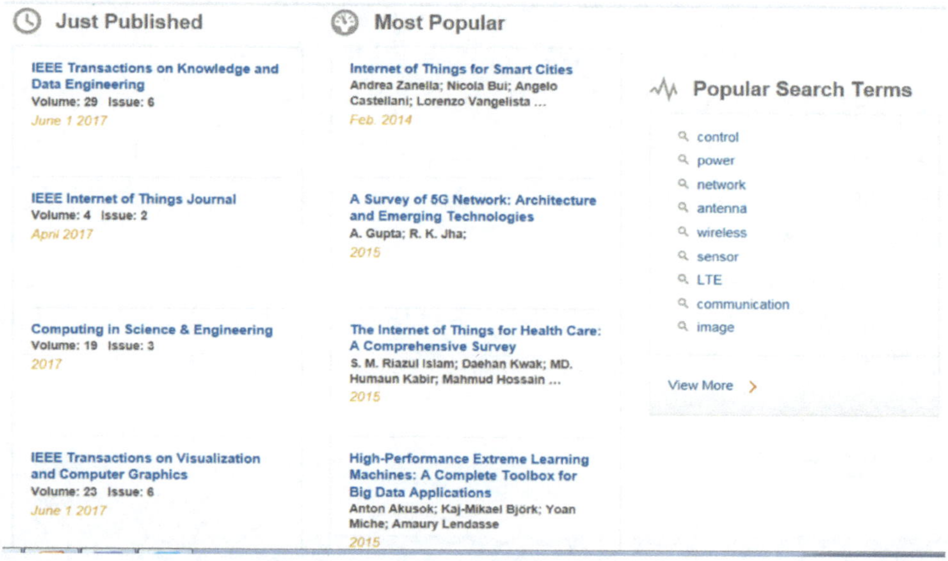

图 2.14　筛选文献进行辅助选题

3)利用 IEEE 辅助投稿

查找适合自己的阅读内容，浏览会议期刊投稿资讯，如图 2.15 所示。

图 2.15　Search Conferences 辅助投稿

可通过网址 http://www.ieee.org/conferences/index.html 寻找会议征稿信息，精准定位会议时间、地点、主办方等。在学者投稿会议的过程中，经常有学者被一些非 IEEE 主办的会议迷惑。要核实是否为真实的 IEEE 主办的会议，可以通过这个网址进行。凡是没有在该网站出现的会议，都不是 IEEE 主办的会议。

4) IEEE 的其他功能

IEEE 中除了 IEEE Xplore 数据库，还有 IEEE 标准协会(IEEE Standards Association，IEEE SA)、IEEE 综览(IEEE Spectrum)等其他可利用的资源。

(1) IEEE SA。

IEEE SA 是世界领先的标准制定机构，其标准制定内容涵盖信息技术、通信、电力和能源等多个领域。在这里可以查看各种技术标准，避免在技术开发过程中不符合国际标准，造成产品无法使用。图 2.16 所示为 IEEE SA 界面。

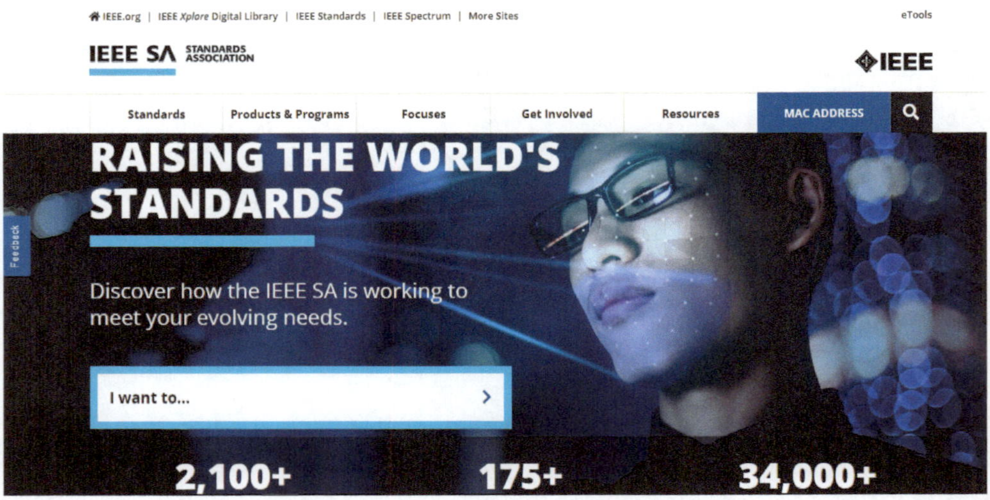

图 2.16　IEEE SA 界面

(2) IEEE Spectrum。

IEEE Spectrum 是 IEEE 的旗舰出版杂志，其中文版叫作《科技纵览》，旨在探讨未来技术发展趋势及其对社会和商业的影响，主要内容为报道国际航空航天、计算机、电信、生物医学工程、能源和消费电子等领域的最新技术进展和成果。可以通过这部分内容了解一些工程领域的动态。这上面相关领域的纪录片非常值得看，主讲人都是相关领域杰出的科学家，不过前提是英文听力要过关。图 2.17 所示为 IEEE Spectrum 界面，例如，搜索“Self-Driving”，将会得到关于无人驾驶技术的动态信息，如图 2.18 所示。

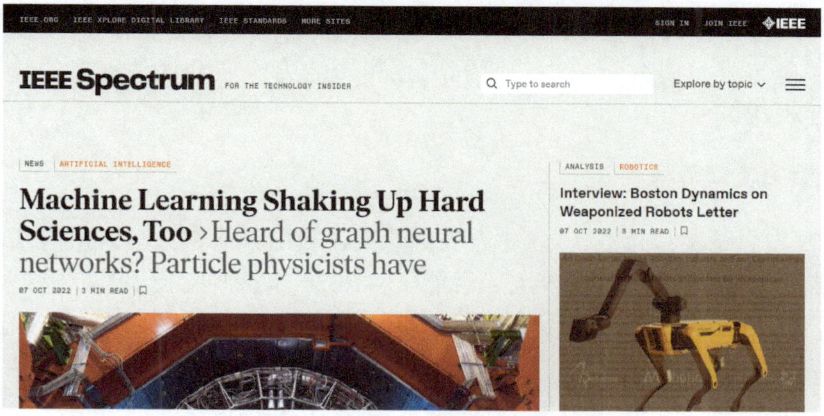

图 2.17　IEEE Spectrum 界面

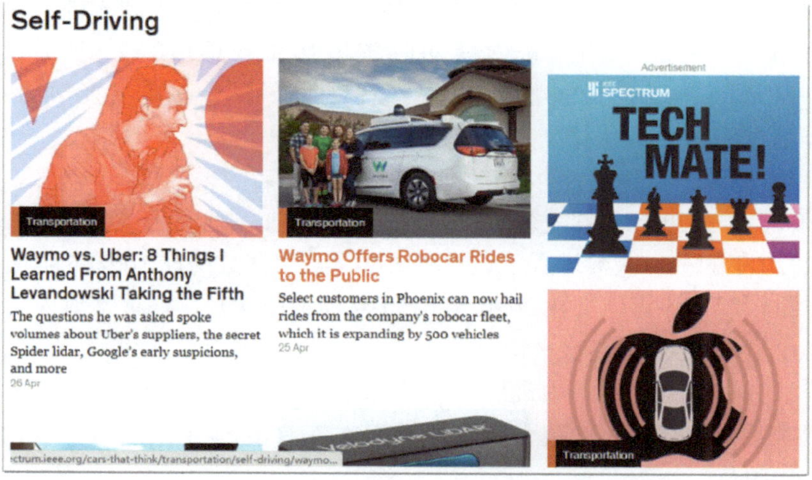

图 2.18　IEEE Spectrum 搜索结果界面

2.2　基本科学指标数据库用法

基本科学指标数据库(Essential Science Indicators，ESI)是基于 Web of Science 核心合集数据库的深度分析型研究工具。它有五大主要论文评估指标，包括论文被引频次、论文篇均被引频次、高被引论文、热点论文、前沿论文等。ESI 可以排出居世界前 1%的研究机构、科学家、研究论文，还可以排出居世界前 50%的国家和地区，居前 0.1%的热点论文。ESI 中的每一种期刊都按照 22 个学科进行分类标引，数据量巨大，能够提供最近十多年的滚动数据，每两个月更新一次。从 ESI 中可以分析国家、机构和期刊的论文产出和影响力，可以按研究领域对国家、期刊、论文和机构进行排名，能够发现自然科学和社会科学中的重大发展趋势，能够确定具体研究领域中的研究成果和影响力，能够评估潜在的合作机构，对比同行机构。

1. 相关名词解释

(1) 高被引论文：过去10年中发表的论文，被引频次在该学科相同发表年的论文中排名前1%的论文。例如，人工智能学科2020年总共发表了1万篇论文，论文A发表于2020年并在当年被引用了100次，该次数排在该学科2020年发表论文的前1%，故该论文为高被引论文。若论文B发表于2019年并在当年被引用了20次，在2020年的时候论文B被引用了100次，但在2019年该论文的引用次数仅排在同年发表论文的前20%，则论文B不是高被引论文。

(2) 热点论文：在过去两年内发表的论文，近两个月的被引频次排在该学科排名前0.1%的论文。例如，人工智能学科2019年和2020年总共发表了两万篇论文，论文A发表于2019年10月，2020年8月1日时统计该篇论文在2020年6、7月的被引次数排名在前20，说明论文A是当前的热点论文。

(3) 高水平论文：高被引论文和热点论文取交集后的论文集合。例如，人工智能学科2019年和2020年总共发表了一万篇论文，论文A发表于2020年1月。若论文A在2020年的被引次数进入了该学科内文章被引次数的前100，并且截止到2020年8月1日，统计该篇论文在2020年6、7月的被引次数排在该学科内文章被引次数的前10，则论文A是高水平论文。

(4) 机构阈值：ESI榜单中最后一个机构的被引频次。例如，在某次统计各个机构的引用次数中，机构A的被引次数为30次，在众多机构中排最后一名，故30就是一个机构阈值。

(5) 引用阈值：在某一ESI学科中，将论文按照被引频次降序排列，确定其排名或百分比位于前列的最低被引频次。

(6) ESI学科阈值：近十年，某一ESI学科被引频次排在前1%的作者和机构，或排在前50%的国家或期刊的最低被引频次。

(7) 高被引论文阈值：近十年，某一ESI学科被引频次排在前1%的论文的最低被引频次。

(8) 热点论文阈值：近两年，某一ESI学科最近两个月被引频次排在前0.1%的论文的最低被引频次。

(9) 学科基准值：指某一ESI学科论文的分年度期望被引频次，是衡量研究绩效的基准。

(10) 篇均被引频次：在一定时间内，期刊被引论文数与期刊发表论文总数的比值。

(11)百分位：一篇出版物的百分位是通过建立同出版年、同学科领域、同文献类型的所有出版物的被引频次分布(将论文按照被引用频次降序排列)，并确定低于该论文被引次数的论文的百分比获得的。例如，论文 A 的百分位值为 1，则该学科领域、同出版年、同文献类型中 99%的论文的引用数都低于该论文。

(12)学科排名：通过近十年的论文总数、被引频次、篇均被引频次和高被引论文数对学科进行排名。

(13)研究前沿：一组高被引论文集合，是该学科通过聚类分析而确定的核心论文。

这些指标是通过什么运算方法得到的？

(1)学科规范化的引文影响力：文献学科规范化的引文影响力(category normalized citation impact，CNCI)是通过其实际被引次数除以同文献类型、同出版年、同学科领域文献的期望被引次数获得的。当一篇文献仅被划归于一个学科领域时，则其 CNCI 为实际被引次数与期望被引次数的比值。例如，某机构 2020 年人工智能学科论文总期望被引次数为 300，其中论文 A 属于该学科，并且其实际被引次数为 30，则论文 A 的 CNCI 为 0.1。

此外，对于一组论文，CNCI 的值为每篇论文 CNCI 的平均值。

(2)论文被引百分比：论文被引百分比指标是一组出版物中至少被引用过一次的论文占总论文数的百分比。例如，论文 A 的被引次数为 10，该机构论文 A 所在学科的论文被引总数为 5000，则论文被引百分比为 0.2%。

(3)高被引论文百分比：高被引论文百分比指标是指某一文献集(论文、作者、机构、国家、期刊及学科领域)内的 ESI 高被引论文数除以该文献集中文献总数的数值，以百分数形式展现。例如，2020 年某机构的高被引论文有 20 篇，该机构总共发表文献 30000 篇，则高被引论文百分比为 0.067%。

(4)热点论文百分比：入选 ESI 热点论文的出版物百分比。例如，2020 年某机构的热点论文有 10 篇，而 2020 年该机构出版论文总数为 20000，则热点论文百分比为 0.05%。

(5)被引次数排名前 1%的论文百分比与被引次数排名前 10%的论文百分比。被引次数排名前 1%的论文百分比是指在某一指定学科领域、某一年、某种文献类型下，被引频次排名前 1%的文献数除以该组文献的总数的值。例如，2020 年人工智能领域论文被引次数排名前 1%的有 20 篇，2020 年该领域总文章数为 20000，则被引次数排名前 1%的论文百分比为 0.1%。同理，被引次数排名前 10%的论文百分比也可以计算。

(6)国际合作论文：包含一位或多位国际共同作者的论文。例如，论文 A 为国内某高校教授与国外某知名教授共同完成。

(7)国际合作论文百分比：某论文集中，国际合作论文的数量除以该论文集的论文总数的数值。例如，机构 B 发表的国际合作论文 50 篇，该机构总发表论文数 50000 篇，则国际合作论文百分比为 0.1%。

(8) 横向合作论文百分比。一篇横向合作的出版物，是指包含了一位或多位组织机构类型标记为“企业”的作者的出版物。横向合作论文百分比是某一出版物中横向合作发表文献数除以该文献集合中文献总数的数值。例如，某机构发表的横向合作论文有 50 篇，而该机构发表论文总数为 50000，则横向合作论文百分比为 0.1%。

2. ESI 数据库的使用

1) 访问方式(以西安邮电大学为例)

校内访问：电子图书馆官网—外文数据库—Web of Science—InCites，如图 2.19 所示。

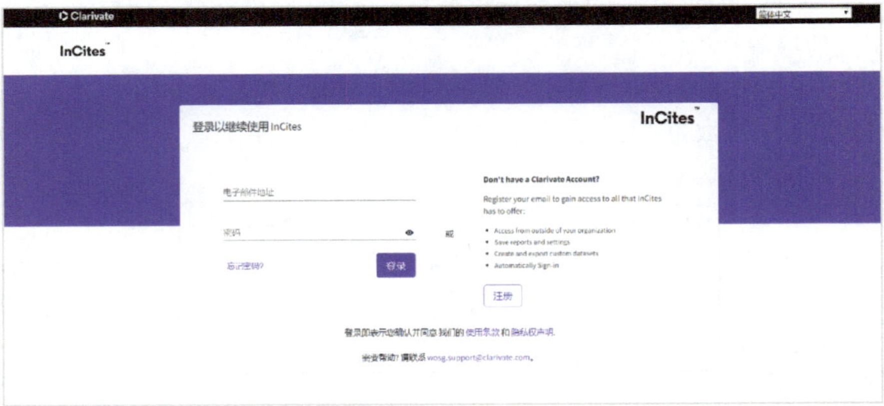

图 2.19　访问界面

2) 主页面介绍

ESI 主界面如图 2.20 所示。

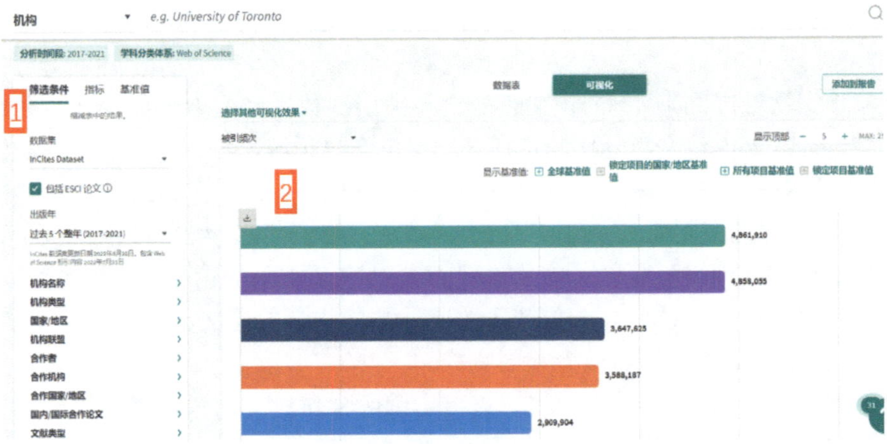

图 2.20　ESI 主界面

(1)筛选区：可以根据多个选项来筛选数据集，包括研究机构、国家/地区等；还可以选择不同的显示结果，包括高水平论文、高被引论文、热门论文等。

(2)结果区：可以看到分析对象的详细指标表现。

3)检索案例

举例　查找某机构进入全球前 1%的论文，如图 2.21 和图 2.22 所示，查找步骤如下。

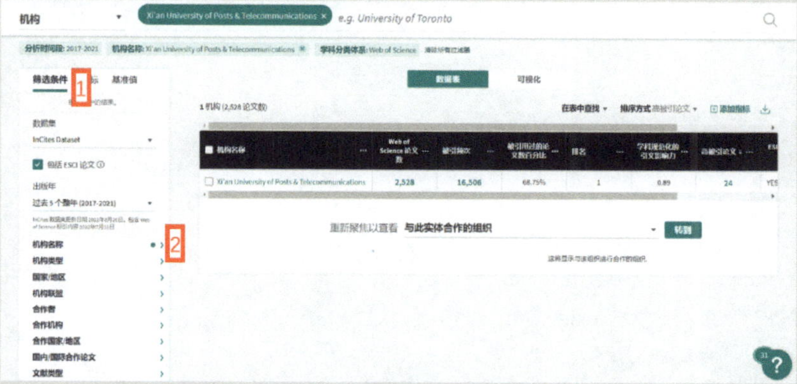

图 2.21　查找某机构前 1%的论文(步骤 1、2)

图 2.22　查找某机构前 1%的论文(步骤 3、4)

①点击“筛选条件”选项。

②选择“机构名称”。

③在筛选条件中点击“前%论文”按钮，将滑块从 100%滑到 1%，点击更新结果。

④在结果区点击论文数字就能看到论文列表。

举例　获取某机构的高被引论文或热门论文，如图 2.23 所示，查找步骤如下。

图 2.23　获取某机构的高被引频次论文和热门论文

①利用如上例的方法检索出机构进入全球前 1%的论文。

②点击“指标”按钮，点击“高被引论文”和“热门论文”。

③点击论文的数字，可以看到具体的论文。

举例　查找某机构哪些学科具有影响力，如图 2.24 和图 2.25 所示。

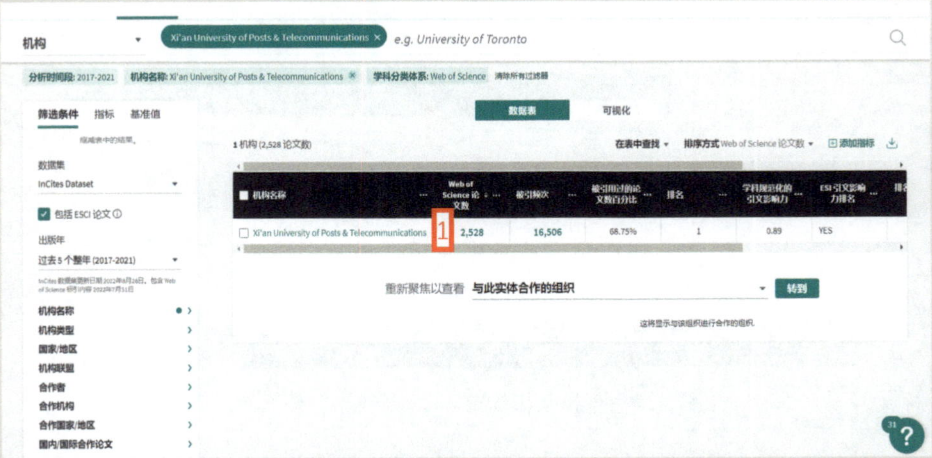

图 2.24　查找某机构的有影响力的学科（步骤 1）

①利用上述方法检索论文。

②点击机构的名称，获得机构的研究表现。

③点击查看数据，获得机构有影响力的学科排名。

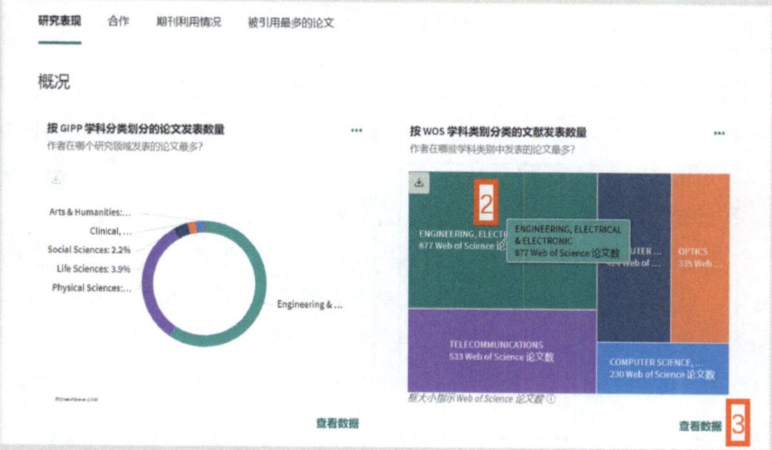

图 2.25　查找某机构有影响力的学科(步骤 2，3)

举例　查找某机构的具体研究方向。

在下拉列表中点击“研究方向”，就可以看到该机构的研究方向排名，如图 2.26 所示。

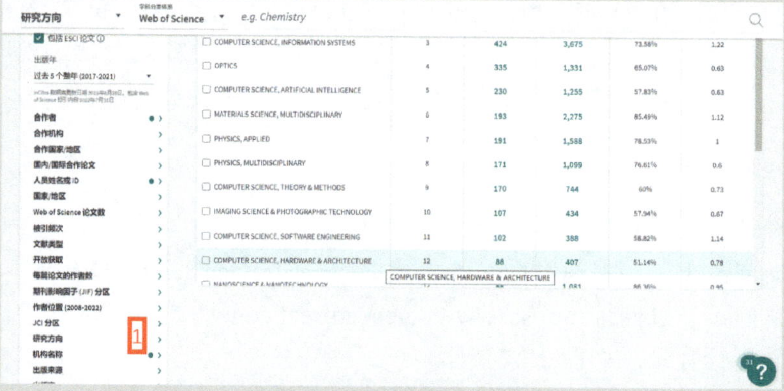

图 2.26　查找机构的研究方向排名

2.3　Elsevier ScienceDirect 全文数据库用法

爱思唯尔(Elsevier)是荷兰一家全球著名的学术期刊出版商，出版有 2500 多种期刊，包括《柳叶刀》《细胞》等世界著名期刊，以及 3 万多本图书。Elsevier 科技类旗舰产品有爱思唯尔电子期刊全文(ScienceDirect)、科技和医学索引数据库(Scopus)、科技信息检索数据库(Scirus)、医学和药理学检索数据库(Embase)、工程应用文献检索数据库(Engineering Village)等。

1. 关于 ScienceDirect 全文数据库

ScienceDirect 全文数据库简称 SD，是 Elsevier 期刊和图书的数字化集成平台，是全球应用最广泛的全文数据库。SD 全文数据库对全球的学术研究做出了巨大贡献，每年下载量高达 10 亿多篇，是所有学术类数据库中下载量最大的，也是所有数据库中单篇下载成本最低、性价比最高的数据库。它收录全文文章总数超过 1000 万篇，涉及计算机科学、工程技术、能源科学、环境科学、材料科学、数学、物理、化学、天文学、医学、生命科学、商业、经济管理、社会科学等学科。

利用 ScienceDirect 全文数据库可以做些什么呢？

(1) 查找关于课题的外文资料。ScienceDirect 全文数据库是外文数据库，可以在上面查找与课题相关的文章作为参考。

(2) 获得一篇参考文献的全文。该数据库支持全文下载。

(3) 浏览某一感兴趣的期刊。数据库检索中有浏览期刊模式，如果只想查看某一期刊的文章或动态，可以专门浏览单个期刊。

(4) 追踪最新/最热门的文章，了解相关的图书资源。检索结果可以按照年份、文章类型、期刊标题、版权信息等进行筛选，及时了解领域内的研究新动态。

(5) 拥有个性化的资源入口。有简单检索和高级检索两种选择，简单检索可以根据关键词、作者名、期刊名卷、期、页码等来查找；高级检索支持一次性限定关键词、期刊、年、作者、机构、标题、摘要等条件来检索文章。

2. Elsevier SD 全文数据库的使用

1) 两种访问方式(以西安邮电大学为例)

校内访问：电子图书馆官网—外文数据库—Elsevier ScienceDirect 工程专辑。

校外访问：通过网址 https://www.sciencedirect.com/，选择地区和学校，最后利用校园账号进行登录，如图 2.27 所示。

图 2.27　西安邮电大学图书馆 Elsevier SD 校外访问界面

2) 简单搜索

Elsevier ScienceDirect 全文数据库简单搜索提供关键词、作者名、期刊名、卷、期、页码等方式来查找文献。登录账号后可以看到如图 2.28 所示的搜索页面。

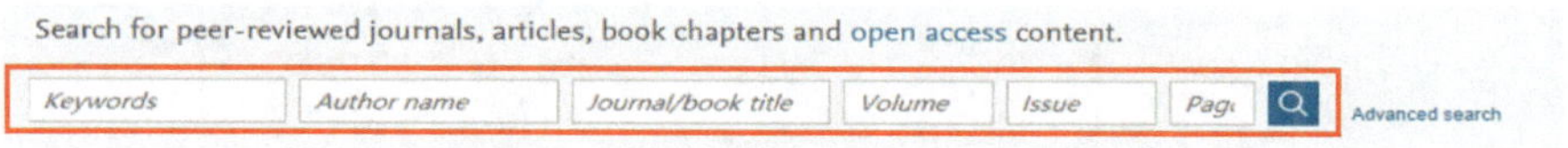

图 2.28 Elsevier ScienceDirect 全文数据库搜索栏

例如，查找关键词“inhibitors and antibacterial agents”，得到搜索结果如图 2.29 所示。

图 2.29 Elsevier ScienceDirect 全文数据库搜索结果界面

在检索结果界面的左侧是结果筛选区，可以按照年份、文章类型、期刊标题、开放权限等进行筛选，如图 2.30 所示。

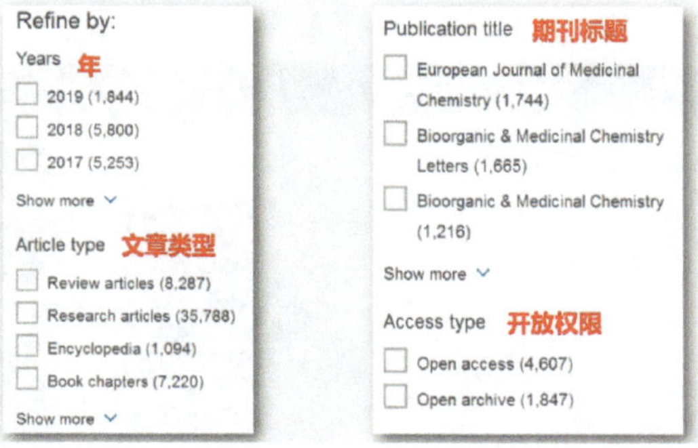

图 2.30 Elsevier ScienceDirect 全文数据库检索结果筛选

例如，筛选 2019 年的文章获得 240 个结果。检索得到的结果支持导出，此处导出的是题录，并且有不同的导出方式可供选择，如图 2.31 所示。题录包含论文篇名、摘要、页码，从这里导出的才是正确的，百度、谷歌上的信息可能会有误。在使用参考文献时，要确保参考文献所有信息都是从论文发表的网站导出的。

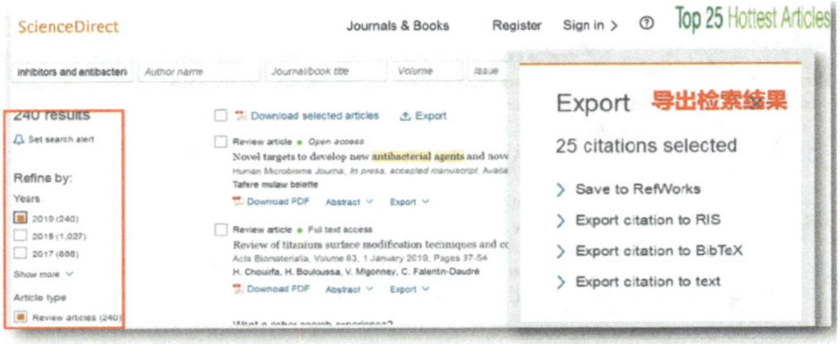

图 2.31　导出检索结果

点击文章的蓝色标题就能够查看单篇文献的详细信息，详细信息界面点击“下载 PDF(Download PDF)”下载全文，如图 2.32 所示。

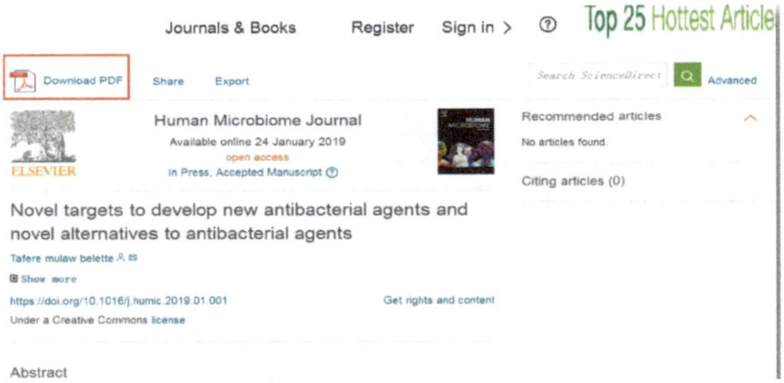

图 2.32　从 Elsevier ScienceDirect 全文数据库下载全文

也可以直接查看 PDF 全文，浏览全文时依然支持文章下载或打印，如图 2.33 所示。

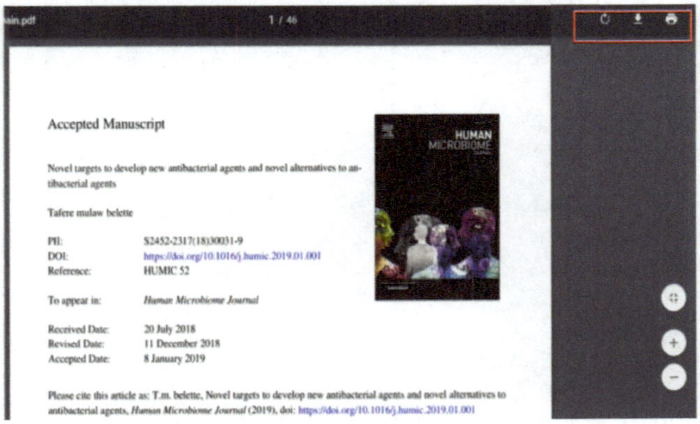

图 2.33　浏览并下载全文

还有期刊浏览模式，用来查看特定期刊的文章或科研动态，如图 2.34 所示。

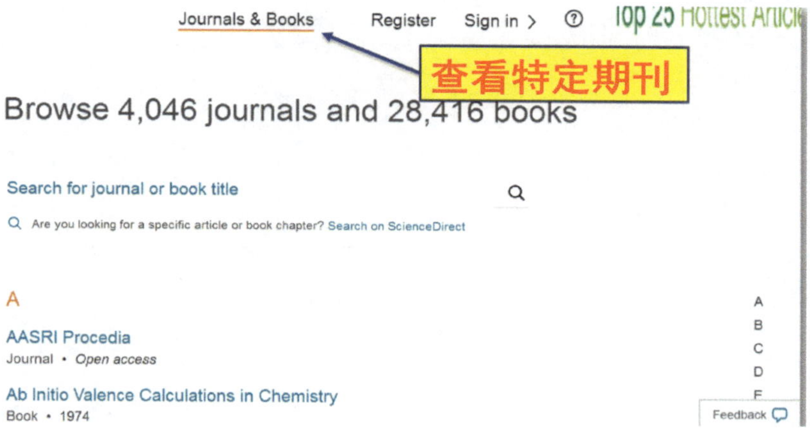

图 2.34　查看特定期刊

还可以通过年、卷、期、页码等在期刊中精确查找，如图 2.35 所示。例如，查找期刊 Bioorganic & Medicinal Chemistry Letters 在 2016 年、第 26 卷 16 期、页码在 3950-3954 的文章。

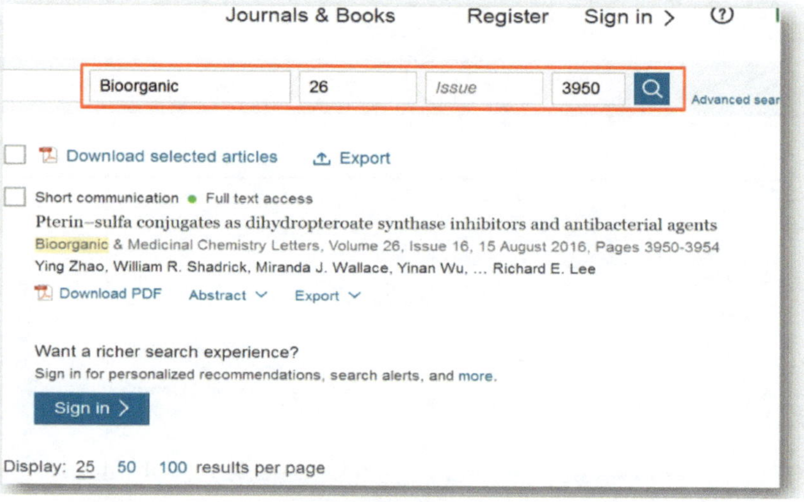

图 2.35　精确查找文献

3) 高级检索

在简单检索栏右侧点击“高级检索(Advance Search)”，即可以进入高级检索。高级检索支持一次性限定关键词、期刊、年、作者、机构、标题、摘要，如图 2.36 和图 2.37 所示。

高级检索的结果还可以根据文章类型进行筛选，如图 2.38 所示。

图 2.36　Elsevier ScienceDirect 进入高级检索界面

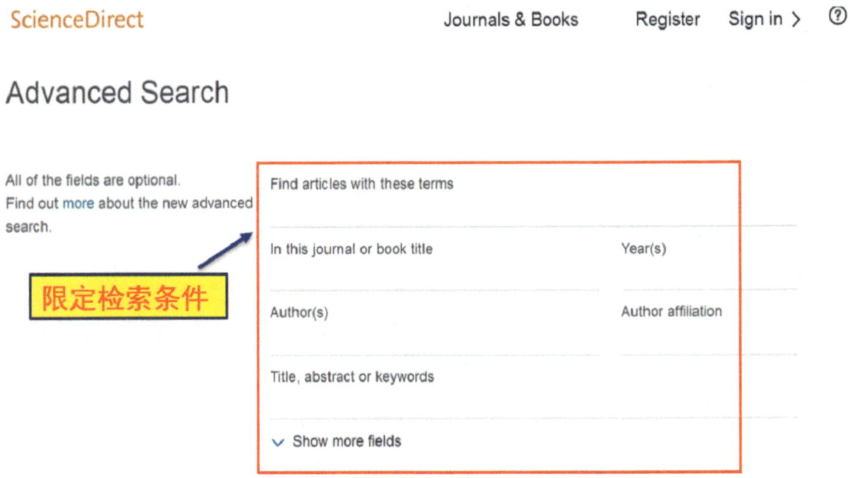

图 2.37　Elsevier ScienceDirect 高级检索界面

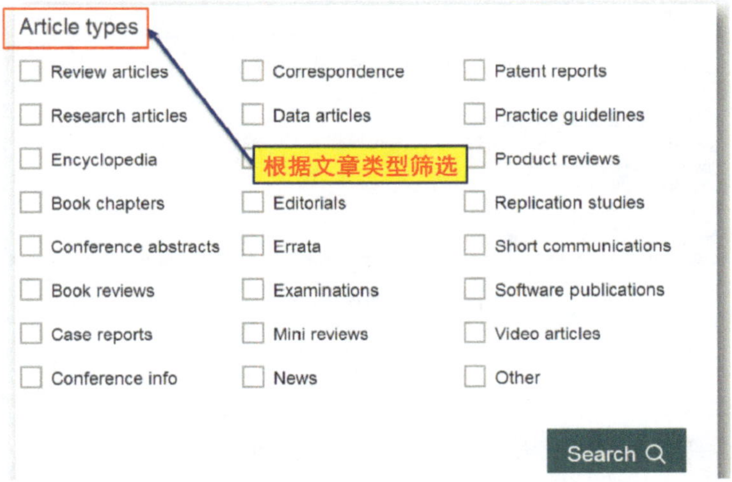

图 2.38　根据文章类型进行结果筛选

2.4　NoteExpress 文献管理软件

NoteExpress 是主流的参考文献管理工具软件，能够帮助读者在整个科研过程中高效利用电子资源，管理文献摘要、全文；在撰写学术论文、学位论文、专著或报告时，可以在正文中的指定位置方便地添加文中注释，然后按照不同的期刊以及学位论文格式要求自动生成参考文献索引。

NoteExpress 的核心功能有检索、管理、分析、发现和写作。首先，它支持数以百计的全球图书馆书库和电子数据库，如万方、维普、期刊网、Elsevier ScienceDirect 等。其次，它可以分门别类地管理百万级的电子文献题录和全文，还可以对检索结果进行多种统计分析，让研究者能快速了解某领域内的重要专家、研究机构、研究热点等。最后，该软件具有与文献相互关联的笔记功能，能随时记录阅读文献时的思考，方便以后查看和引用。该软件还可以支持 Word 和 LaTex，在论文写作时可以随时引用保存的文献题录，并自动生成符合要求的参考文献索引。具体用法介绍如下。

(1) 管理界面。这里可以总览参考文献目录，查看影响因子及收录范围、链接论文地址、在线检索数据库等，如图 2.39 所示。

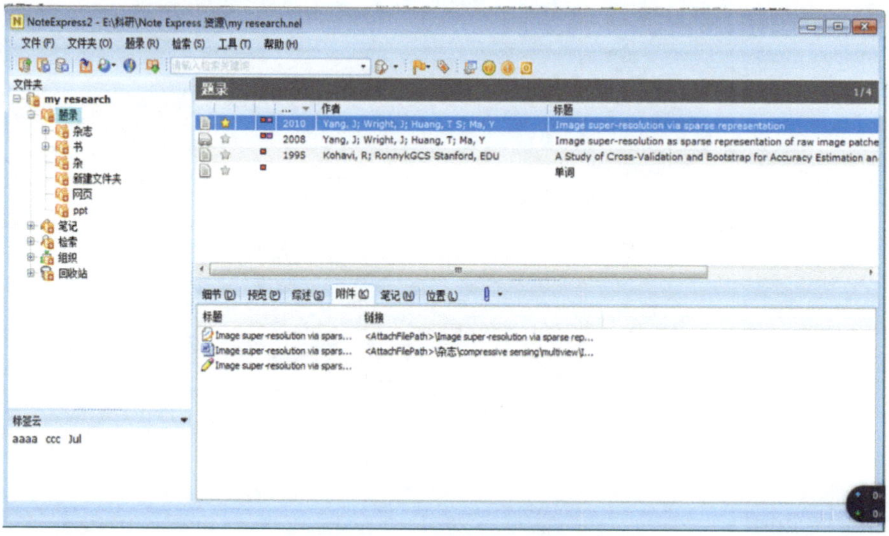

图 2.39　NoteExpress 管理界面

(2) 在文献数据库中查找适合 NoteExpress 的参考文献题录。这里以 IEEE 为例，在 IEEE 文献数据库中查找论文，选中论文后点击“引用 (Citations)”标签，然后选择“RIS”和“仅引用 (Citation Only)”就可以下载 RIS 格式的引文，如图 2.40 所示。

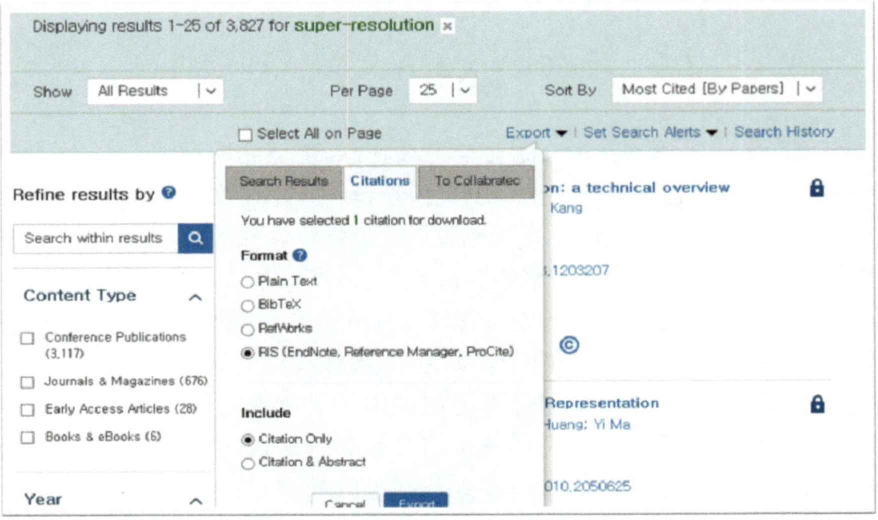

图 2.40　参考文献题录查找

(3) 导入题录。可以利用图 2.41 所示的菜单导入题录，导入后的题录在系统中如图 2.42 所示。可以看到题录中包含论文的发表信息。

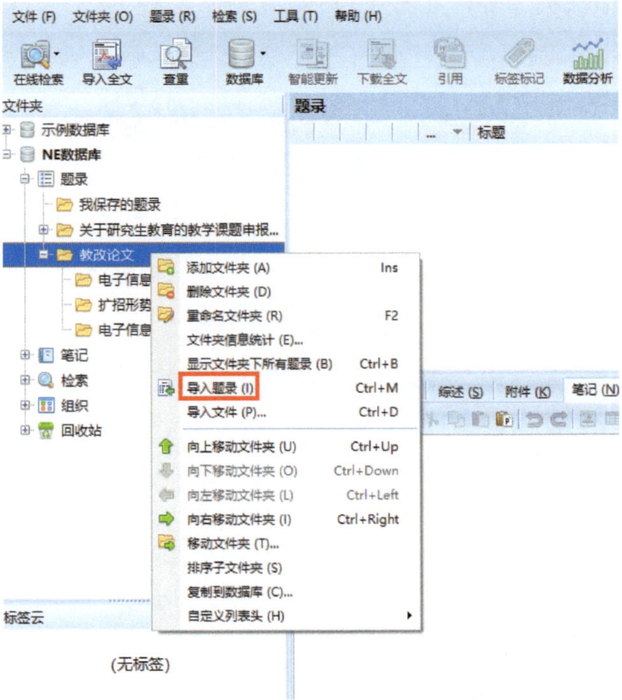

图 2.41　导入题录

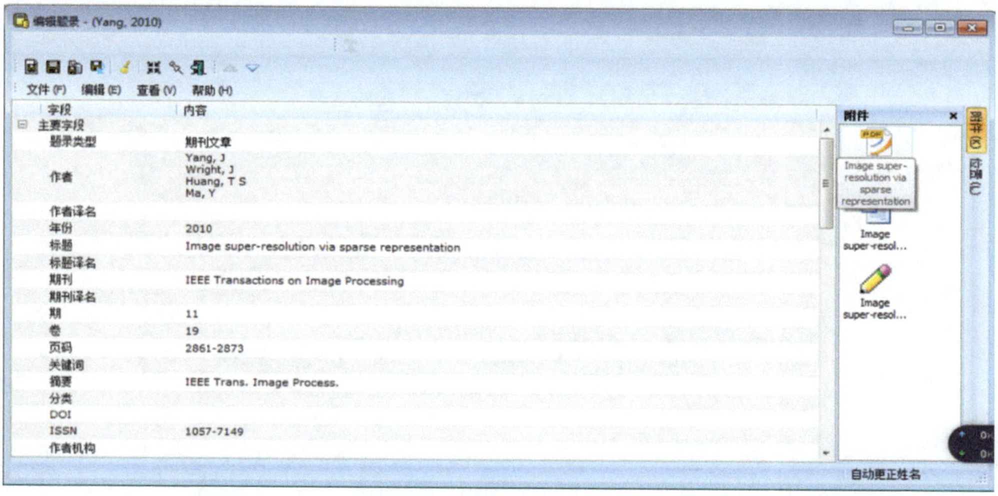

图 2.42　题录信息

(4) 阅读文献。辅助阅读文献是 NoteExpress 软件的功能之一，推荐使用以下方法对文献进行笔记总结。

①将重点句子标注出来，如图 2.43 所示。

②段落的总结在文中标出，如图 2.44 所示。

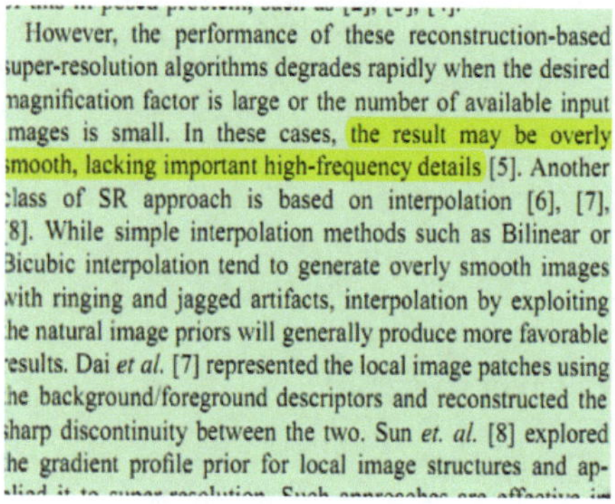
However, the performance of these reconstruction-based super-resolution algorithms degrades rapidly when the desired magnification factor is large or the number of available input images is small. In these cases, the result may be overly smooth, lacking important high-frequency details [5]. Another class of SR approach is based on interpolation [6], [7], [8]. While simple interpolation methods such as Bilinear or Bicubic interpolation tend to generate overly smooth images with ringing and jagged artifacts, interpolation by exploiting the natural image priors will generally produce more favorable results. Dai *et al.* [7] represented the local image patches using the background/foreground descriptors and reconstructed the sharp discontinuity between the two. Sun *et. al.* [8] explored the gradient profile prior for local image structures and ap-

图 2.43　文中句子标注

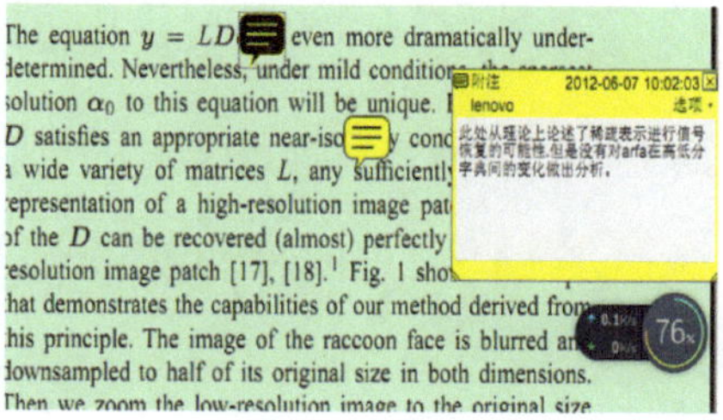

图 2.44　文章段落总结

③在文献管理软件中对文章的创新点做总结。文献阅读过程中，对创新点做总结非常重要，这样在正式写论文时可以直接参考，如图 2.45 所示。

(5) 论文写作时插入引文。NoteExpress 支持 Word、WPS 和 LaTex，论文写作时可以直接插入参考文献，不用一个个输入，非常方便。以 Word 为例，具体操作如下。

①电脑上安装好软件后，找到菜单里的 NoteExpress，就可以进行文献插入，如图 2.46 所示。

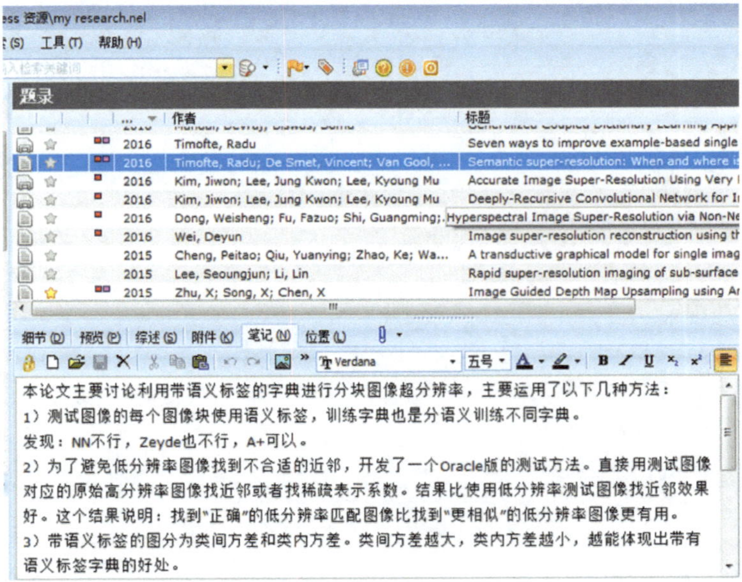

图 2.45　笔记管理

图 2.46　Word 中的 NoteExpress 插件

②参考文献插入后，正文引用的地方会有一个角标，如图 2.47 所示。

图 2.47　文中参考文献标注格式

③正文末尾会出现相应标号的参考文献，如图 2.48 所示。

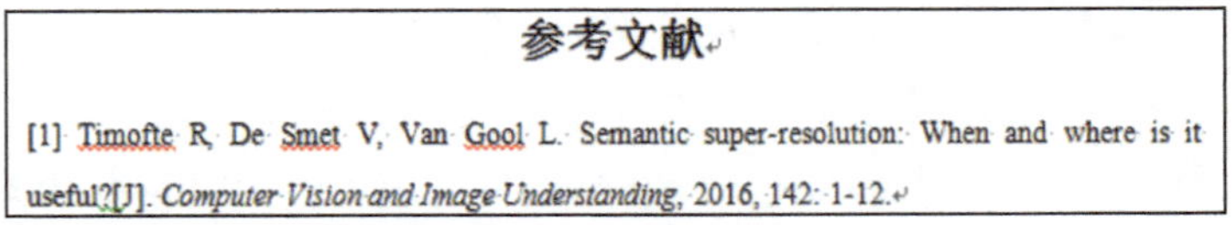

图 2.48　文末参考文献格式

根据以上步骤，就完成了一次参考文献在文章中的引用。

(6) 编辑参考文献的格式。插入参考文献时，可以在 NoteExpress 的样式库里选择想要的参考文献样式。点击 Word 菜单里面的“格式化”，如图 2.49 所示。

图 2.49　NoteExpress 的参考文献格式化

如图 2.50 所示窗口，可以在这里进行样式选择。

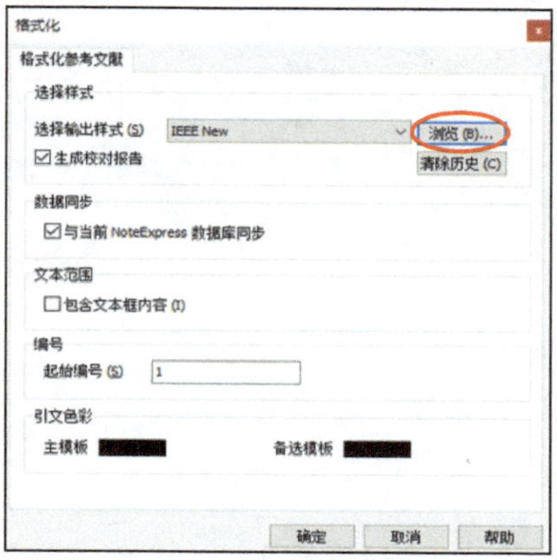

图 2.50　NoteExpress 参考文献样式浏览

点击“浏览”，可以看到期刊的格式列表，选择目标期刊就可以将参考文献自动换成对应的格式，如图 2.51 所示。

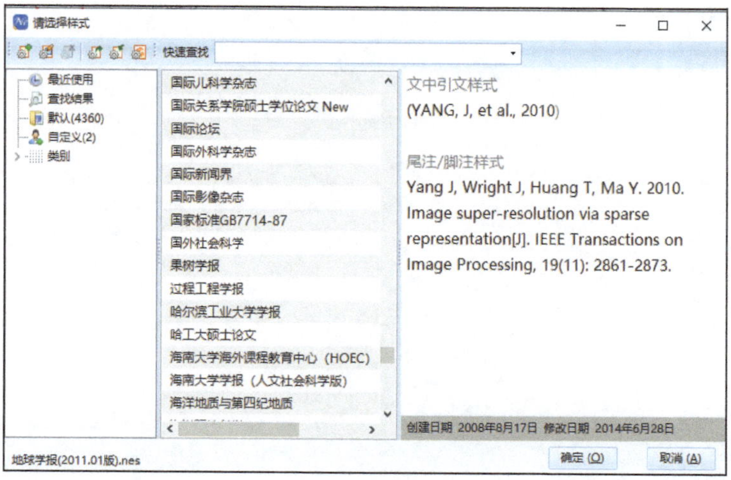

图 2.51　NoteExpress 参考文献格式列表

在论文写作过程中，根据不同期刊对参考文献的要求，可能需要自己编辑参考文献格式。出现如下情况时就需要自己编辑格式：

①NoteExpress 会提供一些期刊的录入格式，但是随着时间的推移，期刊本身会更新其模板，但是如果 NoteExpress 没有及时更新，就会造成版本错误；

②NoteExpress 所提供的期刊格式有限，如果找不到合适的格式，就需要自己编辑参考文献格式。

格式编辑步骤如下：点击“工具”→“样式”→“样式管理器”，如图 2.52 所示。

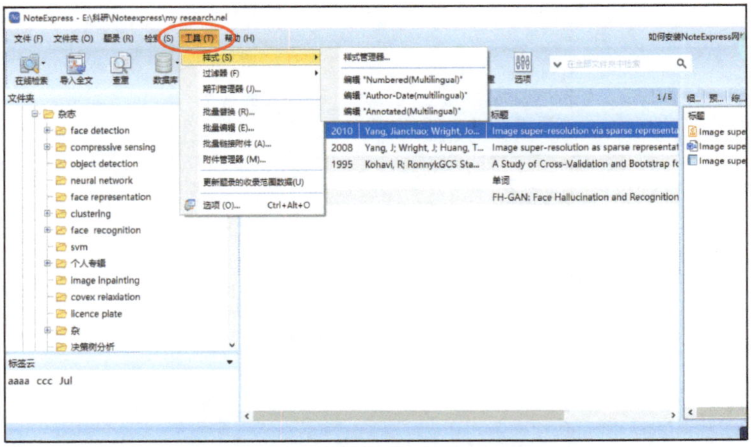

图 2.52　进行格式编辑

如图 2.53 所示，点击“创建新的样式”。

图 2.53　创建新样式

如图 2.54 所示，点击“常规”，可以给新建的样式取个名字。例如，将样式取名为“IEEE New”，点击“另存为”可以进行保存。

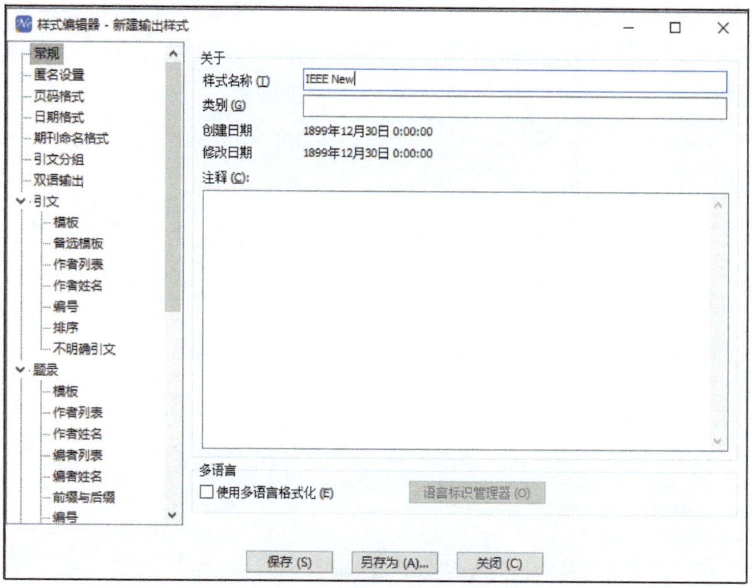

图 2.54　新参考文献样式名称设置

如图 2.55 所示，通过“页码格式”可以对页码的格式进行设置，默认的格式类似“123-125”。

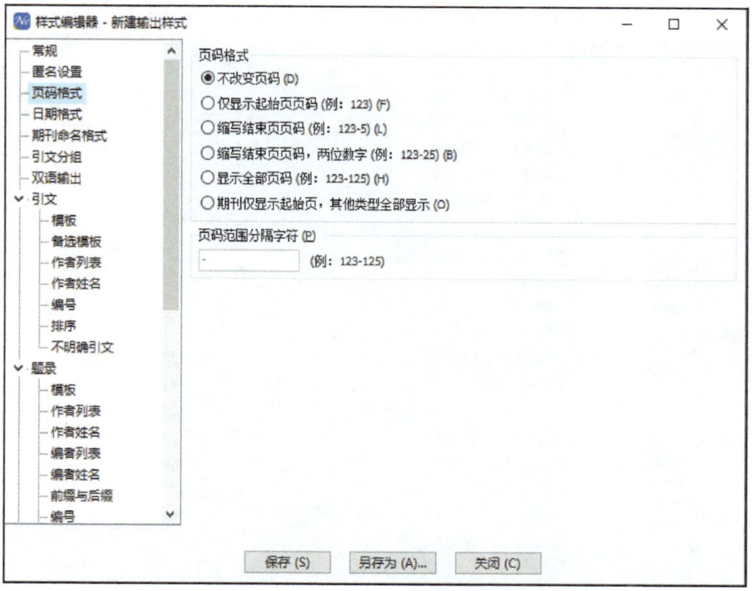

图 2.55　参考文献页码格式设置

如图 2.56 所示，通过“日期格式”标签调整日期的显示格式，一般选择“不替换”。

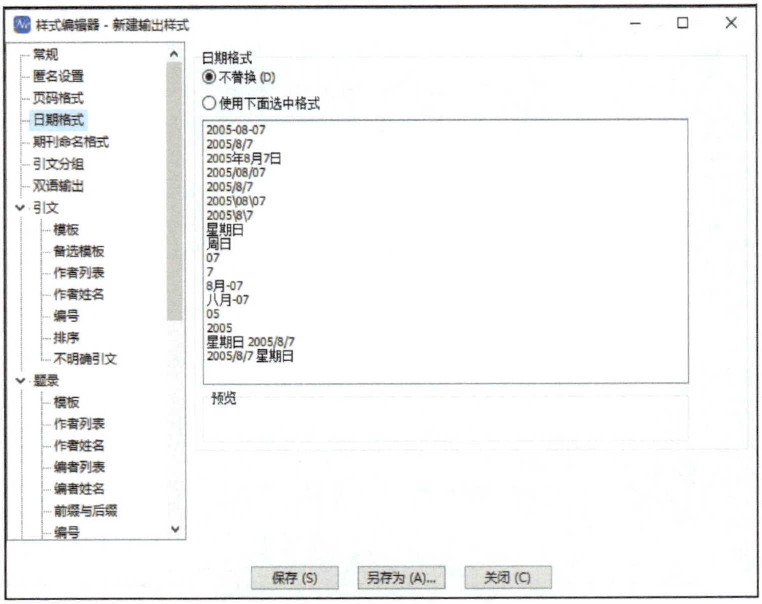

图 2.56　参考文献日期格式设置

如图 2.57 所示，用“期刊命名格式”调整题录中期刊的格式，主要调整题录中的缩写部分信息。

图 2.57　期刊命名格式调整

还可以用“引文分组”将多条题录放在一起处理，如图 2.58 所示。

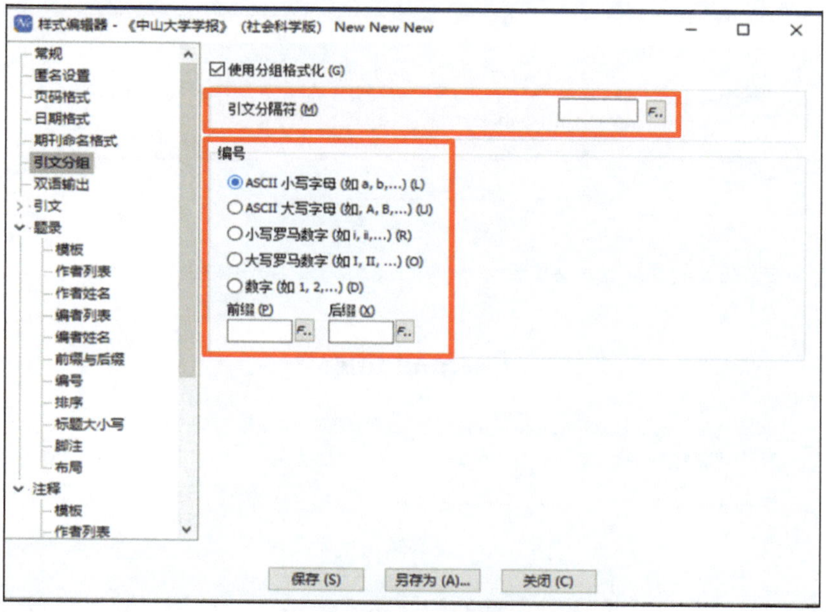

图 2.58　多条题录整理

如图 2.59 所示，用“双语输出”来处理不同语言的题录、引文与题录的格式不同的情况。要使用此功能，首先在“常规”页面勾选“使用多语言格式化”，可以选择单列表或双列表输出，最终得到的参考文献输出格式如图 2.60 所示。

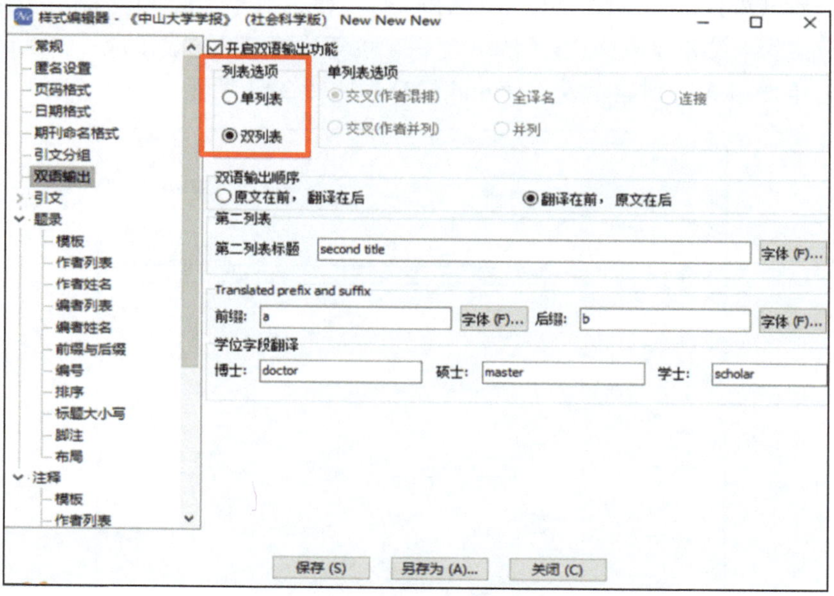

图 2.59　双语输出

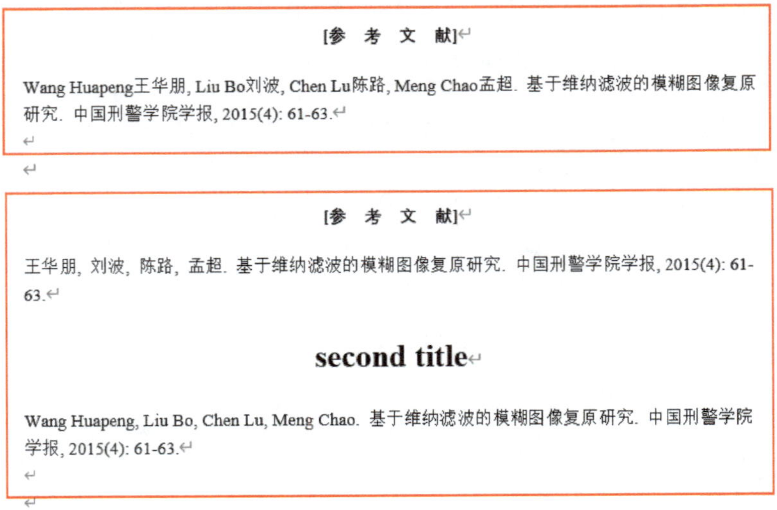

图 2.60　双语输出参考文献

(7)引文格式设置。有两种主要的引文格式类型，一种是“数字编号”，例如：引文[1]，引文[1-4]，引文 1 等；另一种是“作者 年份”，例如：引文(Loo 1991)，引文(Zhang 1995，Burton 1997)等。

①定义引文模板。模板是对引文显示方式的设置，如定义引文是要用“数字编号”还是用“作者 年份”进行编号。可以对引文设置前缀、后缀和分隔符。例如，数字编号形式的[1]、[1-3]，其中，左括号“[”和右括号“]”就是前后缀，“、”是设置的分隔符。设置年份格式，例如，使用 4 位年份格式，则显示成：(Knuth 1982)，使用 2 位年份格式，则显示成：(Knuth '82)，如图 2.61 所示。

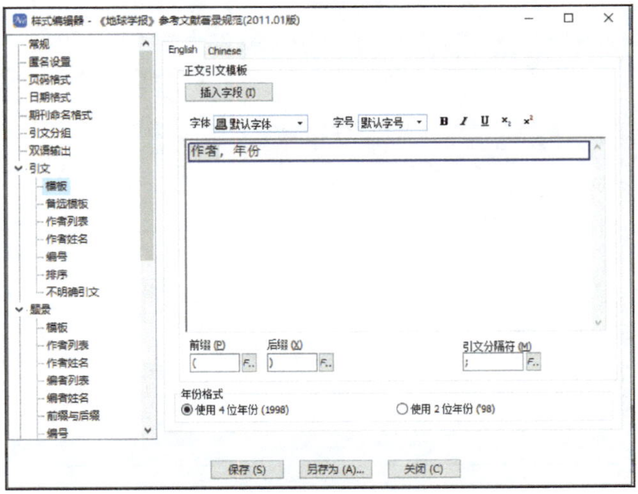

图 2.61　定义引文模板

除此之外，还可以设置备选模板。备选模板的设置跟模板设置一样，不过在 Word 中使用时，需要先将光标移动到引文所在的地方，然后点击 NoteExpress 工具栏上的“编辑引文”，在弹出的新窗口中左下方，勾选“使用备选模板”选项，如图 2.62 所示。

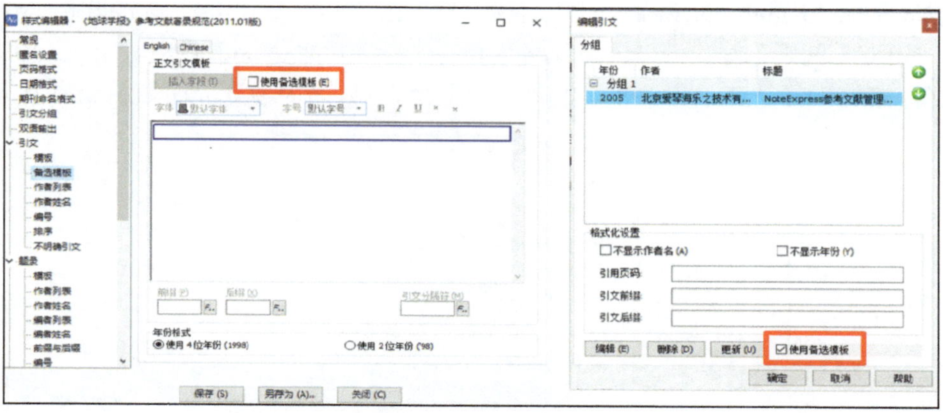

图 2.62　设置备选模板

②作者列表。作者列表是针对“作者 年份”的引文样式，并且是为多个作者的情况制定的。可以设置显示多少个作者、首次引用和再次引用的作者列表缩写，其中，“再次引用”是指同一引文在文章中重复引用，这时可以设置不同的样式，如做一些缩写，如图 2.63 所示。

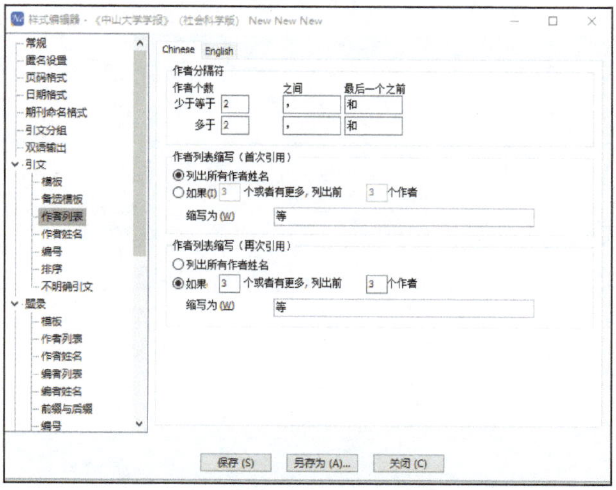

图 2.63　设置作者列表

例如，题录信息为：“王华朋，刘波，陈路，孟超. 基于维纳滤波的模糊图像复原研究. 中国刑警学院学报，2015(4)：61-63. ”。将其引文格式设置为：(王华朋，刘波，陈路，孟超，2015)，再次引用的格式就是：(王华朋，刘波和陈路等，2015)。

③作者姓名。NoteExpress 在保存题录信息时，需要区分作者的姓和名。字段值中如果没有逗号，则默认只有姓没有名。可以设置作者的“名”在前或者“姓”在前；大小写可以设置为保持原样、普通大写、小型大写等。可以简写，如选项“A. B.”，可以表示成“Knuth, D. E.”；可以设置姓名称呼，如 Prof. Knuth, Donald Ervin，其中，“Prof.”就是称呼；可以选择忽略重复的作者名，如(Knuth 1981，Knuth 1989)，选择忽略的话就是(Knuth 1981，1989)，引文作者姓名的设置界面如图 2.64 所示。

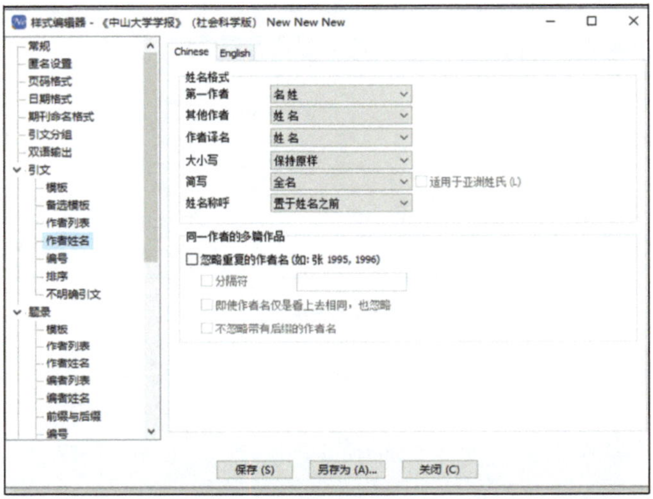

图 2.64　引文作者姓名的设置界面

④设置编号，如图 2.65 所示。例如，“[1,2,3,4,5]”会显示成“[1-5]”，中间的连接符号为“-”。

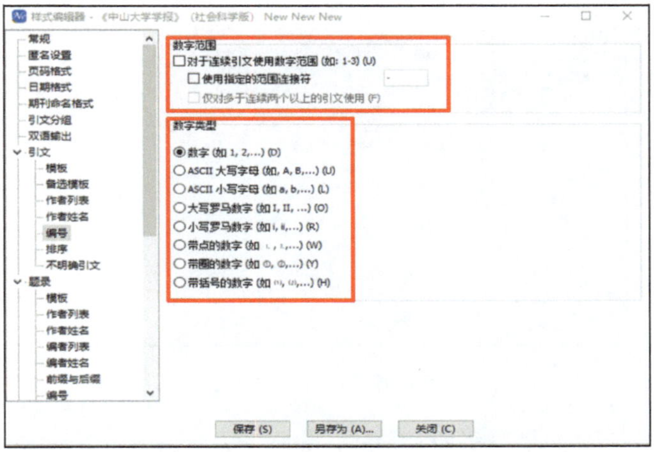

图 2.65　设置在文中标注的引文编号

⑤排序。用于处理引文中多条题录显示的顺序，如图 2.66 所示。例如，在“数字编号”的引文形式下，如果在不排序的情况下为“[6, 3, 1, 2]”，排序后就变成“[1, 2, 3, 6]”，若设置了数字范围，就会显示为“[1-3, 6]”。

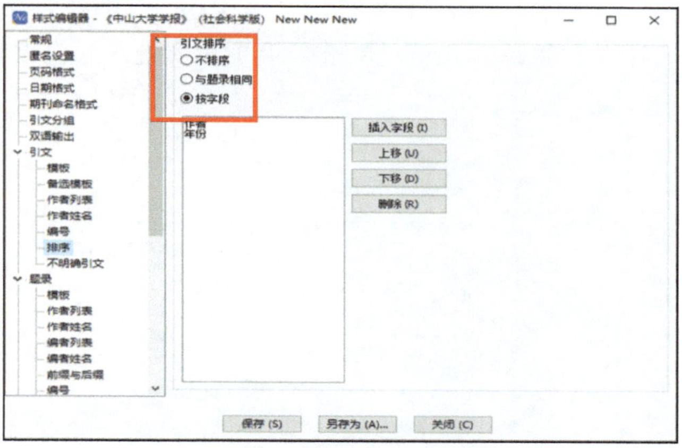

图 2.66　对多条引文的编号

⑥不明确引文。针对引用“作者 年份”样式，引文显示相同，但题录其他信息不同；或者不同的作者，年份相同，作者名显示出来也相同的情况。当两个引文无法区分时，可以设置全名显示；一个题录有多个作者时，可以添加更多的作者名；可以对同一作者的不同作品添加题录标题，可以选择添加完整标题或者简短标题，例如，对于两个(Knuth，1984)，处理后可能这两个引文会分别显示为(Knuth，1984，Title1)和(Knuth，1984，Title2)；还可以在年份后面添加字符，例如，(Knuth，1974a)和(Knuth，1974b)，如图 2.67 所示。

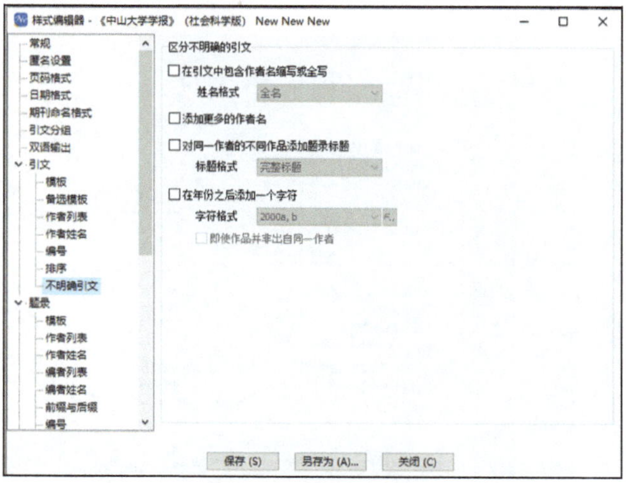

图 2.67　不明确引文的设置

(8)题录格式设置。题录格式就是文末生成的参考文献列表格式。

①题录模板设置。总体设置与引文类似，仅增加了“域”的概念，例如，在作者后面有一个“.”，这就会面临另一个问题即如果“作者”为空，这个“.”还需要显示出来吗？因此，定义“.”与“作者”这个字段相关，即在一个域内。如果“作者”为空，则“.”就不会显示出来。如图 2.68 所示为题录模板设置。

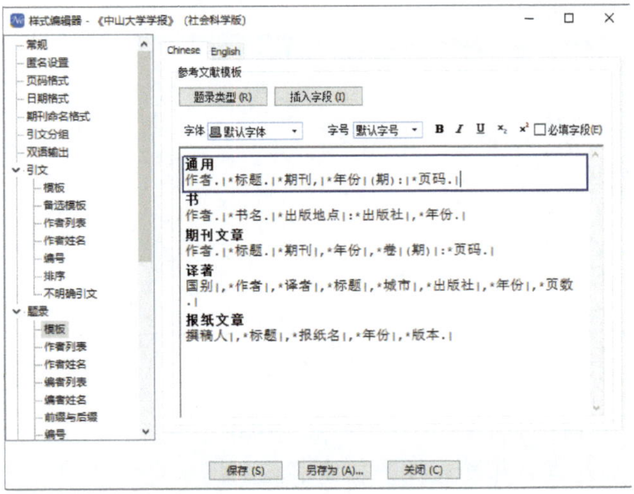

图 2.68　题录模板设置

②作者列表。在处理相同作者文献题录时可以选择“忽略作者列表”，则有[1] Knuth，TitleOne；[2] TitleTwo。作者译名列表涉及多语言情况下的字段处理，如图 2.69 所示。

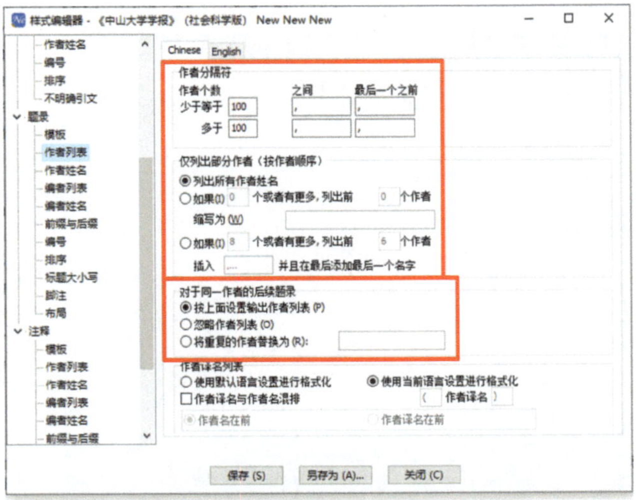

图 2.69　题录中作者列表的设置

③布局。布局是给题录添加前后缀文本用的。相对在模板中添加前后缀，布局里操作更简单，还可以实现悬挂操作，如图 2.70 所示。

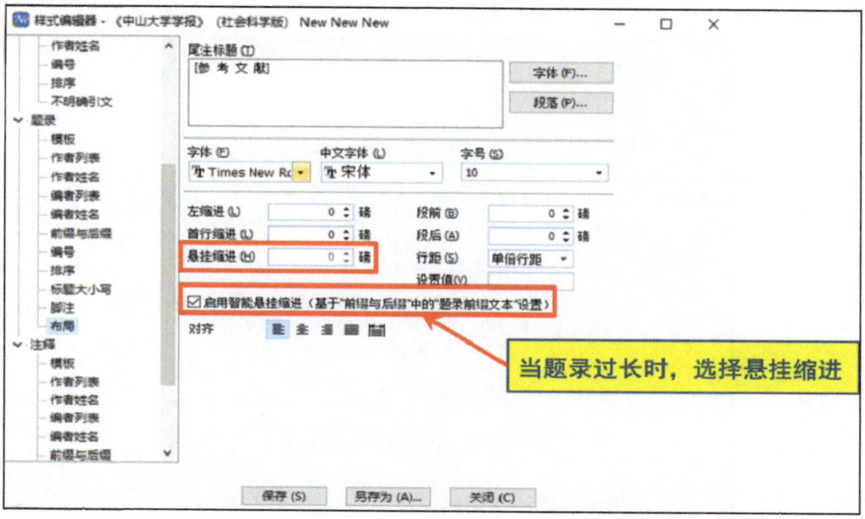

图 2.70　添加题录的前后缀文本

④编号。编号设置用于对齐文献列表的文字起始位置，例如，[1]和[10]占宽不一样，如图 2.71 所示。

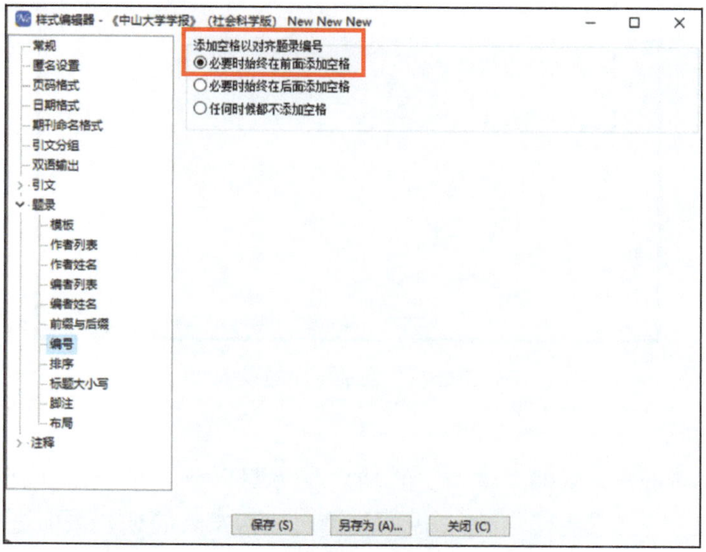

图 2.71　题录编号设置

⑤标题大小写设置，如图 2.72 所示。例如，标题为 final fantasy，“标题保持原样”为 final fantasy；“词首字母大写”为 Final Fantasy；“句首字母大写”为 Final fantasy。

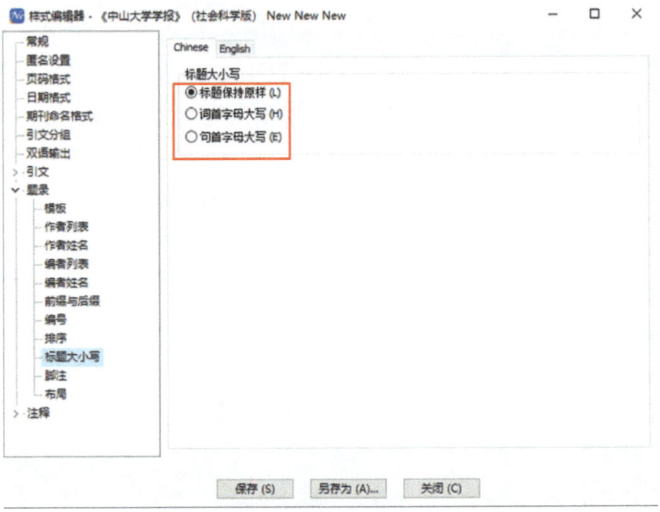

图 2.72　标题大小写的设置

⑥排序，设置如图 2.73 所示。

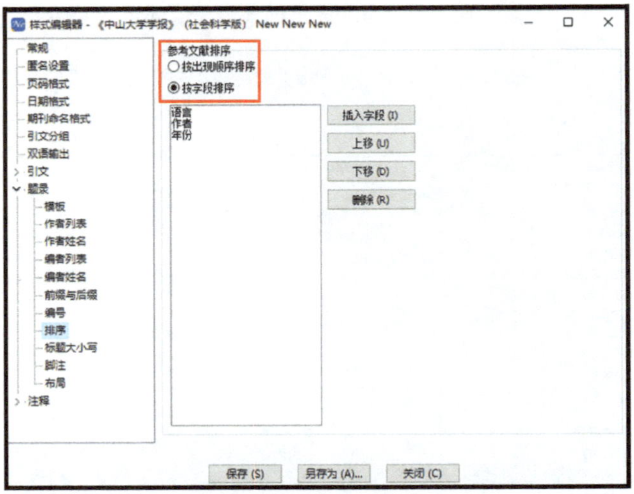

图 2.73　题录排序的设置

(9) 注意事项。

①在 NoteExpress 软件中将论文的 PDF 版本导入到目录中，可以自动生成题录。但是有时自动生成的题录不正确，需要与论文最初发表的期刊页面进行核对，才能确定该题录。

②通过百度和谷歌检索获得的题录信息或其他网站转载的题录信息有时是错误的或残缺的，也需要读者进行核对更正。

第 3 章　学术会议的准备

学术会议是一种以促进科学发展、学术交流、课题研究等学术性话题为主题的会议，而国际会议是一种具有权威性、高知识性、高互动性的学术会议，参会者一般为科学家、学者、教师等具有高学历的研究人员。这是一种相互学习、交流互动类型的会议，参会者会对自己的研究成果进行展示。参加学术会议对个人科研能力的提升有很大帮助，通过学术会议有机会了解到学术领域的发展趋势和前沿知识，可以丰富自己的知识面、听到别人的科研想法、扩展自己的思路。有机会和同领域的研究人员交流，互换彼此的想法以及结识更多同领域的朋友。

参加学术会议，对研究生而言从演讲能力、PPT 制作、与人交流的能力以及学术知识的获取等方面，都是极好的锻炼。参加学术会议需要提前做好准备，例如，准备好做报告的文章、做好出行准备以及提前了解会议相关事项等，本章将详细介绍如何准备学术会议。

3.1　论文撰写并投稿

参加学术会议，首先要准备好自己要展示的内容。需要在会议前花足够的时间撰写好投稿论文并投出，在论文撰写和投稿期间应该注意些什么呢？

第一，选择跟自己专业相关的会议投稿。参加学术会议，当然要选择与自己研究相关的、有参与价值的学术会议，所以在投稿前需要对会议进行认真筛选。可以通过一些平台进行查找，根据时间、地点、主题、主办单位来搜索，也可以和导师讨论、找同学帮忙推荐等。

第二，认真撰写论文。用来展示的文章在内容上要精彩，要有足够的创新性；在表达上简单易懂，尽量将问题和实验描述清楚；最好提供实验代码，便于同行对实验进行重复，并在该论文的基础上对算法进行改进。

第三，论文格式要正确。在文章投出前一定要将论文格式整理正确，论文的格式会给审稿人留下第一印象，也体现投稿者对会议的重视。

第四，留足够时间开展相关工作。尽量不要在论文的最后提交截止时间到来时才把论文写好，论文如果没有经过反复检查，错误会很多，导致论文被拒稿。最好在论文最后提交之前自己多检查几遍，然后再交给课题组内的其他合作者再多检查几遍，确定无误后再进行提交。

3.2 会议准备

被国际会议录用的论文通常分为口头报告和海报宣传两种。其中，口头报告的论文需要准备演讲，海报宣传的论文需要准备海报。会议当天，口头报告的作者会被安排报告厅和报告时间，在众多学者面前进行报告，并回答问题。海报宣传的作者会被安排张贴海报的位置，作者站在海报旁边，读者可以像逛展会一样从海报旁边经过，阅读海报并向作者提问。

1. 演讲准备

1) 演讲要求

若是口头报告，需要为演讲做准备。学术会议上的演讲最重要的是宣传自己的成果，让听众了解你的研究思路及学术理念。与普通的演讲不同，学术会议上的演讲通常都涉及艰深晦涩的专业知识，而学术会议的观众水平也参差不齐。有的观众的研究课题与演讲话题可能非常接近，有的观众可能仅仅对该领域略知一二。因此，要考虑演讲的受众面，让不同层次的听众都能够听懂部分内容，从学习演讲内容中有所收获。作者需要将论文的思路精心整理，思考创新思维如何呈现才能更容易被观众接受。此外，演讲时要有层次和重点，PPT 要精心设计，才能吸引观众的眼球。

在学术会议上做演讲时，吸引观众的注意力非常重要。演讲者通过注意以下方面，可以有更好的表现。

(1) 内容符合观众的兴趣。演讲过程中，要想吸引观众的眼球首先确保所讲内容符合观众兴趣。来参加学术会议的学者大多是同一研究领域或者相关研究领域的，他们想听到的一定是研究领域关键技术方面的内容。因此，演讲者在介绍自己研究内容时应该直达创新思路，而不是在一些背景、意义等非重点信息上浪费时间。

(2) 素材容易吸收。演讲过程中，为了能让观众在短时间内理解一些概念内容，可以使用案例素材，将概念内容形象化。不过要注意，所用素材不能晦涩难懂，避免观众对演讲产生排斥心理。

(3) 表达方式要大声、正面、幽默。为了在演讲中获得观众的信任，演讲者应该表现出充分的自信，而讲话声音洪亮、表情得体、动作大方是一个人自信的外在表现。演讲者所传递的内容必须是正面的、积极的，尽量使用较幽默的语言。一些演讲者由于太紧张导致说话声音很小，甚至只有前两排能听见，在这种连内容都听不清楚的情况下，观众是一定不会对演讲者产生好感的。在学术会议上，经常会见到一些非英语国家的学生，由于英语较差、演讲经验不足，导致说话声音非常小、姿态非常不自然、观众对其演讲印象较差。所以，演讲者如果英语水平不高，就需要在学术会议之前有更多的演练，才能增加自己对演讲内容的熟练程度，并提高自信。

(4)尽量使用图表，解释图表上的要素信息。若想要在演讲过程中介绍自己的实验结果，展示结果的最好方式是使用图表。将实验的数据列在表格中，再将重点数据加黑加粗显示，让观众能够快速看到。演讲者在讲解的时候，仅对重点数据做介绍。

(5)微笑，与观众要有眼神交流。在演讲中常常保持微笑，与观众进行眼神交流或者言语互动，有助于跟观众建立信任感。演讲者应该随时注意自己的形象，要给观众带来亲切、和谐的感觉。而且，不能只顾自己说，需要适时带动整个会场的氛围。

(6)要准备足够的内容，讲够时间。学术会议报告时间通常会有规定，演讲的时间不宜太长，也不宜太短。演讲者最好提前演练，对报告内容、说话语速等有一个准确把握，尽量避免临场发挥。例如，有的演讲者准备的内容太少，时间没到就结束了，剩下的时间跟观众也没有互动，就会非常尴尬。

(7)不能只念 PPT，要讲解。最差的演讲就是 PPT 上满是文字，讲解的时候照着读。幻灯片上的内容应该精简，字体字号要调到保证观众能看得清楚。演讲者应该把 PPT 当作大纲，适时地给自己一些提示，而讲述的大部分语言应该是作者对 PPT 内容的理解。这也给演讲者提出了要求，即对自己所讲内容要足够熟悉，最好能够脱稿演讲。

(8)对重点内容做指引。在讲解过程中，对于 PPT 上的重点内容适时地使用激光笔、教杆之类的工具做指引，有利于观众跟上演讲者的思路。

(9)耐心听取问题并回答。在问答环节，演讲者应该认真听取观众的问题，并认真回答。在回答观众问题时，要谦虚、客观、谨慎、礼貌，即使遇到恶意的挑战者，也不能失态，要从容应对，切忌因为一些观众的问题太简单或者太复杂就回答得很敷衍。

2)演讲的步骤

为了让演讲听起来结构清晰、重点突出，在讲述的时候应该按照一定的步骤进行。有些同学平时讲话就有缺少逻辑的习惯，这会导致听众很难抓住重点。在演讲中，把 PPT 做得符合逻辑很重要，哪些内容先讲，哪些内容放到后面，要先做好规划。对于学术会议上的演讲内容，一般按照以下顺序进行讲解。

第一步，简述课题的目的、重要性。首先向观众介绍所做工作解决了什么问题，或者在某个问题的解决上提供了什么帮助，解释为什么有必要开展相关研究。

第二步，详略得当地讲解算法创新点。这部分介绍创新思路及采用该思路的理由。内容应当深入浅出，最好从一个简单原理引入，而不是从一个复杂公式引入。

第三步，简述贡献。简述所做研究会给该学术领域带来什么样的贡献，如在哪个方面有所推进，介绍重点的实验设计及结果。

第四步，对上述演讲内容进一步升华。一般最后应当提示观众，该研究成果可以拓展到什么领域使用，或该研究成果的下一步研究应当向哪个方向迈进。

3) 算法介绍

算法介绍是演讲中的重要部分，关键是要将自己的算法叙述清楚，尽可能让所有人都听明白。

(1) 算法目的。

介绍算法的目的，说明算法解决的是什么问题，要具体介绍大问题里面的小问题，并说明别人为什么没有解决这个问题，及自己解决的程度。

(2) 算法步骤。

首先介绍算法所需要的数学基础及前期工作，交代清楚相关知识，以便为后面的讲解做铺垫。然后介绍算法的数学模型以及模型中的每个变量，介绍数学模型的物理意义、变量的定义以及是否有约束条件等。最后介绍算法步骤以及每个步骤的理由，算法的每一步都应该有支撑点，即每一步算法都给出相对应的解释。

(3) 实验部分。

实验是论文中叙述起来相对复杂的部分，在讲解实验的时候要思考如何能将其叙述清楚，使观众能看到实验与结论的对应关系。具体从以下三方面进行。

第一，介绍有哪些实验。先总体介绍做了哪些实验，简述每个实验的流程，让观众先有大概的了解。

第二，介绍各个实验内容。实验是基于所提出的算法开展的，讲述清楚实验是用于验证算法的性能和所提出的猜想，解释每个实验分别验证了哪些性能。

第三，介绍实验结论。最后说明实验结果是否跟预期结果相同，能否得出与猜想一致的结论，证明所提出的理论和假设的正确性。

(4) 结论部分。

结论部分需要回答两个问题。

第一个，文章得出了哪些结论？

对前面所做实验进行总结，得出最终结论。尽量将结论用概括性的语言表达出来，实在不能概括的就分点列出。

第二个，算法还有改进的余地吗？

将文章讨论部分的内容放到这里，即思考算法是否还有不足之处。如果有改进方案，给出方案；若只有一些猜想，也可以将自己的观点抛出，让感兴趣的同行继续研究。

2. 海报展示准备

若是海报宣传，需要事先查看海报的制作要求。尺寸和分辨率要符合会议规定、颜色和排版要美观等，如图 3.1 所示。

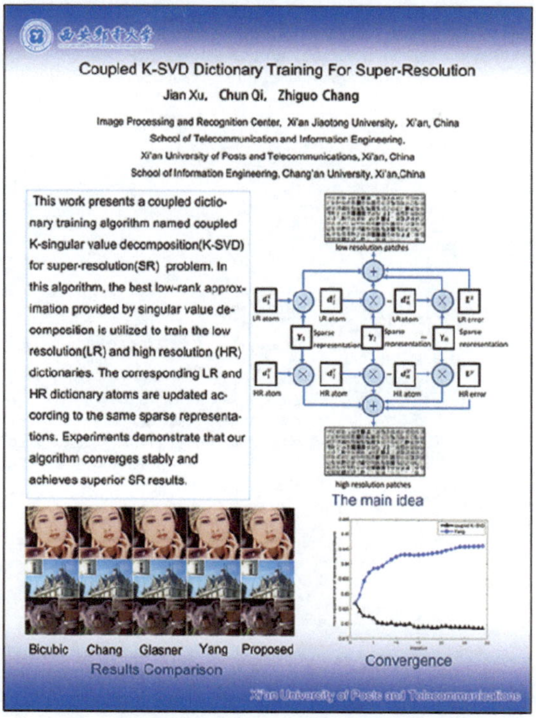

图 3.1　论文的宣传海报

除此之外，还要准备多张宣传页。宣传页的主要内容为算法的思路、创新点及主要实验结果。在宣传页上订上名片，以便读者获取作者的联系方式。在会议上和别人交流时，遇到对自己的研究感兴趣的学者，可以将该宣传材料送给他。内容宣传单如图 3.2 所示。

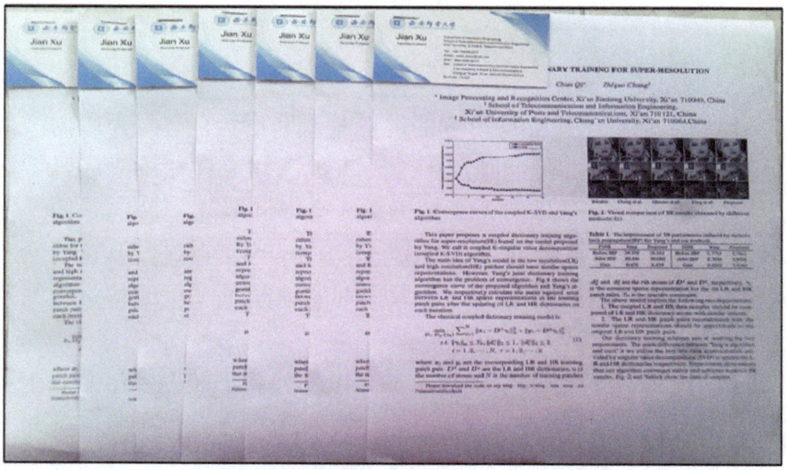

图 3.2　内容宣传单

最后，还要准备个人名片。个人名片需要准备双语的，一面印中文，另一面印英文。名片上要包含名字、职位、联系电话、邮箱、通信地址、博客地址、微信二维码等信息，如图 3.3 所示。

图 3.3　个人名片

3.3 会前准备

(1) 订购机票和酒店。提前订好酒店和机票，可以在去哪儿网、携程旅行等 APP 上预订。预订的酒店地址离会场越近越好，最好步行可达。酒店与会场距离近会带来许多好处，例如，可快速取回遗忘物品、设备没电了可以及时回去充电或更换设备、避免因为交通阻塞而迟到等问题。

(2) 与同行者相约。很多会议地点是在国外，若担心一个人出国的安全问题，可以事先找好同行者。可以提前在 QQ 群、Facebook、小木虫等平台上寻找同行的人，这些人可能遍布全国、全世界，可以找跟自己离得近的同伴，跟他们约好一起出发。

(3) 准备地图。准备一张会场附近的地图是很有必要的。因为国内通信公司的国际漫游服务有时不太可靠，可能到了国外手机地图就无法使用，应当做好出国之后手机无法上网的准备。需要事先弄清楚机场、会场和酒店之间的路线，在地图上找到并标注出来，并将地图随身携带。图 3.4 所示为从法国戴高乐机场到会场的地图。图 3.5 所示为从会场到酒店的地图。较为详细的地图可以呈现建筑物的基本形状，方便找到建筑物的精确位置。

(4) 准备携带的东西。对于服饰类物品，休闲装和正装都要准备，正装在做报告的时候使用，休闲装在听报告的时候使用。如果有晚会，还需要准备礼服。其他物品包括电脑、万能插座和手机等。会议报到注册时，通常会拿到会议论文集，可以使用电脑对自己关注的重点文章进行阅读，将问题标注出来，在与作者见面的时候进行询问。手机需要预先安装好离线词典，因为在听报告过程中可能随时会出现听不懂的单词，用离线字典查询相对方便些。如果会场有 Wi-fi，也可以进行在线查词。

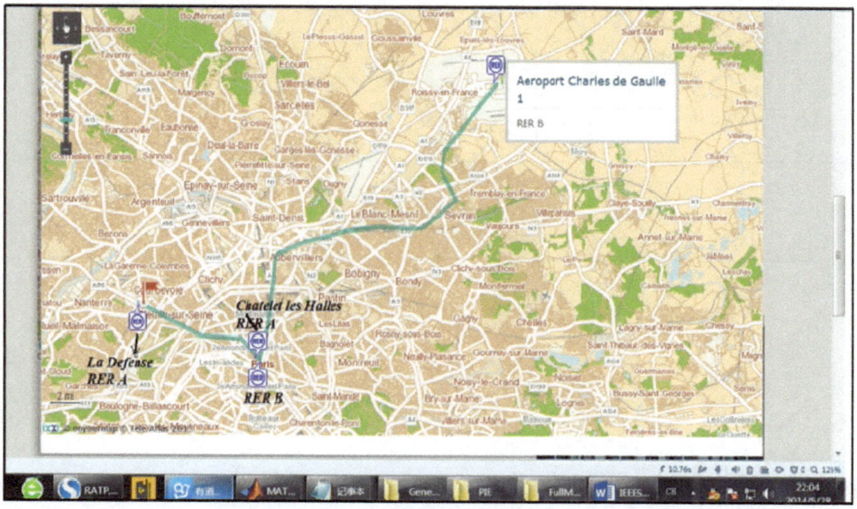

图 3.4　机场到会场的地图

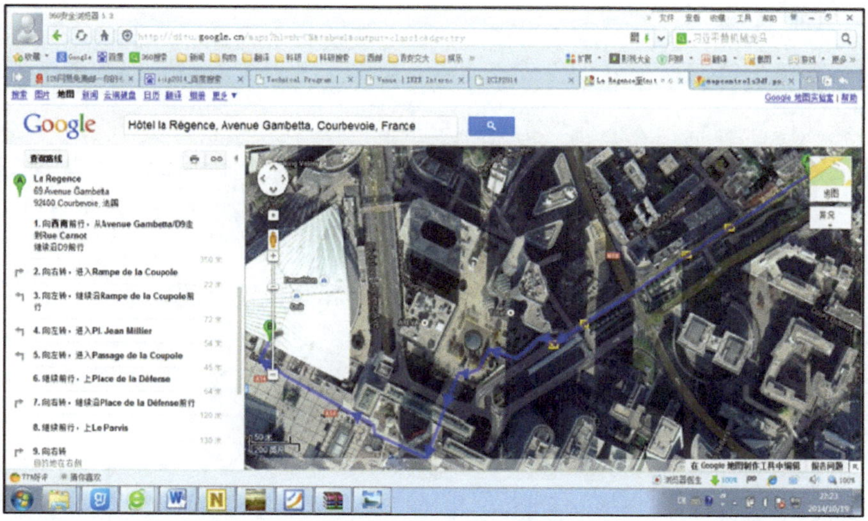

图 3.5　会场到酒店的地图

(5) 认真安排好日程。将报告的时间表准备好，并标记出需要听的报告，如图 3.6 所示。除此之外，最好在手机上也设置时间提醒，因为各种各样的报告过多，可能一不小心就会错过。为了与同行进行交流，可以把重点想要交流的科研人员的照片准备好，方便到会场寻找。

会议时间	论文名称	报告人	报告人单位	报告地点
10:30	Group Structured Dirty Dictionary Learning for Classification	Trac D. Tran	Johns Hopkins University	Leonard da Vinci
10:50	A Hierarchical Structured Discriminative Dictionary Learning for Classification	Jinho Choi	Korea Advanced Institute of Science and Technology	Leonard da Vinci
11:10	Dictionary-Based Multiple Instance Learning	Rama Chellappa	University of Maryland	Leonard da Vinci

图 3.6　会议日程安排表

3.4　会场注意事项

第一，一定要守时。可能会议地点在欧洲、美洲等西方国家，许多学者会有时差，会议地点的白天可能是我们这里的半夜，这种情况下不管再疲倦，也要打起精神准时参加会议。

第二，不要在开会时间游览当地景点。如果会议召开地点与一些景点较近，可以在会议结束后去参观。但注意不要在开会时间去，认真听报告、与同行交流并取得联系以及提高自己的学术水平才是首要的。

第三，不要浪费粮食。很多人可能吃不惯国外的食物，因此，如果不太确定自己能否接受某种食物，不妨先拿少一点试吃一下，不要一次拿太多，吃不惯又扔掉，让别人对自己产生不好的印象。

第四，不要在会场大声喧哗。出于对演讲者和其他观众的尊重，一定不要在会场大声说话，进入会场手机需要静音。

第五，要有礼貌。向人请教问题、交流的时候要有礼貌，别人在问问题的时候一定要等别人问完了再回答。

第六，尽量不说中文。即使遇到同胞也尽量不说中文，这也是出于对国外学者的尊重。若讲中文，旁边可能还有其他国家的人，如果讲一些别人听不懂的语言，别人可能误以为在说一些不可告人的事，所以为了避免这种尴尬，尽量都讲英文。

第七，站在自己海报旁。张贴海报的时候不要离开自己的海报，如果海报要展览一个小时，那么这一个小时都应该站在海报旁边，避免别人想问问题却找不到作者。

3.5　会后的宣传工作

最好的宣传品就是参会照片，照片中应该包括自己和会场的标志性广告牌，以及一些能够证明来过这个会议的各种图片材料。有条件的话，出行前将学校的校旗带上，到了那里可以合影留念。也可以与会场其他参会的学者合影，这也是比较不错的宣传材料。

第 4 章　论文的创新点

随着我国研究生不断扩招，科研者群体不断扩大，科研论文产出量也在激增。如何让自己的文章在大量文献中脱颖而出是我们应该思考的问题。经调研发现，目前硕士研究生在论文写作中对创新点的描述存在表达不清晰、创新点描述不到位、不遵守学术规则等问题。

科技论文是科研者对其研究成果的理论分析和总结，而创新性是评价科技论文质量的重要标准之一。有些读者会从标题、引言、正文、结论、参考文献、论文来源、作者信息等部分来鉴审一篇文章的创新性[3-5]，这就需要作者能够在文章的各个环节清楚描述创新点，并为创新点提供充分论据；有些读者会借助网络和检索工具，通过检索主题和关键词对文章内容进行查新[6-7]，这就需要作者在描述创新点时紧扣课题的主题和关键词；有些读者甚至对文章中创新点相关语句做统计分析，通过建立语料库来分析文章的亮点分布特点[8-9]；还有些读者以文献句子为最小单元来探索文章的创新点[10-11]。这些行为都提示作者需要利用写作策略突出创新点。

许多研究者都在探索如何对创新点进行描述以适应多种读者的兴趣和阅读方法。有的研究者在文献调研的基础上，对科技论文创新点的理想呈现模式进行了探索；有的研究者对创新性评价标准及写作注意事项做了简述；还有研究者专门针对理工科研究生论文写作方法进行了总结。以上研究成果在研究生论文创新点描述方面均有一定的指导作用。与上述作者不同，本章在已有研究的基础上从写作者的角度出发，以电子信息类专业研究生论文为实例，详细介绍研究生论文创新点的描述方法，解决相关专业学生在论文创新点描述方面的问题。

4.1　科研论文的灵魂——创新点

论文的创新点被称为“科技论文的灵魂”，科研想法要具备足够的创新性才能支撑起一篇文章。但好的科研想法没有被很好地呈现，也不能体现其应有的价值。因此，掌握研究生论文创新点的描述方法很重要。在论文中描述创新点的时候应该遵循以下三个原则。

第一，所有内容都要围绕创新点。科技论文的各部分都应该恰到好处、详略得当地提及创新点。文章的叙述部分可以为创新点的提出做铺垫，可以正面对创新点进行论述，也可以从侧面为创新点做支撑。

第二，文章中的公式、实验、结论都要支撑创新点。在文中要体现出创新点是由公式推导得出的，实验中创新的部分能够帮助我们得到较好的结果。最后得出的结论要与创新相符合。

第三，在文章各处要对创新点进行不同角度的深入分析。科技论文中的各处都需要强调创新，分析的程度根据文章的不同结构而有所不同。同时，文中对创新点的分析深度体现了科研工作者的思维深度、技术水平和科研严谨性。

在科技论文中描述创新点遵循以上三个原则，能够将创新点更加完整地呈现。

4.2　如何强调创新点

在写作过程中，通过一定方法对创新点进行恰到好处的描述可以让论文更加有吸引力。不同学科根据其不同的特点，在文章创新点的描述上需要遵循各自的原则。对于电子信息类专业论文而言，创新方式总共分为三类：算法创新、模型创新、参数创新。同样，在论文写作过程中也需要基于不同的创新方式来介绍创新点。以下介绍三种不同的创新方式以及如何描述创新点。

1. 算法创新

算法创新包括算法改进、算法组合和提出新算法三类。

1）算法改进

通过调整别人的算法让实验效果变得更好。算法改进类文章描述创新点的时候在引言部分要有比较，即对别人的算法做简单介绍，然后强调自己的算法与别人的不同之处，将描述的重点放在自己方法优于别人方法的部分。在新算法叙述部分具体描述是如何改进的，涉及新的公式变量要进行定义、引用了别人的公式要标注参考文献。

举例　①单个字典训练算法。

稀疏表示的目标是利用字典 $\boldsymbol{D}$ 中的一少部分原子对训练样本 $\boldsymbol{P}^s=[\boldsymbol{p}_1^s,\boldsymbol{p}_2^s,\cdots,\boldsymbol{p}_N^s]$ 进行表示。单个字典训练模型为[163, 164]　⇦ 引用参考文献

$$\min_{\boldsymbol{D},\boldsymbol{A}}\left\|\boldsymbol{p}_i^s-\boldsymbol{D}\boldsymbol{\alpha}_i\right\|_F^2,\quad \left\|\boldsymbol{\alpha}_i\right\|_0\leqslant\beta$$

⇦ 对别人算法做简单介绍

式中，$\boldsymbol{P}^s$ 为每一列代表一个样本；$\boldsymbol{p}_i^s$ 为第 i 个训练样本；N 为样本个数；$\boldsymbol{A}=[\boldsymbol{\alpha}_1,\boldsymbol{\alpha}_2,\cdots,\boldsymbol{\alpha}_N]$ 为每个样本的稀疏表示系数；$\|\cdot\|_F$ 为矩阵的 F 范数。

②利用单个字典训练算法进行双字典训练。

基于稀疏表示的图像超分辨率重建算法的主要思想是将对应的高分辨率图

像块和低分辨率图像块映射到统一特征子空间，其模型可以描述为

$$\min_{D^l,D^h,\{\alpha_i\}}\sum_{i=1}^{N}(\|\boldsymbol{p}_i^{s,l}-\boldsymbol{D}^l\boldsymbol{\alpha}_i\|_2^2+\|\boldsymbol{p}_i^{s,h}-\boldsymbol{D}^h\boldsymbol{\alpha}_i\|_2^2)$$

对新算法进行模型描述

$$\text{s.t.}\|\boldsymbol{\alpha}_i\|_0\leqslant\beta,\ \ \|\boldsymbol{d}_r^l\|_2\leqslant 1,\ \ \|\boldsymbol{d}_r^h\|_2\leqslant 1,\quad r=1,2,\cdots,n$$

式中，$\boldsymbol{p}_i^{s,l}$ 为第 i 个低分辨率块；$\boldsymbol{p}_i^{s,h}$ 为第 i 个高分辨率块；$\boldsymbol{p}_i^{s,l}$ 和 $\boldsymbol{p}_i^{s,h}$ 两者对应同一位置；$\boldsymbol{D}^l=[\boldsymbol{d}_1^l\quad \boldsymbol{d}_2^l\quad \cdots\quad \boldsymbol{d}_n^l]$ 为低分辨率字典；$\boldsymbol{D}^h=[\boldsymbol{d}_1^h\quad \boldsymbol{d}_2^h\quad \cdots\quad \boldsymbol{d}_n^h]$ 为高分辨率字典，每个字典含有 n 个原子；$\boldsymbol{\alpha}_i$ 为 $\boldsymbol{p}_i^{s,l}$ 和 $\boldsymbol{p}_i^{s,h}$ 共同的稀疏表示系数；$\boldsymbol{d}_r^l$ 为 $\boldsymbol{D}^l$ 的第 r 个原子；$\boldsymbol{d}_r^h$ 为 $\boldsymbol{D}^h$ 的第 r 个原子；β 为稀疏度约束。

定义公式及变量

该方法的主要思想是将单个字典训练模型改进为双字典训练模型。令低分辨率图像在低分辨字典上可以进行稀疏表示，高分辨率图像在高分辨率字典上可以进行稀疏表示。两个字典将高低分辨率图像映射到了统一特征子空间(即相同的稀疏表示系数)，建立了高低分辨率图像之间的对应关系。

与别人方法的不同之处

分析：案例中①为单个字典训练算法，是已经提出的。作者在此算法基础上做改进，得到新的双字典训练算法。

2) 算法组合

对几个作者的方法做整理、组合成一个新算法，新算法能够得到较好的实验效果。对于算法组合类文章，在引言中要对每种算法做简介，并注明参考文献。在新方法叙述部分描述是怎样进行组合的，各个算法在新算法中扮演怎样的角色。算法组合类文章虽然没有提出新的东西，但能得到更好的实验结果，也可以支撑起一篇论文。在描述的时候要注意详略得当，由于涉及的方法有多个，不能在各个子方法上过多描述反而忽略了重要的组合部分。

举例　图 4.1(a)根据传统的 Yang 提出的基于稀疏表示的超分辨率模型，提出以下模型：

$$\min_{D^{1,m},D^{1,h},\{\alpha_i\}}\sum_{i=1}^{N}(\|\boldsymbol{p}_i^{1,s,l,m}-\boldsymbol{D}^{1,m}\boldsymbol{\alpha}_i\|_2^2+\|\boldsymbol{p}_i^{1,s,h}-\boldsymbol{D}^{1,h}\boldsymbol{\alpha}_i\|_2^2)$$

算法 A

$$\text{s.t.}\|\boldsymbol{\alpha}_i\|_0\leqslant\beta,\quad \|\boldsymbol{d}_r^{1,m}\|_2\leqslant 1,\quad \|\boldsymbol{d}_r^{1,h}\|_2\leqslant 1,\quad r=1,2,\cdots,n$$

式中，$\boldsymbol{D}^{1,m}$ 为对应中频成分的字典；$\boldsymbol{D}^{1,h}$ 为对应高频成分的字典；$\boldsymbol{d}_r^{1,m}$ 为 $\boldsymbol{D}^{1,m}$ 的第 r 个原子；$\boldsymbol{d}_r^{1,h}$ 为 $\boldsymbol{D}^{1,h}$ 的第 r 个原子；β 为稀疏度约束。

图 4.1(b)所示的抑制人工痕迹的全变分正则化方法的模型为

$$\boldsymbol{H}^{1,t,e}=\arg\min_{\boldsymbol{H}}\left\{\int\left|\nabla \boldsymbol{H}\right|+\lambda_1\int\left|\nabla(\boldsymbol{H}\downarrow)\right|+\frac{\lambda_2}{2}\left\|\boldsymbol{H}\downarrow-\boldsymbol{L}^t\right\|_2^2\right\}$$

算法 B

其中，$\boldsymbol{L}^t$ 是观测图像，$\boldsymbol{H}$ 是假设的目标高分辨率图像。

图 4.1(a)显示了基于稀疏表示的算法的输出结果。图 4.1(b)显示了抑制人工痕迹的全变分正则化的阶跃型边缘增强算法的输出结果。可以看出，图 4.1(a)含有丰富的纹理，但是边缘不够清晰，图 4.1(b)含有清晰的阶跃型边缘但是纹理不够丰富。因此需要将二者融合。利用如图 4.1(c)所示的融合标记图，标记为白色的部分使用抑制人工痕迹的全变分正则化方法输出结果的像素值，标记为黑色的部分使用基于稀疏表示的方法的输出结果像素值。这样输出结果可以既包含清晰的阶跃型边缘又含有丰富的纹理，融合结果如图 4.1(d)所示。

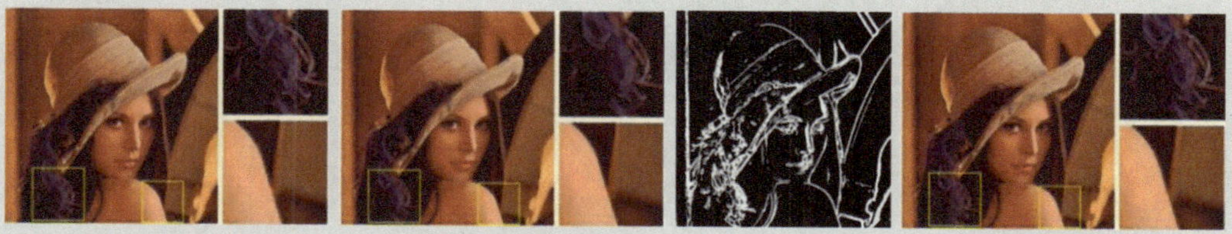

(a) 基于稀疏表示的方法输出的结果　(b) 抑制人工痕迹的全变分正则化输出的结果　(c) 融合标记图　(d) 融合后的结果

图 4.1　融合过程

算法 A 和算法 B 的融合

分析：算法 A 的优点是能够恢复较好的边缘，但其他方面不够好；而算法 B 不能较好地恢复边缘，但在其他方面效果更好，故将两个算法融合。文章中把算法 A 和算法 B 的实验结果与融合之后的结果进行对比，能够让读者清晰地看到两个算法结合的好处。

3)提出新算法

即为作者自己创新出的一个算法。对于提出新算法类文章，在文中的算法叙述部分，要对新算法进行详细介绍。介绍的方法除了文字叙述外，还需要有配图或公式推导。配图包括总体流程图和每个步骤更详细的流程图，每个流程图后面都要有详细的解释来介绍流程图中每个步骤的执行过程。对于流程图的结构和解释不能过于简洁，否则不利于读者理解该图和对文中实验的重复。

举例　为了估计低质量高分辨率图像和高质量高分辨率图像的距离，假设目标高分辨率图像上第 k 个色彩通道上的 $\boldsymbol{x}_i$ 位置的亮度块为 $\boldsymbol{P}_{B,k}^h(\boldsymbol{x}_i)$。因此，$\tilde{\boldsymbol{P}}_{B,k}^h(\boldsymbol{x}_i)=\boldsymbol{P}_{B,k}^h(\boldsymbol{x}_i)-\boldsymbol{P}_{B,Y}(\boldsymbol{x}_i), k=1,2,3$ 是想要恢复的高频细节信息。记 $\tilde{\boldsymbol{P}}_{B,k}^h(\boldsymbol{x}_i)$ 和

$\boldsymbol{C}_{B,k}(\boldsymbol{x}_i)$ 的相关系数为 $\rho_k(\boldsymbol{x}_i)$。$\rho_k(\boldsymbol{x}_i)$ 可以通过如下公式计算得到：

$$\rho_k(\boldsymbol{x}_i) = < \tilde{\boldsymbol{P}}^h_{B,k}(\boldsymbol{x}_i), \boldsymbol{C}_{B,k}(\boldsymbol{x}_i) > / (\|\tilde{\boldsymbol{P}}^h_{B,k}(\boldsymbol{x}_i)\|_2 \|\boldsymbol{C}_{B,k}(\boldsymbol{x}_i)\|_2)$$

新算法模型

可以通过 $\rho_k(\boldsymbol{x}_i), k=1,2,3$ 的排序估计出哪个低质量的高分辨率图像通道和目标高分辨率图像通道最为接近。另外，$d_{B,k}(\boldsymbol{x}_i), k=1,2,3$ 的排序可以估计出哪个色彩通道与亮度通道的距离最远，即最不相似。图 4.2 为算法流程图。

新算法流程图

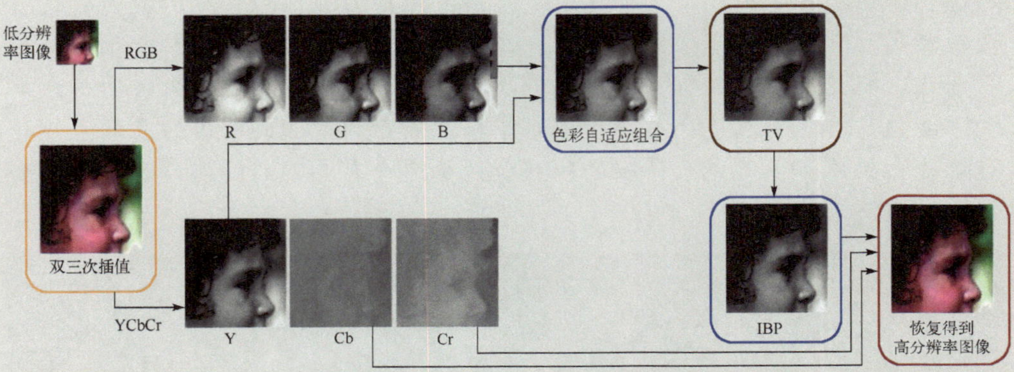

图 4.2　算法流程图

算法流程的解释

色彩通道的自适应组合的流程细节如下所示。

第一步，将初始高分辨率彩色图像 $\boldsymbol{H}_B \in \boldsymbol{R}^{m_x \times m_y \times 3}$ 在 RGB 色彩空间上分为三个色彩通道：红色通道 $\boldsymbol{H}_{B,1}$、绿色通道 $\boldsymbol{H}_{B,2}$ 和蓝色通道 $\boldsymbol{H}_{B,3}$，其中，$m_x \times m_y$ 是高分辨率图像的维数。将 $\boldsymbol{H}_B$ 转化到 YCbCr 空间，得到三个成分：亮度成分 $\boldsymbol{H}_{B,\mathrm{Y}}$ 和两个色度成分 $\boldsymbol{H}_{B,\mathrm{Cb}}$ 和 $\boldsymbol{H}_{B,\mathrm{Cr}}$。

第二步，对于 $\boldsymbol{H}_B$ 上的坐标 $\boldsymbol{x}_i$，记第 k 个色彩通道上的像素值为 $f_{B,k}(\boldsymbol{x}_i)$。以每个色彩通道的 $\boldsymbol{x}_i$ 位置为中心切割得到 $q \times q$ 大的方形图像块。记第 k 个色彩通道上的图像块为 $\boldsymbol{P}_{B,k}(\boldsymbol{x}_i)$，$\boldsymbol{P}_{B,k}(\boldsymbol{x}_i)$ 的均值为 $m_{B,k}(\boldsymbol{x}_i)$。提取每个色彩通道图像块中的特征。

第三步，逐个计算像素亮度值 $\hat{f}_{B,Y}(\boldsymbol{x}_i)$。

分析：此案例提出一个新算法，可以估计出低质量的高分辨率图像通道和目标高分辨率图像之间的距离，并给出此算法的流程图和相应的解释。

2. 模型创新

模型创新包括模型改进和提出新模型。

1)模型改进

在别人模型的基础上进行调整，使得模型的结构或者功能上发生变化。改进后的新模型在另一个问题的解决上效果很好，或者让原问题有了更好的解决效果。对于模型改进类文章，在绪论部分要介绍原模型，将叙述的重点放在说明原模型的优缺点、为什么要选择这个模型进行改进，以及所要做的工作可以让问题得到更好的解决等。在论文的新方法提出部分将模型的数学公式或者结构图表示出来，具体解释模型中每一项的含义。过程中需要介绍新模型在原模型的基础上进行了哪些改进。例如，增加或取消了哪些模块、将哪些模块进行了更改，详细分析这些改进的原因和思路。

举例　双三次插值由于其较低的时间成本，在许多实际中得到了广泛的应用，但其主要缺点是会产生模糊的边缘和人工痕迹。人类的视觉对边缘很敏感。如果一幅图像的边缘有人工痕迹，那么图像的质量就很差。 ⇐ 原模型的缺点

因此，有必要利用先验知识重建清晰的边缘，消除人工痕迹。传统的全变分正则化假设大多数自然图像是平滑的；因此，自然图像的 TV 模值应该很小。传统的全变分正则化模型如下：

$$\hat{\boldsymbol{H}}^t=\underset{H^t}{\operatorname{argmin}}\left\{\int\left|\nabla \boldsymbol{H}^t\right|+\frac{\lambda}{2}\left\|\boldsymbol{\Psi} \boldsymbol{H}^t-\boldsymbol{L}^t\right\|^2\right\}$$

⇐ 原模型

其中，$\hat{\boldsymbol{H}}^t$ 是重建的 HR 图像；$\boldsymbol{H}^t$ 是要优化的 HR 图像；λ 是拉格朗日乘子；$\boldsymbol{L}^t$ 是原始 LR 图像；$\boldsymbol{\Psi}$ 是退化矩阵。 ⇐ 变量解释

为了消除锯齿状人工痕迹，最小化弧长。我们提出以下模型： ⇐ 改进后的模型

$$\hat{\boldsymbol{H}}^t=\underset{H^t}{\operatorname{argmin}}\left\{\int\left|\nabla \boldsymbol{H}^t\right|+\frac{\lambda_1}{2}\left\|\boldsymbol{\Psi} \boldsymbol{H}^t-\boldsymbol{L}^t\right\|^2+\lambda_2\int_C g(C)\mathrm{d}s\right\}$$

其中，λ_1 和 λ_2 是拉格朗日乘子。

我们可以改变曲线 C 的弧长，使其尽可能靠近目标边缘，以降低锯齿状人工痕迹的严重程度。曲线的演化可以表示为二维函数随时间 t 变化的水平集：

$$C(t):=\{(x,y),u(x,y,t)=c\}$$

其中，c 是常数。变形曲线 C 的能量函数如下：

$$E(C)=\int_C g(C)\mathrm{d}s$$

其中，$\mathrm{d}s$ 表示曲线无穷小弧长 $(\|(\partial C/\partial S)\|=1)$，$g(\cdot)$ 表示无穷小弧长的加权函数。能量函数的最小化对应于弧长的最小化，边缘上有锯齿状人工痕迹会让

边缘弧长变长。该部分的物理意义就是将图像中边缘对应的弧长变短，去除锯齿状人工痕迹。

分析：案例中对原有模型做了改进，改进部分即为公式后面增加的部分。该部分的作用是将图像边缘变短，去除图像的人工痕迹。

2) 提出新模型

作者发明出一个新的模型用于解决某个问题。对于提出新模型类文章，在描述创新点的时候应将笔墨重点放在新方法提出部分。将新模型用简单易懂的方式表示，如果有数学公式，要对公式中的每个变量进行解释。对公式进行推导，证明模型的合理性。将模型的结构图或流程图画出来，对整体和局部的图都做解释，以便读者理解。

举例　抑制人工痕迹的全变分正则化能够使图像的边缘得到增强，边缘比基于学习的算法输出结果更加清晰，但是一部分细节信息遭到了减弱。为了增强遭到减弱的细节，使用了迭代反投影算法。迭代反投影算法的主要思想是高分辨率图像的下采样图像应与低分辨率图像相似。迭代反投影模型可以看作是全变分正则化算法去掉第一个约束，具体模型如下：

$$\boldsymbol{H}^{t,\mathrm{IBP}} = \arg\min_{\boldsymbol{H}} \{\|\boldsymbol{H}\downarrow - \boldsymbol{L}^t\|_2^2\}$$

⇐ 模型提出的依据

上述模型可以通过如下公式进行优化：

⇐ 提出的新模型

$$(\boldsymbol{H}^{J+1})_{i,j} = (\boldsymbol{H}^{J})_{i,j} + [(\boldsymbol{L}^t - (\boldsymbol{H}^{J}\downarrow))\uparrow]_{i,j}$$

式中，$\boldsymbol{H}^{t,\mathrm{IBP}}$ 为迭代反投影输出的高分辨率图像。在后续章节中，将讨论后处理过程对实验结果的影响。

⇐ 模型中的变量解释

分析：案例中提出了一个新的模型。

3. 参数创新

参数创新是指对参数的选择方法进行改进，并得到了更好的实验结果。参数创新包括参数自适应选取和参数调整，也可以是自适应参数改成了固定参数。

1) 参数自适应选取

在处理过程中，参数根据数据特征自动调整。对于参数自适应选取类文章，要提出参数计算公式。同样，对于参数自适应选取的公式，需要进行变量解释和理论推导。

举例 将一般平均改进为一种高斯加权平均法。目前已有的许多图像处理算法证明中值具有较好的鲁棒性，因此它被广泛应用于图像增强算法。利用中值作为高斯加权的均值可以减小恢复得很不好的图像块对最终结果的影响。在计算加权系数过程中，使用重叠像素的中值作为高斯加权平均的均值 μ，根据 μ 计算得到方差 θ^2。那么，可以由以下公式计算出重叠像素值 $(u_1,u_2,\cdots,u_{\tilde{v}})$ 的高斯加权平均值 u^*，其中，$\tilde{v}$ 是重叠像素的个数：

对参数计算的解释

$$u^* = \frac{\sum_{i=1}^{\tilde{v}} \exp(-|u_i-\mu|^2/(2\theta^2))u_i}{\sum_{i=1}^{\tilde{v}} \exp(-|u_i-\mu|^2/(2\theta^2))}$$

参数计算公式

$$\theta^2 = \frac{1}{\tilde{v}}\sum_{i=1}^{\tilde{v}}(u_i-\mu)^2$$

表 4.1 显示了利用高斯加权平均和普通均值恢复结果的 PSNR 值，从该结果可以看出利用高斯加权平均比普通均值具有更高的 PSNR 值。

参数调整前后结果对比

表 4.1 高斯加权平均和普通均值恢复结果的 PSNR 值(3 倍) (单位：dB)

图像	花朵	摩托	树叶	蝴蝶
普通均值	28.832	24.020	25.611	27.166
高斯均值	28.879	24.057	25.673	27.212

分析：案例中的高斯加权均值的计算，根据 μ 计算得到方差 θ^2，是一个参数选取的过程。

2) 参数调整

对公式或者代码中的某个参数进行调整，调整后能让算法在某一方面有更好的效果。例如，输出的图片更加清晰、能降低计算复杂度、更加节省所占用的内存等。对于参数调整类文章，需要描述所改参数在算法的哪个位置、参数的具体意义、参数怎样计算以及改进后的效果如何。

举例 为了获得拉格朗日乘数 λ_1 的最佳值，我们将 λ_1 从 0 变为 2.5，增量为 0.5。图 4.3 显示出了各种 λ_1 值下五个图像的 PSNR。在 3 倍和 4 倍放大倍数下，当 $\lambda_1<1$ 时，大部分 PSNR 值呈上升趋势；当 $\lambda_1>1$ 时，PSNR 曲线变得平滑。因此，我们在实验中使用 $\lambda_1=1$。

参数的解释以及调整方法

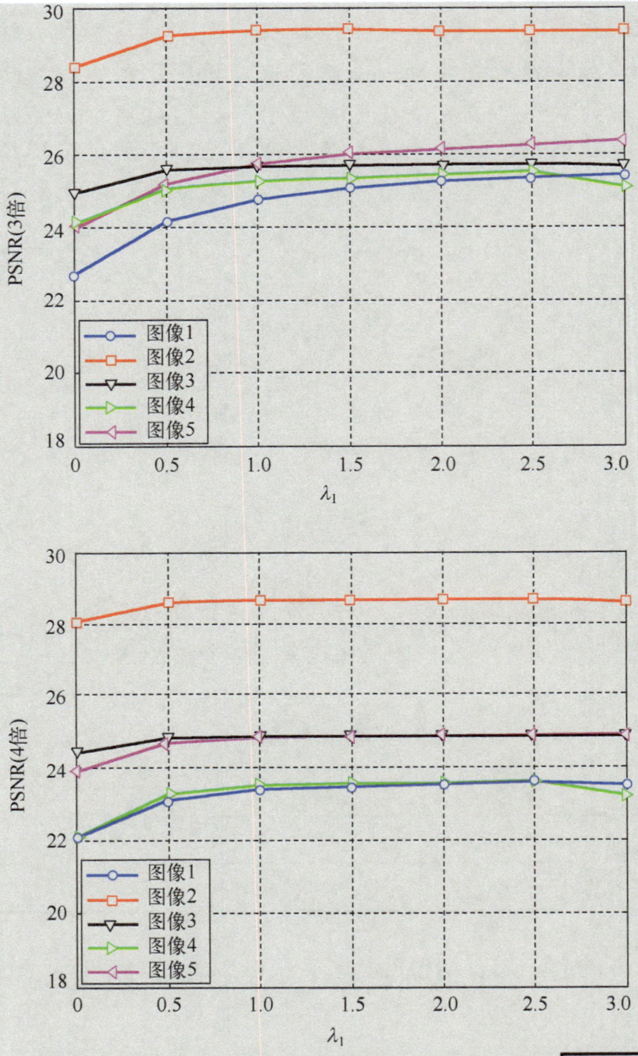

图 4.3　不同 λ_1 的 PSNR 值

参数调整结果对比

分析：案例中为了找到合适的 λ_1 参数值，进行了不断地调整和尝试。对改进的参数设置一定范围，将不同参数值的实验结果进行对比，最后得出最佳参数值，并结合图像说明参数调整的效果。

4.3　文章各部分如何强调创新

一篇科技论文的各个部分都应该对创新点进行强调，以便读者能够快速把握文章的主要内容。

1. 摘要部分强调创新

科技论文的摘要需要介绍研究的问题、使用的方法以及得到的实验结果和结论。在摘要的方法介绍部分应该对文章的创新点做总结性的描述，具体描述方法的新颖之处。摘要既要语言精简，又要将创新点的基本思想描述清楚，对创新点的描述部分要用"提出了""发明了"之类的字眼突出创新点。对实验方法和结论，要进行充分整理、高度浓缩后，再呈现在摘要中。通过摘要可以体现研究者的总结概括能力和语言运用能力。

举例　图像超分辨率(super-resolution，SR)是根据一张或一组低分辨率(low-resolution，LR)图像重建清晰的高分辨率(high-resolution，HR)图像并重建高分辨率细节的技术。许多现有的方法需要"工具"的帮助，然而，训练和存储这些"工具"需要花费较高的时间和内存成本。**本文提出一种不使用任何训练"工具"的情况下进行图像超分辨率的方法。该方法包括两个阶段：色彩通道自适应组合和正则化。在第一阶段，色彩通道自适应组合将不同色彩通道捕获的纹理组合为亮度分量。这个策略有助于有效地利用不同频带的光提供亮度信息进行图像超分辨率。在第二阶段，提出了一种改进的全变分(total variation，TV)正则化方法来抑制人工痕迹和锐化边缘。在TV正则化的迭代公式中添加了一个新的约束项，能够得到与理想高分辨率图像相似的边缘。接下来，使用迭代反投影将高分辨率图像与输入低分辨率图像相拟合。**实验结果表明，该算法优于现有的许多基于学习的方法，具有较低的时间成本。

分析：黑体内容为创新点介绍部分。

2. 引言结束部分强调创新

在引言撰写中，需要先对前人的方法做总结，然后引出自己的方法。所以，需要在引言结尾部分强调创新。具体分为三步。

第一步，总结别人做了什么。如对一些传统算法做总结，但要加上自己的观点。

举例　**文献[5]**提出一种调整了维纳滤波的噪声参数的计算方法，在一定程度上提升了滤波效果，但对图像的边缘和平滑性没有提高。**文献[6]**提出一种新的自适应维纳滤波，可以在多个模板之间自适应地选择模板，在一定程度上提高了平滑性，但不能很好地保持边缘。

分析：案例介绍了文献[5]和文献[6]的方法。

第二步，介绍自己是怎样做的。具体强调自己与别人的不同之处。

举例　我们**提出了**一种简单的算法来增强双三次插值图像，该算法不需要训练或存储任何“工具”。**我们使用色彩通道自适应组合（color channel adaptive combination，CCAC）将不同色彩通道捕获的纹理组合成彩色图像的亮度分量**，该策略可以更好地探索观察到 LR 图像所捕获的信息。接下来，使用改进的 TV 正则化来抑制由 CCAC 引入的人工痕迹，并且使用迭代反投影来恢复损坏的细节。

分析：案例介绍了所提算法及其具体是怎样做的。

第三步，介绍自己的方法所具有的贡献。所有创新及贡献应当分点列出，便于读者能够快速把握创新点。

举例 我们的主要贡献如下。我们提出了一个假设来提高图像的放大效果，并提出了一个很好地利用该假设的算法。这个假设中认为所有的边都应该有一个短的弧长。该算法具有以下特点：①良好的性能，该算法获得了与最近发表的神经网络方法相似的阶跃边缘；②不需要 GPU 或外部数据，我们只使用简单的假设来执行图像的放大，不需要外部数据集或 GPU 来学习图像先验；③支持各种放大倍数，所提出的算法可以在包括非整数倍数在内的任何放大倍数上执行；④存储空间小，由于没有训练过的模型或参数被存储，因此该算法只需要很小的存储空间；⑤时间复杂度低，该算法不需要大量的训练时间来训练模型，只需要很小的时间开销就可以完成图像的放大。

分析：案例总结了所提方法的贡献，并分点列出。

在引言部分罗列别人的方法，可以按照下面这些方式进行。

①A 做了什么，B 在 A 的基础上进行了什么改进，C 又做了什么改进，D 又在 A、B、C 的基础上进行了什么改进，但是他们都有什么问题，而我们是怎样做的。

②解决这个问题的方法分为 3 种：A、B、C 为第一类方法，D、E、F 为第二类方法，G、H、I 为第三类方法。一个事情，可能有很多方案能够解决，但是要考虑最好的解决方法是什么。

③某数学模型第一次发表在某期刊，在 J、K、L 问题的解决上都有出色表现，本文主要将其用在 A 问题上，也出现了非常好的效果。

④传统的 A、B、C 方法都存在 M、N、P 问题，因此我们提出了方法 D，将其彻底改进，寻找一个新的方向。

在科技论文写作过程中，一定要将“问题是怎样解决的、算法是怎样改进的”这条线梳理清楚。论文中对别人的方法进行总结和概括也是非常重要的一项工作。从推动科学研究的角度讲，目前世界上有大量的出版社在出版论文，这些出版的论文相互之间有什么关系？这类知识需要有人去整理，通常论文的引言部分就是在做这样的工作。例如，冈萨雷斯所著的图像处理的入门教材《数字图像处理》，书中的许多内容并非全是作者原创，他也是通过不断阅读文章或其他书籍，大量整理得来的。即便如此，他所做的工作确是非常重要的。否则，数字图像处理这门课的相关知识就会犹如一盘散沙，知识点分布在各个论文中。各个知识点之间的关系没有经过梳理，也非常难以消化。所以，在论文写作过程中要重视引言的写作，因为对前人的知识进行梳理也是一种推动科研进步的工作。

3. 新算法叙述部分强调创新

在算法叙述部分，对提出的算法要具体强调哪个地方是新的。在对新算法进行描述的过程中，为了保持科学的严谨性，所有的结论都要有支撑材料。可以用数学公式推导作为支撑，以说明创新点满足公式推导原则。也可以用参考文献支撑，在创新中借鉴了别人的方法，解释别人是怎么做的，自己又是如何改进的。也可以用实验数据支撑，将实验结果用图形展示，需要有简单说明但又不能像专门描写实验结果部分那样复杂。算法叙述部分是文章中对新算法的详细介绍，主要介绍算法的每个步骤以及加入该步骤的理由。

此外，论文写作过程中应该要养成一种习惯，即每说一句话，后面就要有相应的解释和支撑。这种说话和写作的方式应当成为科研工作者的习惯。科研工作者不应当在公共场合公开发表没有根据的言论，所发表言论都应当有依据。正如收看电视里面的专家采访，会发现专家们说话的方式都是类似的，即每讲一段话，后面就会跟上理由。所以在论文写作中应该养成这样的叙事方式，说话有理有据，让文章看起来逻辑清晰。

举例　双三次插值由于其较低的时间成本，在许多实际应用中得到了广泛的应用，但其主要缺点是会产生模糊的边缘和人工痕迹。人类的视觉对边缘很敏感，如果一幅图像的边缘有人工痕迹，那么图像的质量就很差。因此，有必要利用先验知识重建清晰的边缘，消除人工痕迹。传统的全变分正则化假设大多数自然图像是平滑的，因此，自然图像的 TV 模值应该很小。传统的全变分正则化模型如下：

$$\hat{\boldsymbol{H}}^t = \underset{\boldsymbol{H}^t}{\operatorname{argmin}}\left\{\int\left|\nabla \boldsymbol{H}^t\right| + \frac{\lambda}{2}\left\|\boldsymbol{\Psi}\boldsymbol{H}^t - \boldsymbol{L}^t\right\|^2\right\}$$

⇐ 原模型

其中，$\hat{\boldsymbol{H}}^t$ 是重建的 HR 图像；$\boldsymbol{H}^t$ 是要优化的 HR 图像；λ 是拉格朗日乘子；$\boldsymbol{L}^t$ 是原始 LR 图像；$\boldsymbol{\Psi}$ 是退化矩阵。 ⇐ 变量解释

为了消除锯齿状人工痕迹，使弧长最小化。我们提出以下模型： ⇐ 新算法数学模型

$$\hat{\boldsymbol{H}}^t = \underset{\boldsymbol{H}^t}{\operatorname{argmin}}\left\{\int\left|\nabla \boldsymbol{H}^t\right| + \frac{\lambda_1}{2}\left\|\boldsymbol{\Psi}\boldsymbol{H}^t - \boldsymbol{L}^t\right\|^2 + \lambda_2\int_C g(C)\mathrm{d}s\right\}$$

其中，λ_1和λ_2是拉格朗日乘子。

根据图 4.4，我们可以改变曲线C的弧长，使其尽可能靠近目标边缘，以降低锯齿状人工痕迹的严重程度。曲线的演化可以表示为二维函数随时间 t 变化的水平集：

$$C(t) := \{(x,y), u(x,y,t) = c\}$$

其中，c是常数。变形曲线C的能量函数如下：

模型解释

$$E(C) = \int_C g(C)\mathrm{d}s$$

其中，$\mathrm{d}s$表示曲线无穷小弧长$(\|(\partial C / \partial S)\| = 1)$，$g(\cdot)$表示无穷小弧长的加权函数。能量函数的最小化对应于弧长的最小化。

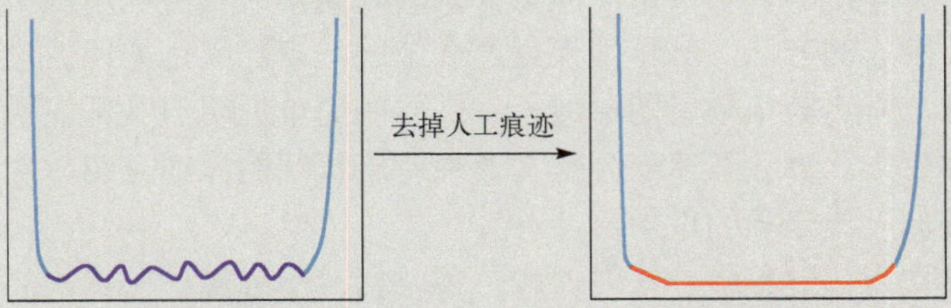

(a) 有人工痕迹的曲线C　　(b) 理想曲线C

图 4.4　变形曲线示意图(我们可以缩短曲线 C 的弧长，使其与理想边缘相似，以减少锯齿状人工痕迹)

4. 实验部分强调创新

研究生论文的实验过程是读者复现文章算法的重要部分，也是创新方法的实施部分。在实验部分强调创新的方法如下。

(1) 强调新方法哪些指标比别人强。例如，在多个数据库上进行实验，得到的数据量足够多，具有足够的说服力。不能只在少量数据上做实验，这样的结果不具有说服力。并且，前提是别人的代码自己能够调试，数据也能够掌握，这样才能保证所提新方法的正确性。在调试别人代码和自己的代码时，若使用了不同的实验环境，需要对实验环境进行描述。例如，调试别人的代码使用的是 CPU，而调试自己的代码使用的是 GPU，这些都要交代清楚。

举例　我们将提出的 Zeyde 方法和 ANR 方法进行比较。为了全面验证所提方法的 SR 能力，我们对 Berkeley 分割数据库的 500 幅图像进行了更多实验。在大多数情况下，我们的 **PSNR 值**优于 Zeyde 方法和 ANR。

分析：案例分析了所提方法的 PSNR 指标比别的方法要好。

举例　本文使用从代码包中获得的 Set5、Set14 和 Urban100 数据库来比较所提出算法的性能，以 PSNR 作为图片质量评价标准。所使用的处理器是 AMD Ryzen 1600X CPU(3.6GHz)，内存为 16GB，部分算法实验使用 GTX1070Ti 图形处理器(graphics processing unit，GPU)。结果如表 4.2 所示。

表 4.2　不同放大倍数和数据集上面的 PSNR 值对比

放大倍数	数据集	PSNR(本算法)
2 倍	Urban100	28.6382
2 倍	Set5	**35.4872**
2 倍	Set14	31.4698
3 倍	Urban100	26.2676
3 倍	Set5	**31.7796**
3 倍	Set14	28.3394
4 倍	Urban100	24.1285
4 倍	Set5	**29.3514**
4 倍	Set14	26.5746

分析：案例介绍了实验所用设备的型号，将本文算法在不同的数据库和不同放大倍数下进行了实验，得到图片的 PSNR 值，并将结果用表格展示。结果显示，在 Set5 数据集上，本算法得到的图片 PSNR 值最高，即在此数据库上实验效果最好。

举例　将本文算法在不同实验设备上进行实验，对比算法的时间成本。设备 1：CPU 为 AMD FX8150，主频 3.6GHz，16G 内存，Win7 操作系统。设备 2：GTX1070Ti 图形处理器(graphics processing unit，GPU)。实验结果如表 4.3 所示。

表 4.3　不同设备上实验对比

设备	时间成本
CPU	37.3965
GPU	10.6983

分析：案例中将所提算法在不同设备上进行实验，对比时间成本。从结果可知，本算法在 GPU 上运行速度更快。

(2) 去掉和加上创新环节做对比。若创新的部分是在某算法或者模型的基础上进行了改进，利用对比实验说明改进后的效果更好。分别说明加上或者减去算法的某部分得到的实验结果如何。例如，可以进行分解：1+2 的结果是怎样、1+2+3 的结果又是怎样，从而证明 1、2、3 部分的创新都是有必要的。

举例　为了说明匹配过程中每个步骤的重要性和操作顺序不同对实验结果的影响，我们分别对水平传播、垂直传播和随机振荡(LBP+PCA)进行了实验，并比较了三种方法的组合版本。分别比较了不同匹配策略的 PSNR 值(列表第一行)、SSIM 值(列表第二行)和时间成本(列表第三行)。方法 1 为垂直传播，方法 2 为水平传播，方法 3 为随机震荡(LBP+PCA)，方法 4 为随机震荡+水平传播，方法 5 为随机震荡+垂直传播，方法 6 为随机震荡+垂直传播+水平传播，方法 7 为随机震荡+水平传播+垂直传播，方法 8 为随机震荡+垂直传播+水平传播+垂直传播+水平传播。结果如表 4.4 所示。

表 4.4　不同匹配策略的对比

放大倍数	方法 1	方法 2	方法 3	方法 4	方法 5	方法 6	方法 7	方法 8
2 倍	26.7023	26.7277	27.7277	28.9273	27.7706	28.9299	28.8864	**29.0237**
	0.8755	0.8761	0.8940	0.9138	0.8946	0.9138	0.9132	**0.9148**
	6.9090	8.2228	33.4066	38.9885	38.4238	41.3982	40.9696	62.7975
3 倍	24.3336	24.3894	25.2795	26.2060	25.3012	26.3240	26.24.18	**26.3762**
	0.7700	0.7723	0.8009	0.8336	0.8013	0.8361	0.8346	**0.8369**
	17.9906	20.7225	65.5420	73.6107	72.3958	78.5283	80.0024	115.7195
4 倍	22.7379	22.7805	23.4982	24.2067	23.5039	24.2993	24.2516	**24.3385**
	0.6807	0.6831	0.7133	0.7532	0.7126	0.7562	0.7545	**0.7571**
	37.5597	37.6505	111.1490	126.1847	118.9431	130.3677	131.6034	194.7216

分析：案例比较了不同匹配策略下的 PSNR 值、SSIM 值和时间成本，从第一行(PSNR 值)来看，方法 4 比方法 2 的 PSNR 值更高，说明在方法 2 的基础上加入随机震荡可以改善实验效果；方法 6 比方法 4 的 PSNR 值更高，说明在方法 4 的基础上加入垂直传播可以改善实验效果。故以上结果说明了各个部分的加入都是有必要的。

(3)将参数调整前后的实验结果做对比。说明与之前参数相比，在数值上的变化比例是多少，用结果证明参数调整后效果更好。

举例　图 4.5 显示了随迭代次数 t 变化的 PSNR 和 SSIM 值。PSNR 和 SSIM 值随着迭代次数的增加而增加，但当迭代次数大于 50 时变化不大。因此，在我们的实验中设迭代次数为 50。当运行时间要求较高时，也可以选择较小的迭代次数。

参数变化值

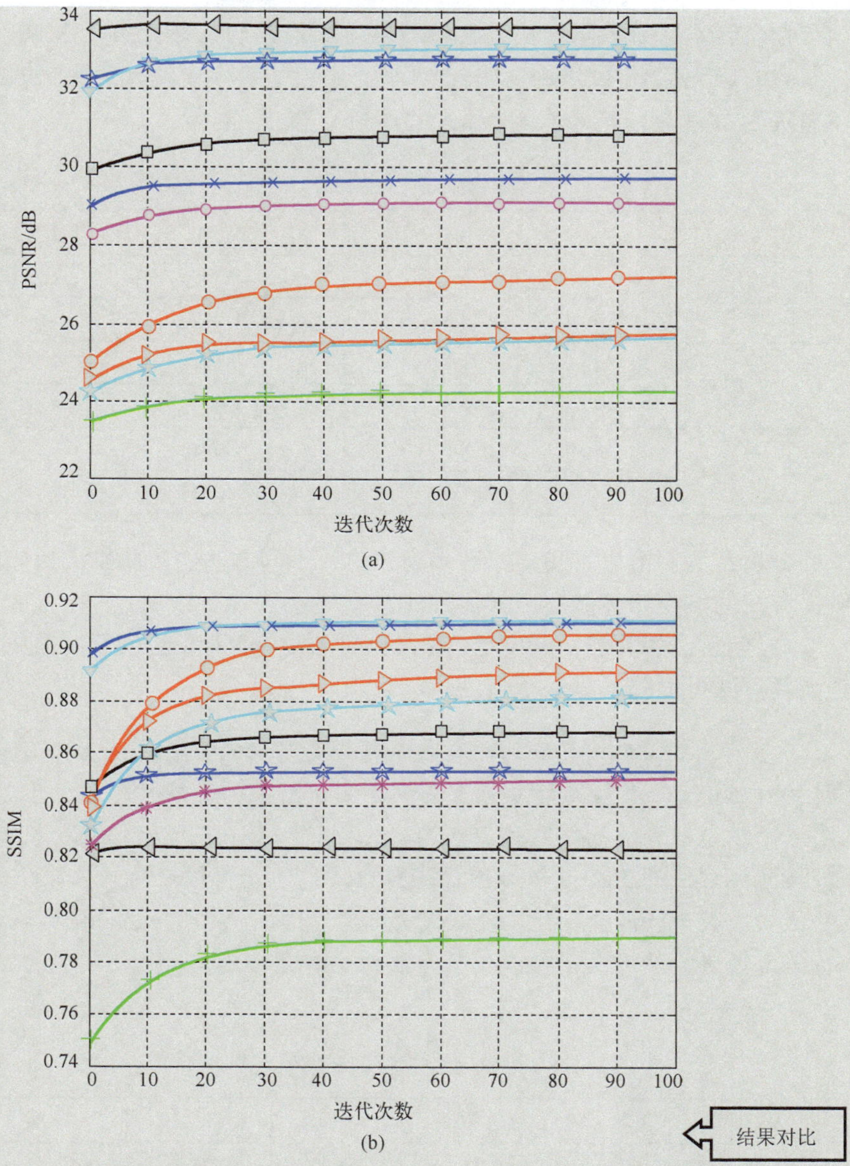

图 4.5　不同迭代次数的 PSNR 和 SSIM 值，每一行对应一幅图像(3 倍)

分析：案例说明了迭代次数调整前后的 PSNR 和 SSIM 值的变化过程，最终找到最佳迭代次数为 50。

(4) 说明创新的环节经得起考验。如创新方法的抗噪声和抗模糊干扰的能力更强，甚至在自然界随机噪声的干扰下效果依然保持很好。

举例　为了测试所提方法的鲁棒性，我们在噪声图像上进行了测试。我们在 LR 图像的三个色彩通道上添加不同标准差的高斯噪声。当噪声标准差为 5 时，相比于 Zeyde 方法和 ANR，所提算法可以获得更高的平均 PSNR(第一行)和 SSIM 值(第二行)。结果如表 4.5 所示。

表 4.5　不同方法的平均 PSNR 和 SSIM 值(噪声标准差为 5)

方法	Zeyde	ANR	所提算法
蝴蝶	25.731	25.639	**26.0494**
	0.8623	0.8537	**0.8700**
鹦鹉	28.852	28.929	**29.119**
	0.8786	0.8757	**0.8787**
花	28.196	28.261	**28.452**
	0.8132	0.8136	**0.8237**

分析：案例给出了噪声标准差为 5 时，不同方法的实验结果比较。结果显示，所提方法的抗噪声性能高于其他方法。

(5) 创新后的算法复杂度低。在讨论算法复杂度时，将创新前后复杂度做对比以强调新算法可以降低算法复杂度。

举例　我们对该算法的计算复杂度进行了分析。在配置为 8GB 内存和 AMD 8150 3.6GHz 处理器的计算机上测试了测试图像的运行时间。对于 256×256 维的图像，CCAC 阶段花费大约 10s，TV 正则化和 IBP 花费大约 2s。我们还将时间消耗与其他方法的 256×256 维图像进行比较。为获得较好的结果，传统 TV 正则化的迭代次数为 400 次，IBP 的迭代次数为 20 次。SRSC、Zeyde 方法和 ANR 使用自学习策略。结果显示，我们的方法比 IBP 复杂度高，但比其他方法复杂度低，如表 4.6 所示。

表 4.6　不同算法的运行时间

方法	IBP	传统 TV	Zeyde	SRSN	ANR	所提算法
时间/s	**1.2**	18.9	171.6	473.3	171.5	12.2

分析：案例介绍了实验的精确环境，用实验数据说明了所提算法比 IBP 复杂度高、比其他算法复杂度低。

总之，在实验部分要通过一系列的对比和说明，证明新方法的优越性。

5. 讨论部分强调创新

在讨论部分需要对创新点进行分析，深入剖析还存在哪些问题，并提出可能的解决方案。还可以暗示接下来自己可能的研究方向，或为读者提供借鉴。主要从以下两个方面展开。

(1)思考本文描述的创新方法还有哪些问题。提出的创新可能会存在一些问题，可以分析这些问题产生的原因，也可以思考怎样改进能达到更好的效果。要体现出在科学研究中谦虚严谨的态度。

举例　实验结果表明该算法在平滑性和边缘保持方面要优于其他改进的维纳滤波方法。但此算法也有缺点，阈值的选定是经验值，是下一步需要进行改进的。

分析：案例指出了创新方法还存在的问题，但并没有给出解决方法。对于解决方法，如果有思路，可以将自己的想法展示出来；若没有思路，仅仅将问题抛出也行。

(2)提出这些问题可能存在的解决方法。讨论部分不用证明解决方法是否可行，给出一些猜想即可。

举例　提出的算法的局限性是 LR 图像不能包含大量的噪声。未来，我们将尝试提高算法对噪声的鲁棒性。

分析：案例中给出了解决算法局限性的方法，及尝试提高算法对噪声的鲁棒性。

6. 结论部分强调创新

结论是对前面工作的总结，不能简单重复摘要内容。结论部分要再一次对创新点进行强调，突出该创新对于这个研究领域的贡献。结论部分的方法叙述跟摘要部分要有区别。结论是通过做一系列实验，由实验结果总结而来的，需要对一些实验结果加以说明。摘要是用精简的语言来描述新方法。在结论中对实验结果的描述要比摘要详细，要强调实验证明了新方法的有效性。

(1)描述提出了什么方法。结论不能重复摘要，要以总结性的语言将创新方法进行重述。应该注意，一般读者在看摘要的时候对文章内容还没有了解，但结论的前提是读者已经看了前面的内容。所以结论部分要对前面的内容包括方法、实验、应用前景、存在的问题等做总结，而摘要只用叙述方法即可。

举例　本文提出了一种新的增强图像放大输出的策略，通过缩短边缘的弧长来实现增强。

分析：案例为结论的前两句话，言语比较精简。仅仅两句话就概括了文章所做的工作，值得借鉴。

(2)实验证明了方法有效。在描述实验结果的时候可以详细一些，尽量用好的结果来支撑创新点。例如，使用某新算法后，复原图片的峰值信噪比增加了多少，整体效果比原算法的效果更好了。

举例 实验结果表明，与其他不需要外部数据集的算法相比，该算法能更好地抑制锯齿状人工痕迹，在视觉质量和时间开销上取得了较好的平衡。

分析：上述案例中，交代了实验结果能够证明所提算法的有效性。

(3)该方法还存在的问题。这些问题可以成为未来的研究方向，为以后的研究者提供建议和参考。

举例 虽然基于机器学习的算法性能优于所提出的算法，但是由于该算法可以用于各种放大倍数，避免了耗时的训练过程，并且不需要高端设备，因此仍然具有较广泛应用。例如，用于高清电视，我们可以在网络上传输低分辨率视频，并在终端设备上放大；目前，大多数手机的电源和存储空间都很有限，所提出的算法支持在手持设备上使用。

分析：案例中做出了总结，虽然所提算法的性能不及基于机器学习的算法，但该算法能够节约训练时间、不需要高端设备就能运行。总结了算法的优缺点，并给出了算法可能的应用场景，留给读者思考的方向。

以上内容介绍了在科技论文的每部分怎样描述创新点。创新点是贯穿科技论文的主线，科技论文的任何内容都不能偏离创新点，在次要的内容上大费笔墨。常见的作者容易浪费笔墨的地方包括以下几个方面。

(1)关于该领域的基本知识介绍(应当将这类知识一笔带过，迅速将读者的关注点引到创新点上)。

举例 图像超分辨率是根据一张或一组低分辨率图像重建清晰的高分辨图像的技术。在大量的电子图像应用领域，人们经常需要得到高分辨率(简称 HR)图像。高分辨率意味着图像中的像素数量高，能够提供更多的细节，而这些细节在实际应用中可以提供重要信息。例如，在医疗诊断方面，需要提供高分辨率图像以便医生能够做出准确判断；在卫星图像方面，需要提供高分辨率图像以便区分相似的地物；高分辨率图像能够提高计算机视觉的模式识别性能。而图像放大技术的目标是根据低分辨率图像重建清晰的高分辨率图像，目前该技术所涉及的方法可以分为两种类型：一种是图像插值，另一种是图像超分辨率重建。图像超分辨率重建通常采取的方法是首先产生低质量的高分辨率图像，然后通过增强低质量的高分辨率图像来产生高质量的高分辨率图像。而图像插值通常直接通过函数生成低质量的高分辨率图像。因此，第二类方法最重要的问题是如何将低质量高分辨率图像增强为高质量的高分辨率图像。

分析：论文在开头大致介绍了研究领域与该领域的应用。然后将话题迅速收缩到该领域的其中一类方法。这种开头的写法经常在论文中使用。

(2) 对于已有方法的介绍(可以引用参考文献)。

举例　现有的 SR(super resolution) 方法可以分为三类：基于特征变换的方法、基于重建的方法和基于机器学习的方法。其中，基于重建的 SR 方法主要涉及自然图像的退化模型和先验知识。全变分(TV) 正则化是基于重建的 SR 方法之一，其假定 HR 图像具有小 TV 模值。模型如下：

$$\boldsymbol{H}^{t,\mathrm{TV}} = \arg\min_{\boldsymbol{H}} \left\{ \iint |\nabla \boldsymbol{H}| + \frac{\lambda}{2} \|\boldsymbol{W}\boldsymbol{H} - \boldsymbol{L}_Y\|_2^2 \right\}$$

以下均为冗余部分，应该放在附录

其中，$\boldsymbol{H}^{t,\mathrm{TV}}$ 是输出 HR 图像，$\boldsymbol{W}$ 是产生 LR 图像的操作，$\boldsymbol{L}_Y$ 是彩色 LR 图像的亮度分量，λ 是一个拉格朗日乘子，设定为 2.15。

定义如下函数：

$$\boldsymbol{G}(\boldsymbol{H}) = \iint |\nabla \boldsymbol{H}| + \frac{\lambda}{2} \|\boldsymbol{W}\boldsymbol{H} - \boldsymbol{L}_Y\|_2^2$$

$\boldsymbol{G}(\boldsymbol{H})$ 的偏导数是：

$$\frac{\partial \boldsymbol{G}(\boldsymbol{H})}{\partial \boldsymbol{H}} = \nabla \cdot \frac{\nabla \boldsymbol{H}}{|\nabla \boldsymbol{H}|} + \lambda \boldsymbol{W}^{\mathrm{T}} (\boldsymbol{W}\boldsymbol{H} - \boldsymbol{L}_Y)$$

$$\nabla \cdot \frac{\nabla \boldsymbol{H}}{|\nabla \boldsymbol{H}|} = \frac{\partial}{\partial x}\left[\frac{(\boldsymbol{H})_x}{\sqrt{(\boldsymbol{H})_x^2 + (\boldsymbol{H})_y^2 + \epsilon}}\right] + \frac{\partial}{\partial y}\left[\frac{(\boldsymbol{H})_y}{\sqrt{(\boldsymbol{H})_x^2 + (\boldsymbol{H})_y^2 + \epsilon}}\right]$$

其中，ϵ 是 $\nabla \cdot \frac{\nabla \boldsymbol{H}}{|\nabla \boldsymbol{H}|}$ 中的一个避免奇异性的小的正参数，$(\boldsymbol{H})_x$ 是 $\boldsymbol{H}$ 的水平梯度，并且 $(\boldsymbol{H})_y$ 是 $\boldsymbol{H}$ 的垂直梯度。

因为在实际应用中，LR 图像是通过双三次插值或模糊下采样模型生成的，我们将操作符 $\boldsymbol{W}$ 更改为表示“下采样”的“↓”，$\boldsymbol{W}$ 为“↑”，表示“上采样”。因此，模型可以由以下迭代公式求解：

$$(\boldsymbol{H}^{(n+1)})_{i,j} = (\boldsymbol{H}^{(n)})_{i,j} + \lambda[(\boldsymbol{L}_Y - (\boldsymbol{H}^{(n)})\downarrow)\uparrow]_{i,j} + \left[\frac{(\boldsymbol{H}^{(n)})_{xx}((\boldsymbol{H}^{(n)})_y^2 + \epsilon) - 2(\boldsymbol{H}^{(n)})_{xy}(\boldsymbol{H}^{(n)})_x(\boldsymbol{H}^{(n)})_y + (\boldsymbol{H}^{(n)})_{yy}((\boldsymbol{H}^{(n)})_x^2 + \epsilon)}{[(\boldsymbol{H}^{(n)})_x^2 + (\boldsymbol{H}^{(n)})_y^2 + \epsilon]^{\frac{3}{2}}}\right]_{i,j}$$

其中，$(\boldsymbol{H}^{(n)})_{i,j}$ 是第 n 次迭代中 HR 图像坐标 (i,j) 中的像素值。通过以下公式计算包含导数的项：

$$[(\boldsymbol{H}^{(n)})_x]_{i,j} = (\boldsymbol{H}^{(n)})_{i+1,j} - (\boldsymbol{H}^{(n)})_{i-1,j}$$

$$[(\boldsymbol{H}^{(n)})_y]_{i,j} = (\boldsymbol{H}^{(n)})_{i,j+1} - (\boldsymbol{H}^{(n)})_{i,j-1}$$

$$[(\boldsymbol{H}^{(n)})_{xx}]_{i,j} = (\boldsymbol{H}^{(n)})_{i+1,j} - 2(\boldsymbol{H}^{(n)})_{i,j} + (\boldsymbol{H}^{(n)})_{i-1,j}$$

$$[(\boldsymbol{H}^{(n)})_{yy}]_{i,j} = (\boldsymbol{H}^{(n)})_{i,j+1} - 2(\boldsymbol{H}^{(n)})_{i,j} + (\boldsymbol{H}^{(n)})_{i,j-1}$$

$$[(\boldsymbol{H}^{(n)})_{xy}]_{i,j} = (\boldsymbol{H}^{(n)})_{i+1,j+1} - (\boldsymbol{H}^{(n)})_{i-1,j+1} + (\boldsymbol{H}^{(n)})_{i-1,j-1} - (\boldsymbol{H}^{(n)})_{i+1,j-1}$$

分析：上述案例中将算法模型即推导过程全部写上，内容太多、太复杂，这些显然不适合出现在引言部分。TV 正则化的具体介绍可以引用参考文献，在引言中将该方法的最核心的特点描述清楚即可。

(3)一些已有公式的推导(可以引用参考文献或放在附录)。

举例　基于 TV 正则化的 SR 模型如下：

$$\boldsymbol{H}^{t,\mathrm{TV}} = \underset{\boldsymbol{H}}{\operatorname{argmin}}\left\{\int|\nabla \boldsymbol{H}| + \frac{\lambda}{2}\|\boldsymbol{WH} - \boldsymbol{L}_Y\|_2^2\right\}$$

主要模型

其中，$\boldsymbol{H}^{t,\mathrm{TV}}$ 是输出 HR 图像，$\boldsymbol{W}$ 是产生 LR 图像的操作，$\boldsymbol{L}_Y$ 是彩色 LR 图像的亮度分量，λ 是一个拉格朗日乘子，根据设定为 2.15。**其中，模型的详细定义及来源见附录 I。**

模型推导见附录

分析：案例中的 TV 正则化模型定义是已经提出的，在介绍的时候可以将详细定义放在附录中，或者引用参考文献。

(4)冗余的实验结果(对实验结果要进行精炼)。

举例　在科研过程中，经常会对多个算法进行比较。这就需要对每个算法做实验，得出各自的结果，根据各种指标判断各个算法性能好坏。一些论文写作者习惯将这些数据做成表格，如表 4.7～表 4.12 所示。表 4.13 为合成表格。

表 4.7～表 4.12，冗余的实验结果

表 4.7　Urban100 的实验结果数据集上放大 2 倍

放大倍数	数据集	双三次插值	用外部数据集学习的方法		自学习的方法
			方法一	方法二	方法一
2 倍	Urban100	25.1725	27.4557	27.3356	28.1682
		0.8265	0.8883	0.8836	0.8990
		0.0033	1.8120	6.4121	62.4938

表 4.8　Set5 的实验结果数据集上放大 2 倍

放大倍数	数据集	双三次插值	用外部数据集学习的方法		自学习的方法
			方法一	方法二	方法一
2 倍	Set5	32.3219	35.2259	35.0220	34.9910
		0.9219	0.9488	0.9458	0.9469
		0.0025	1.0781	2.9076	37.5307

表 4.9　Set14 的实验结果数据集上放大 2 倍

放大倍数	数据集	双三次插值	用外部数据集学习的方法		自学习的方法
			方法一	方法二	方法一
2 倍	Set14	29.0118	31.0900	31.0211	34.9910
		0.8572	0.8970	0.8974	0.8951
		0.0035	2.1981	7.3676	84.9952

表 4.10　Urban100 的实验结果数据集上放大 3 倍

放大倍数	数据集	双三次插值	用外部数据集学习的方法		自学习的方法
			方法一	方法二	方法一
3 倍	Urban100	23.1179	24.8929	24.6995	25.6103
		0.7170	0.7921	0.7812	0.8123
		0.0038	2.3945	14.7929	133.5050

表 4.11　Set5 的实验结果数据集上放大 3 倍

放大倍数	数据集	双三次插值	用外部数据集学习的方法		自学习的方法
			方法一	方法二	方法一
3 倍	Set5	29.0900	31.2800	31.1431	31.0873
		0.8555	0.8999	0.8924	0.8975
		0.0027	0.6410	2.8820	31.3310

表 4.12　Set14 的实验结果数据集上放大 3 倍

放大倍数	数据集	双三次插值	用外部数据集学习的方法		自学习的方法
			方法一	方法二	方法一
3 倍	Set14	26.3070	27.9424	27.8217	27.8871
		0.7552	0.8039	0.7991	0.8038
		0.0034	1.2470	7.3116	69.6793

表 4.13　合成表格

放大倍数	数据集	双三次插值	用外部数据集学习的方法		自学习的方法
			方法一	方法二	方法一
2 倍	Urban100	25.1725	27.4557	27.3356	28.1682
		0.8265	0.8883	0.8836	0.8990
		0.0033	1.8120	6.4121	62.4938
	Set5	32.3219	35.2259	35.0220	34.9910
		0.9219	0.9488	0.9458	0.9469
		0.0025	1.0781	2.9076	37.5307
	Set14	29.0118	31.0900	31.0211	34.9910
		0.8572	0.8970	0.8974	0.8951
		0.0035	2.1981	7.3676	84.9952
3 倍	Urban100	23.1179	24.8929	24.6995	25.6103
		0.7170	0.7921	0.7812	0.8123
		0.0038	2.3945	14.7929	133.5050
	Set5	29.0900	31.2800	31.1431	31.0873
		0.8555	0.8999	0.8924	0.8975
		0.0027	0.6410	2.8820	31.3310
	Set14	26.3070	27.9424	27.8217	27.8871
		0.7552	0.8039	0.7991	0.8038
		0.0034	1.2470	7.3116	69.6793

表 4.13，合成的实验结果

分析：在一篇论文中，如果一次出现 6 张表格，会显得十分繁杂，而且占用篇幅很多。可以将它们合成在一张表格中显得更加简洁，如表 4.13 所示。

有同学可能会有疑问，为何在一篇文章各个地方都要进行创新点介绍，这样会不会显得特别啰唆。其实这样做是为了适应读者泛读和精读的需求。第一，读者通过精读文章，可以加深对创新点的理解。通常科研论文的创新点都涉及一些较深的技术知识，当一篇文章的各个地方都围绕创新点提出不同深度和角度的叙述时，读者就能够从不同深度和角度加深对创新点的理解。如果创新点仅仅在某个位置三言两语地交代一下，读者就会难以把握创新点的实际情况和技术细节。第二，适应泛读的需求。有些读者仅仅通过阅读摘要、关键词对所读文章进行筛选；有的读者仅仅阅读方法描述，希望能找到解决技术难题的途径；有的读者仅仅阅读实验结果调研在该技术领域是否有新的突破。所以在文章各处都对创新点进行描述，让读者无论从哪里先看都能很快抓住文章重点，进而适应不同读者的泛读需求，提高读者的阅读效率。

第5章　撰写论文各个环节的方法

创新是科技论文的灵魂，所以想要写一篇论文，先要有好的创新，但仅有创新点是不够的。写学术论文是每个研究生必须拥有的能力，并且讲究一定的方式方法，本章将讨论如何撰写科技论文。

5.1　标　　题

标题会出现在期刊发行目录页以及网络数据库的搜索结果中，读者可以通过标题直接决定是否继续阅读该文章内容。期刊编辑收到稿件时，首先也会看标题，他们会根据标题内容来初步确定论文属于哪个学术领域，预先圈定审稿范围。所以论文的标题在论文的投稿、传播方面有着重要作用，确定论文标题的时候应该遵循以下要求。

(1)描述论文的内容。标题应该高度概括论文的中心思想，要让读者通过标题和摘要就能够明白这篇文章主要做了什么，解决了哪些问题。

(2)将这篇论文与其他类似主题的论文进行区分。这对于增加论文在本领域的学术影响力非常有用。

(3)抓住读者的注意力和兴趣。一个有意思的标题往往更能吸引读者的关注，读者只有感兴趣了，才会继续阅读甚至引用该论文。所以一篇论文即使内容再好，如果配上一个不合适的标题，也会导致大量读者的流失。

(4)匹配搜索查询，方便其他人检索到论文。在论文检索中，标题作为信息检索的一个重要指标，其功能要满足广泛的研究成果和学术信息传播的需要。通常读者会通过关键词检索论文，这就要求论文标题中要包含能够反映文章内容的、常见的关键词。

1. 标题的类型

科技论文的标题类型不是单一的，可以根据文章的内容、作者的写作习惯、期刊的要求等进行选择。通常标题分为以下三类。

(1)陈述性标题：陈述主要发现或结论。

举例：贪婪是好的：稀疏逼近的算法结果(Greed is good: Algorithmic results for sparse approximation)。

(2)描述性标题：描述文章的主题，但不揭示主要结论。

举例：用自适应字典学习实现单图像去模糊(Image deblurring via adaptive dictionary learning)。

(3)疑问句：用问句的形式介绍主语。

举例：语义超分辨率：何时何地有用？(Semantic super-resolution: When and where is it useful?)。

2. 怎样获得好的标题

在给论文定标题的时候，要想获得一个各方面都较好的标题，不如试试这些方法。

(1)考虑读者可能会使用的检索关键词。站在一个读者的角度思考，当想要做相关领域研究时，会根据哪些关键词去检索文章，将这些关键词加入文章标题会使文章更容易被感兴趣的读者看到。

(2)重复摘要中的关键短语。论文摘要是对文章内容的高度概括，摘要中的关键短语更是核心，以这类短语作为标题有助于读者对文章内容的准确把握，还可以方便作者直接使用。

举例：稀疏逼近的一种方法(A method for sparse representation)。

分析：案例中缺少关键概念，没有具体的研究对象和争论，呈现出的只是稀疏逼近这一大范围的概念，不能引起读者的兴趣。

举例：一种精确的稀疏逼近方法(An approximate method for sparse representation)。

分析：案例描述了一个特定的行为或方法，相比于上例，在范围上缩小了，让读者一看就能知道这是一种更精确的稀疏算法，能够激发读者对这种算法的好奇，进而继续往下阅读。

举例：贪婪是好事：稀疏逼近的算法结果(Greed is good: Algorithmic Results for sparse approximation)。

分析：案例中的标题交代了文章的主要内容，并暗示了文章的结论。这样的标题更能激发读者想要对文章内容一探究竟的好奇心。

总之，学术论文的标题要尽量满足简短、活跃、易理解，尽量使用领域内的关键词，争取在搜索引擎中能排在前列。

5.2　摘　　要

一篇好的论文必定有一个好的摘要。高质量的摘要可以吸引读者，摘要的好坏可以影响读者对论文的阅读和使用程度，所以，摘要是每一位论文写作者都应该重视的部分。那么论文摘要应该怎样写呢？一个完整的摘要应该包含以下内容。

(1) 背景介绍。摘要前两句话简述研究是关于什么的。背景介绍不用太详细，控制在一两句话以内。这是读者最先看见的部分，如果摘要一开始就出现很多缺少信息量的语言，会影响读者对这篇文章的印象，甚至对后面的内容是否有价值抱有疑问。

举例：邻域嵌入(NE)算法是图像超分辨率(SR)领域中广泛使用的算法，但是图像超分辨率重建中一对多问题始终会降低 NE 算法的性能。

(2) 做过哪些调查、为何要这样做、并阐述研究目标。在这部分阐述调查发现和研究的现状，并引出研究目的。

举例：目前已有的方法可以分为：简单假设的方法和基于机器学习的方法。大多数基于机器学习的方法都有缺点：对各种放大倍数不提供支持，需要一个时间成本较高的训练过程，需要大量的存储空间和高端设备。

(3) 描述方法。在摘要中描述方法一定要简洁，在创新方法表述完整的前提下去掉多余的词句。实验的方法是支撑一篇论文的核心，在介绍研究方法时，要体现实验可靠性和严谨性。

举例：为了避免机器学习的缺点，用一个简单的假设来放大图像是较好的策略，但是简单的假设总是会产生锯齿状的人工痕迹。本文提出了一种去除锯齿状人工痕迹的新方法，其中，图像中的一条边可以看作曲线，去除锯齿状的人工痕迹可以看作缩短曲线的整个弧长。

(4) 发现了什么。最后需要总结实验结果，可以将最好的实验结果展示出来，尽量以具体值的形式给出。例如，此方法下得到的某个值比原来更“高”，可以换成比原来“高多少”，然后描述实验的结论。

举例：对提出的正则化模型进行优化，人工痕迹的严重性随着迭代次数的增加而降低。我们比较了 Set5、Set14 和 Urban100 数据集上的九种现有方法，在不使用任何外部数据的情况下，所提出的算法具有较高的视觉质量，锯齿状的人工痕迹很少，其性能与最新的基于深度学习的方法相似，与其他没有外部数据的方法相比，该算法能很好地平衡质量和时间复杂度。

(5) 说明研究成果的意义。结论除了交代解决了什么问题外，还要总结出对本领域甚至其他领域而言，作者所做研究的通用价值。

举例： 本文提出了四种新的图像超分辨率重建算法。这四种算法都产生了较好的图像超分辨率重建效果，为该领域的研究提供了新思路。这四种方法可以看作将图像在不同的特征子空间之间进行转换，可以推广到图像的风格化、图像去模糊及图像低照度复原等领域。

总而言之，摘要的整体特点是简洁和高度概括，用精简的语言将论文所有内容展示在一段话中。

5.3 引　言

引言是论文摘要结束后的第一部分，主要是向读者介绍全文的基本内容，字数通常在一页左右。对很多研究生作者而言，引言的撰写是具有一定难度的，因为作者对有关学科领域的熟悉程度、作者的知识面、论文的研究意义和价值都要在引言中有所体现。完整的引言应该包括以下几个部分。

(1) 课题介绍。应当从一句与应用相关的简单语句出发，介绍课题的领域归属或课题所要解决的问题。要避免使用专业术语，应当是非相关领域的人都能看懂的语句。接下来利用几句话将问题收紧到相关的小领域。一般一篇论文不可能解决一个复杂的大问题，都是解决一个大问题上某一方面的小问题。因此，需要使用几句话迅速将读者的注意力吸引到小问题上，避免读者在一些大而空的语句上浪费阅读时间。

举例： 图像超分辨率是根据摄像设备获取的一个或几个低分辨率图像获得高分辨率图像的图像处理过程。要使用低分辨率图像的少量像素估计高分辨率图像的大量像素，这是一个欠定问题，需要加入图像的先验信息。因此，本论文主要研究使用怎样的先验信息才能正确估计高分辨率图像的像素值。

分析：第一句告诉读者本论文的研究领域是“图像超分辨率”。后面的句子迅速把话题收缩到“先验信息”问题的研究上。

(2) 研究问题和目的。引言部分要介绍研究的问题和目的。基于前面的课题介绍，将话题缩小到要研究的问题上面，分析研究问题。

举例： 图像超分辨率是根据一张或一组低分辨率图像重建清晰的高分辨图像的技术。在大量的电子图像应用领域，人们经常需要得到高分辨率（简称 HR）图像。高分辨率意味着图像中的像素数量高，能够提供更多的细节，而这些细节在实际应用中可以提供重要信息。例如，在医疗诊断方面，需要提供高分辨率图像以便医生能够做出准确判断；在卫星图像方面，需要提供高分辨率图像以便区分相似的地物；高分辨率图像能够提高计算机视觉的模式识别性能。而图像放大技术的目标是根据低分辨率图像重建清晰的高分辨率图像，目前该技术所涉及的方法可以分为两种类型：一种是图像插值，另一种是图像超分辨率重建。图像超分辨率重建通常采取的方法是首先产生低质量的高分辨率图像，然后通过增强低质量的高分辨率图像来产生高质量的高分辨率图像。而图像插值通常直接通过函数生成低质量的高分辨率图像。因此，第二类方法最重要的问题是如何将低质量高分辨率图像增强为高质量的高分辨率图像。

分析：案例中介绍了两种图像放大技术，分析了两种方法存在的问题，最后将问题集中到“如何将低质量的高分辨率图像增强为高质量的高分辨率图像”上。接下来，对这个问题的解决方法展开讨论。

(3) 文献调研。对已有的、与解决上述问题相关的方法做总结，通过将别人的方法与文章所提方法做对比，凸显出所提方法的优越性能。在所提方法中，还可以引用别人的方法。

举例：现有的 SR 方法可以分为三类：基于特征变换的方法、基于重建的方法和基于机器学习的方法。基于特征变换的方法使用基本函数来近似图像的某些特征……，然而，边缘检测在图像处理领域仍然是一个未解决的问题。基于重建的 SR 方法主要涉及自然图像的退化模型和先验知识，全变分(TV)正则化假定 HR 图像具有的小 TV 模值，迭代反投影认为 HR 图像的下采样图应该与原始 LR 图像相似。这些方法效率高，不需要外部数据样本。基于机器学习的 SR 方法主要学习低质量 HR 图像和理想 HR 图像之间的对应关系，然而，这类方法需要大量的训练样本……。也有将重建策略和学习策略结合使用的方法。非局部均值(non-local mean，NLM)正则化利用自学习方法形成正则项，但是，这种寻找每一个测试块的最近邻的匹配过程具有很高的计算复杂度。根据观察，我们提出了一种简单的算法来增强双三次插值图像，该算法不需要训练或存储任何“工具”……。

分析：总结了现有的三种 SR 方法，分析了各种方法的优缺点，最后提出新方法。对一个领域内的已有方法做出这样的总结，需要作者阅读大量的经典文献，所以引言部分最能体现一个人对于一个领域的调研程度。

(4) 强调贡献。强调这项研究的主要贡献及所带来的好处。

举例：因为我们的方法不使用机器学习策略，所以我们不需要存储“工具”来记录学习到的先验信息，也不需要花费大量时间进行训练。因此，我们的算法具有较低的时间和内存成本。实验结果表明，我们的算法比现有的一些基于学习的方法有更好的性能。

所做贡献总结如下：①为了恢复更好的亮度分量，我们提出了一种 CCAC 方法来组合由不同色彩通道捕获的纹理信息；②通过在迭代公式中增加一个新的约束，我们提出一种改进的 TV 正则化方法，这种策略使 TV 正则化能够有效地抑制人工痕迹和锐化边缘；③实验结果表明，我们的算法可以获得清晰的 SR 结果边缘和可信的细节，并且具有较低的时间和内存消耗。

分析：案例介绍了新方法在哪些方面性能好，并在最后将所做贡献分点列出，让读者能够一目了然。

5.4 文献综述

文献综述是作者在阅读大量课题相关文献后，通过自己的理解、整理以及综合分析而组成的一种有别于科研论文的文体。文献综述体现作者对所研究领域最新知识的掌握程度，以及作者的文献分析与整合的能力。引言中的文献综述与普通的文献综述类论文之间的差别是：引言中的文献综述的主要目标是引出创新点，而普通的文献综述类论文的主要目标是对一个研究领域进行分析和总结。文献综述一般应当包含以下内容。

(1) 简要讨论与该研究相关的重要观点。

(2) 定义论文中使用的相关概念和结构。

(3) 综合以往相关研究成果的讨论。

(4) 对现有方法的总结，并解释如何通过以前的方法得到现在的方法。

(5) 为待检验的假设提供理论支持。

(6) 对立观点的比较。

(7) 陈述研究问题。

(8) 用清晰简洁的流程来帮助读者理解。

1. 文献的引用

参考文献是在学术研究过程中对某一著作或论文的参考或借鉴。通过论文检索可以找到相关学术领域的文献。但在一个学术领域内会有各种各样、不同时期的论文存在，在引用的时候要仔细斟酌和挑选。在引用参考文献时，需要注意以下几点。

(1) 引用的文献应该是最新且与本课题相关的。最新的文献代表着一个学术领域的研究趋势，在检索阅读论文时，应该留意论文的发表日期，并看看这篇论文的参考文献，以及寻找哪些论文中引用过这篇论文。此外，所引用的文献要与论文的内容相关，如果是引文的话，要保证引文与文献内容一致。

(2) 旧的研究只能用来解释某一特定领域的思想变化或某一特定方法的发展。有些论文由于已经发表较长时间，它仅能代表一项技术在某个领域的发展状况，不适合用来解释当前技术。

(3) 要避免反复引用一个消息来源。在论文中总是引用一篇文章会显得自己的文献阅读量很匮乏。并且，如果别人的论文中有不足的地方是自己没有发现的，很容易将别人的错误带到自己的论文中。

(4) 要避免引用无关的论文来源。寻找引用文献的时候选择与课题高度相关的，以保证所引内容的可靠性。

(5) 要避免引用来源错误的内容。决定引用文献之前要检查文献来源是否可靠，文献一定要到其发表的官方网站去下载，不能在百度上随便搜索论文信息，有的转载信息中论文标题、年、卷、期、页码、会议的名称、开会的地点等都会出现错误。

(6) 要避免把暗示当作事实。在阅读别人的文章时，仔细看作者是如何表述的，不要误解作者的意思而造成错误的引用。

2. 阐述所研究的问题

首先，回顾研究以说明所做的研究为什么重要。在此，作者需要表现出对这个领域的充分了解，还要证明自己的研究方法是正确的，一个有理有据的研究方法会更有说服力。可以建立理论框架和重点方法论，有条理的框架和重点突出的叙述方式可以更好地展示文章内容。

其次，组织文献综述。介绍所做的研究都适用于哪些应用，理论最终要回到实际，只有满足社会需求的工作才是有意义的。解释自己为什么要这样做，为后面的论文写作奠定基础。在文章中对前人所做的工作表示感谢，说明他们之前的研究给自己提供了很大的帮助。例如，从别人的文章中获得了哪些好的想法，可以在文章中把感激和赞美的话都表达出来。

3. 文献综述常出现的问题总结

(1) 引用的文献与所做的研究关系并不密切。

举例：文献综述说“Wang 提出了 A 算法，Zhang 提出了 B 算法，Dong 提出了C算法”都属于基于插值的图像超分辨率算法，而本文讨论的是基于机器学习的图像超分辨率算法。

(2) 对所引用文章没有深入理解，对作者的意图做出不正确的总结。

举例： 文献综述说"Zhang 提出了基于稀疏表示的图像超分辨率方法将某正则化项加入到模型中。"而实际上 Zhang 没有这样做，而是提出了某种不包括正则化项的学习模型。

(3) 做文献综述的时候，文献来源不正确。

举例： 文献综述说"Zhang 在 2019 年的 CVPR 会议上提出了将两幅图像映射到统一特征子空间"。其实是 Wang 在 2019 年的 ICCV 上提出的这个方法，把人名和会议名称都弄错了。

(4) 流水账式的文献描述，缺乏总结和评价。

举例： 文献综述说"Wang 提出了 A 算法，Zhang 提出了 B 算法，Dong 提出了 C 算法"，对这三种算法没有总结和描述。应当改为该领域一共有三类算法：A、B、C。A 类算法首先由 Wang 提出，Zhang 在 Wang 的算法上进行了改进并提出了 B 算法，解决了某问题，使输出图像的边缘清晰。Dong 在 Zhang 的算法上加了某个约束提出了 C 算法，解决了某问题，去除了输出图像上的人工痕迹。但是以上几类算法的共同问题是……，因此，目前大量学者为了解决这个问题而努力。

(5) 漏掉最新出版的文献和经典文献。最新文献就是近一两年才发表在权威期刊上的文献，经典文献是引用次数较多的文献。这两类文献不能漏掉。

举例： 某同学在研究图像超分辨率时，没有参考最新方法，所有文献都是老旧或一些不权威期刊上的。

(6) 参考文献较少。本科毕业论文一般十篇以上参考文献，硕士毕业论文和博士毕业论文则要更多，具体视各学校的要求而定。

举例： 某同学撰写硕士毕业论文，论文共有 65 页，但参考文献只有 20 篇，明显文献阅读量不够。

5.5 方法部分

在方法描述部分写相关方法和创新方法，相关方法是别人的方法，创新方法是自己提出或者改进后的方法。对于一篇论文，必须要有新的方法作为支撑，这个方法可以是自己提出的，也可以是在别人工作基础上的改进。除此之外，还要对新方法做详细的解释，说明在方法流程中参考了些什么，为什么要这样做，以及对方法过程进行具体阐述。

1. 相关方法阐述(related works)

(1)参考文献的来源。先用简短的语言介绍参考文献的主要贡献，注明作者和参考文献来源，便于读者查明。

举例：Chang[1]提出了基于领域嵌入的图像超分辨率方法。

文后参考文献为

[1] Hong Chang, Dit-Yan Yeung and Yimin Xiong. Super-resolution through neighbor embedding. in Proceedings of IEEE Computer Society Conference on Computer Vision and Pattern Recognition, IEEE. 2004.

(2)主要方法简介。因为文章的重点是本文所提算法，主要笔墨应放在对所提方法的描述上，所以对于相关算法要避免长篇大论，把主要思想写出来即可。如果在讲相关方法的过程中讨论得太多，会让文章看起来没有重点。

举例：在相关方法中介绍迭代反投影法。

迭代反投影是一种广泛用于将输出图像拟合到原始 LR 图像的方法。

迭代反投影模型如下：

$$\boldsymbol{H}^{t,\mathrm{IBP}} = \arg\min_{\boldsymbol{H}}\{\|\boldsymbol{H}\downarrow - \boldsymbol{L}_Y\|_2^2\}$$

其中，$\boldsymbol{H}^{t,\mathrm{IBP}}$ 是迭代反投影的输出。这个模型可以通过下面的迭代公式来解决：

$$(\boldsymbol{H}^{(n+1)})_{i,j} = (\boldsymbol{H}^{(n)})_{i,j} + [(\boldsymbol{L}_Y - (\boldsymbol{H}^{(n)})\downarrow)\uparrow]_{i,j}$$

(3)定义变量并写出具体公式。这里写出参考文献中的最主要公式。变量定义要考虑后续对自己方法的阐述。最好在相关方法的章节中就将一些重要的变量进行定义，这样在阐述自己的方法时可以直接使用。

举例：

$$\varepsilon^q = \left\|\boldsymbol{x}_t^q - \sum_{\boldsymbol{x}_s^p \in N_q} w_{qp}\boldsymbol{x}_s^p\right\|^2 \tag{5.1}$$

$$\boldsymbol{y}_t^q = \sum_{\boldsymbol{y}_s^p \in N_q} w_{qp}\boldsymbol{y}_s^p \tag{5.2}$$

其中，$\boldsymbol{x}_t^q$ 是低分辨率测试样本，$\boldsymbol{x}_s^p$ 是低分辨率训练样本，该训练样本处于 N_q 邻域中，w_{qp} 是线性组合系数，$\boldsymbol{y}_s^p$ 是与低分辨率训练样本对应的高分辨率训练样本，$\boldsymbol{y}_t^q$ 是重建的高分辨率图像。式(5.1)表示训练阶段。训练过程中先根据测试样本 $\boldsymbol{x}_t^q$

找到多个邻域嵌入训练样本 x_s^p，然后计算邻域嵌入的线性组合系数 w_{qp}。式(5.2)表示测试阶段。将训练过程中得到的线性组合系数 w_{qp} 与高分辨率训练样本 $\boldsymbol{y}_s^p$ 相结合，可以重建高分辨率训练样本 $\boldsymbol{y}_t^q$。

在此，要注意 $\boldsymbol{x}_t^q$ 和 $\boldsymbol{x}_t$ 不一样，只要字母有所不同，包括小的上下标的不同，都要重新定义。

(4)方法叙述。

首先，要对相关方法进行客观的评价。文章的审稿人很有可能就是相关方法的作者，对同行的工作进行适当赞美能够体现对作者的尊重。在一篇文章中，往往是相关方法还存在不足，故作者提出新方法解决这些问题。因此需要在相关方法章节阐述其不足之处，让读者更具体地了解创新方法与相关方法之间的关系。

举例：邻域嵌入方法第一次将机器学习方法用在了图像超分辨率领域，具有里程碑的意义。但是该方法有两个缺点：第一，训练样本和测试样本的纹理较为接近的时候能够获得较好的效果，当训练样本和测试样本纹理差别较大，就难以重建效果较好的输出图像；第二，搜索与测试样本相匹配的训练样本具有较高的算法复杂度。

接着，指出创新方法与相关方法之间的关系。

举例：因此，本文提出了一种随机搜索算法解决搜索样本的复杂度问题。该方法可以在较短时间内在较大图像窗口上获得与训练样本相似的训练图像，因此创新方法的算法复杂度比传统邻域嵌入算法更低。

2. 创新方法

创新方法需要写三个部分：问题产生的原因及解决思路、详细的方法描述、公式的来源及理由。

1)问题产生的原因及解决思路

一般创新方法都是针对某种技术难题而提出的，需要详细分析问题产生的原因。注意此处的阐述与引言的不同之处，此处应当更注重细节、更具体。

举例：传统的邻域嵌入方法都是在一个划定窗口内进行穷搜索，匹配时使用像素特征，这样的方法导致算法复杂度过大。由于图像具有自相似性，在一个较小的划定窗口内进行搜索，图像块之间相似性较大，计算机的重复工作太多。如果划定范围太大，会增加算法复杂度。因此本文提出了随机搜索算法，每次随机产生四个相反方向的备选图像块，可以在更大范围内随机产生备选图像块。另外，算法复杂度和数据的长度相关。利用像素特征进行图像块筛选数据长度太大，因此本文提出了利用卷积主成分分析方法进行图像特征提取，可以大大提高图像块的特征提取速度和匹配速度。

2)详细的方法描述

为了使读者能够验证实验，需要对方法的各个方面进行详细的描述，包括方法的步骤、方法的模型和物理意义。方法的模型一般以公式的形式出现。介绍公式时需要详细介绍公式的变量及每个部分的物理意义。介绍物理意义的时候要深入浅出，避免大量使用专业术语，尽量提高论文的可读性，扩大受众面。如果必须要使用只有小范围业内人士才懂的专业术语，需要注明参考文献，便于读者查找。

举例：

$$\hat{\boldsymbol{H}}^t = \underset{\boldsymbol{H}^t}{\operatorname{argmin}}\left\{\int\left|\nabla \boldsymbol{H}^t\right| + \frac{\lambda}{2}\left\|\boldsymbol{\Psi}\boldsymbol{H}^t - \boldsymbol{L}^t\right\|^2\right\}$$

其中，$\hat{\boldsymbol{H}}^t$是重建的HR图像；$\boldsymbol{H}^t$是要优化的HR图像；λ是拉格朗日乘子；$\boldsymbol{L}^t$是原始LR图像；$\boldsymbol{\Psi}$是退化矩阵。该公式为求模型极小值的优化模型。右边包括两项，第一项是全变分约束，该项表示恢复的高分辨率图像的全变分模值应当尽量小；第二项的含义是使残差的二范数最小化，该项表示经过退化的高分辨率图像应当与采集的低分辨率样本尽量一致。受到第一项约束的影响当图像全变分模值变小时，图像趋于平滑。该约束符合图像平滑的先验知识。但是由于第二项的存在，图像需要与低分辨率采集图像保持一致，因此图像的边缘信息要保持。该公式的两项在优化中经过博弈，最终能够产生边缘清晰且其他地方平滑的重建图像。

方法的步骤最好配上流程图，让读者了解大致的方法流程。在文字中简要介绍流程图的各个部分的含义及后续的小节安排。在此过程中，最关键的是图能够清楚地表达作者的思想，有些读者为了节省时间，可能会选择直接看流程图。

举例：算法的原理框图如图5.1所示。该算法主要包括两个过程，一个训练过程和一个测试过程。本节将详细介绍该算法的流程细节。第5.1节主要定义变量和阐述算法的模型；第5.2节描述训练过程；第5.3节描述测试过程；第5.4节描述后处理过程。

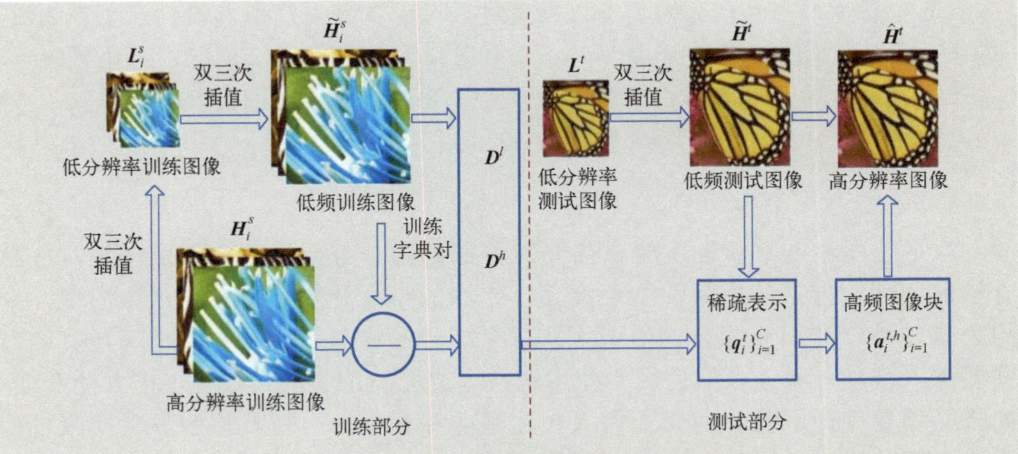

图 5.1　算法流程图

3) 公式的来源及理由

公式的来源主要有以下几个方面。

(1) 从参考文献引用。

举例： 我们利用迭代反投影算法[2]进行超分辨率结果的增强。

$$I^* = \underset{I}{\arg\min}\left\|\hat{I}^{(0)} - DBI\right\|_2^2 + \nu\left\|I - \tilde{I}\right\|_2^2$$

分析：该实例中的公式是从参考文献[2]中引用的。

(2) 自己进行创新。交代清楚哪些部分是自己创新的，哪些部分是参考别人的。

举例：

$$\hat{H}^t = \underset{H^t}{\arg\min}\left\{\int\left|\nabla H^t\right| + \frac{\lambda_1}{2}\left\|\Psi H^t - L^t\right\|^2 + \lambda_2\int_C g(C)\mathrm{d}s\right\}$$

该公式前两项是传统的基于全变分正则化的图像超分辨率模型。我们在传统的模型上加入了第三项，即弧长约束。该约束的主要思想是图像中的边缘弧长应当最小。当边缘上带有锯齿形人工痕迹时，边缘弧长就会变大。因此加入该约束的优化模型可以有效减小人工痕迹。

分析：该模型的说明中已经交代清楚等式右边第一项和第二项是传统模型。

(3) 自己进行推导。

举例： 最大似然准则为许多基于正则化的超分辨率重建算法提供了理论依据。最大似然准则的主要目标是求出以最大概率能够获得的已知低分辨率图像对应的高分辨率图像。使用贝叶斯公式可以将最大似然准则变化成最大后验概率准则。用公式可以描述如下：

$$p(\boldsymbol{H}^t \mid \boldsymbol{L}^t) = \frac{p(\boldsymbol{L}^t \mid \boldsymbol{H}^t)p(\boldsymbol{H}^t)}{p(\boldsymbol{L}^t)} \tag{5.3}$$

对式(5.3)两边取对数可以得到：

$$\widehat{\boldsymbol{H}}^t = \arg\max_{\boldsymbol{H}^t}(\log(p(\boldsymbol{H}^t \mid \boldsymbol{L}^t)) + \log(p(\boldsymbol{H}^t))) \tag{5.4}$$

假设噪声为高斯噪声，那么[136]：

$$p(\boldsymbol{H}^t \mid \boldsymbol{L}^t) = \frac{1}{\gamma_1}\exp\left(\frac{-\left\|\boldsymbol{\varPsi}\boldsymbol{H}^t - \boldsymbol{L}^t\right\|_2^2}{2\sigma^2}\right) \tag{5.5}$$

式中，γ_1 为常数；σ^2 为噪声的方差。

关于高分辨率图像先验知识，可以使用如下形式表示：

$$p(\boldsymbol{H}^t) = \frac{1}{\gamma_2}\exp(-\varGamma(\boldsymbol{H}^t)) \tag{5.6}$$

式中，$\varGamma(\boldsymbol{H}^t)$ 为正则化项。

那么，式(5.4)就变成了：

$$\widehat{\boldsymbol{H}}^t = \operatorname*{argmin}_{\boldsymbol{H}^t}(\left\|\boldsymbol{\varPsi}\boldsymbol{H}^t - \boldsymbol{L}^t\right\|_2^2 + \lambda\varGamma(\boldsymbol{H}^t)) \tag{5.7}$$

式中，λ 为拉格朗日乘子。

许多学者根据自己对图像先验知识的理解设计了不同的正则化项 $\varGamma(\boldsymbol{H}^t)$。

全变分正则化方法的模型为

$$\boldsymbol{H}^{t,\mathrm{TV}} = \operatorname*{argmin}_{\boldsymbol{H}^t}\left\{\lambda\int\left|\nabla\boldsymbol{H}^t\right| + \left\|\boldsymbol{\varPsi}\boldsymbol{H}^t - \boldsymbol{L}^t\right\|_2^2\right\} \tag{5.8}$$

式中，λ 为拉格朗日乘子；$\boldsymbol{H}^{t,\mathrm{TV}}$ 为全变分正则化输出的高分辨率图像。

可以利用如下迭代公式来优化式(5.8)：

$$\begin{aligned}(\boldsymbol{H}^{t,J+1})_{i,j} &= (\boldsymbol{H}^{t,J})_{i,j} + [(\boldsymbol{L}^t - (\boldsymbol{H}^{t,J}\downarrow))\uparrow]_{i,j} \\ &+\lambda\left[\frac{(\boldsymbol{H}^{t,J})_{xx}((\boldsymbol{H}^{t,J})_y^2+\varepsilon) - 2(\boldsymbol{H}^{t,J})_{xy}(\boldsymbol{H}^{t,J})_x(\boldsymbol{H}^{t,J})_y + (\boldsymbol{H}^{t,J})_{yy}((\boldsymbol{H}^{t,J})_x^2+\varepsilon)}{[(\boldsymbol{H}^{t,J})_x^2 + (\boldsymbol{H}^{t,J})_y^2 + \varepsilon]^{\frac{3}{2}}}\right]_{i,j}\end{aligned} \tag{5.9}$$

式中，ε 是为了防止奇异而添加的一个小的整数，ε 取 1。

$$[(\boldsymbol{H}^{t,J})_x]_{i,j} = (\boldsymbol{H}^{t,J})_{i+1,j} - (\boldsymbol{H}^{t,J})_{i-1,j} \tag{5.10}$$

$$[(\boldsymbol{H}^{t,J})_{y}]_{i,j}=(\boldsymbol{H}^{t,J})_{i,j+1}-(\boldsymbol{H}^{t,J})_{i,j-1} \tag{5.11}$$

$$[(\boldsymbol{H}^{t,J})_{xx}]_{i,j}=(\boldsymbol{H}^{t,J})_{i+1,j}-2(\boldsymbol{H}^{t,J})_{i,j}+(\boldsymbol{H}^{t,J})_{i-1,j} \tag{5.12}$$

$$[(\boldsymbol{H}^{t,J})_{yy}]_{i,j}=(\boldsymbol{H}^{t,J})_{i,j+1}-2(\boldsymbol{H}^{t,J})_{i,j}+(\boldsymbol{H}^{t,J})_{i,j-1} \tag{5.13}$$

$$[(\boldsymbol{H}^{t,J})_{xy}]_{i,j}=(\boldsymbol{H}^{t,J})_{i+1,j+1}-(\boldsymbol{H}^{t,J})_{i-1,j+1}+(\boldsymbol{H}^{t,J})_{i-1,j-1}-(\boldsymbol{H}^{t,J})_{i+1,j-1} \tag{5.14}$$

基于马尔可夫随机场的图像超分辨率重建的主要思想是当前像素的值只与其邻域像素的值有关(4×4 或者 8×8)。因此，马尔可夫随机场方法[154, 155]令 $\Gamma(\boldsymbol{H}^t)=\sum\sum\varphi_\upsilon(\boldsymbol{H}^t)$。其中，$\varphi_\upsilon(\boldsymbol{H}^t)$ 描述了 $\boldsymbol{H}^t$ 在某个局部位置 υ 的特性。第一个求和符号指对整张图像进行求和，第二个求和符号是对每一个像素周围邻域的某种特性进行求和。

在描述新的方法时，还要注意一些细节问题：①确保所使用的每个变量都有其定义；②应该使用容易理解的符号，必要的时候对一些特殊符号做说明；③尽可能清楚地描述这个方法，以便读者能够重复实验。

4) 论文的配图

由于科研论文往往涉及较深的理论和复杂的方法。因此，对于每一个环节，作者应尽量配图来帮助读者理解。写一篇论文，一般情况下文字部分的撰写占一半时间、配图的制作占一半时间，因此论文写作过程中制图的工作量是比较大的。关于科研论文的配图，详见第 7 章。

5.6 实验部分

理论方法介绍完后，接着应该介绍实验部分。清楚地描述实验过程，以及实验数据和结果。实验过程也可以结合流程图或者照片来辅助描述，描述时按照一定的顺序，条理清晰，实验数据和结果的呈现顺序也应该保持一致。

1. 描述数据

在描述数据的时候，详细介绍如何从方法得到具体数据。对使用的方法，说清楚它在这篇论文中的来龙去脉。

举例：抽样。描述所使用的抽样方法，以及为什么要使用这种方法；说清楚使用这种抽样方法的优缺点；描述样本大小以及如何确定的样本大小。

数据收集。一般数据采集方法包括两类：自己采集和标准数据库。自己采集时描述所使用的采集方法，以及为什么要使用这种方法；介绍使用了哪些数据采集工具以及做了哪些参考并描述数据采集的具体过程。

有的标准数据库在向公众发布的时候都会配有一篇论文，该论文会描述标准数据库的采集过程。因此，使用该标准数据库，要在参考文献中注明数据库的来源。有的标准数据库有网址，可以在文章中注明网址，方便读者下载。

举例： 在一台拥有 AMD FX8150 CPU、3.6GHz、16GB 内存和 GTX 1070Ti GPU 的计算机上执行所有实验。我们使用了 BSD500 数据库[1]进行了实验（网址：https://www2.eecs.berkeley.edu/Research/Projects/CS/vision/grouping/resources.html#bsds500）。

这样介绍目的是体现实验的严谨性。甚至实验用的是何种设备，这种设备的 CPU 是什么，内存是多少等都应该交代清楚。否则有的读者会觉得算法的速度快，仅仅是因为换了台好的电脑。

2. 描述实验结果

(1)尽可能简洁地展示结果，并提供足够的细节来证明结论。实验结果的展示以简洁清晰为主，可以用图片、表格、图形的方式展现。仔细观察和分析实验数据，将所有能够证明结论的地方描述出来。展现数据时应注意同类数据之间的对比。同类数据尽量编排在一张图或一张表上，提高数据的表达效率。如表 5.1 所示，该表格表达了三种放大倍数、三类数据库、九种算法的三个数据指标的实验结果对比。表格的设计非常紧凑，信息量大。在使用表格进行数据对比的时候应当模仿这种设计方法。

表 5.1　表格图形展示数据

放大倍数	数据集	双三次插值	用外部数据集学习的方法					自学习的方法		
			方法一	方法二	方法三	方法四	方法五	方法一	方法二	所提方法
2 倍	Urban100	25.1725	27.4557	27.3356	27.3675	**28.9301**	28.6411	27.6036	27.9197	28.1682
		0.8265	0.8883	0.8836	0.8849	**0.9094**	0.9061	0.8899	0.8960	0.8990
		0.0033	1.8120	6.4121	1.8258	0.1179	**0.0861**	213.8826	142.3956	62.4938
	Set5	32.3219	35.2259	35.0220	35.1533	36.1814	**36.1836**	35.0167	35.2579	34.9910
		0.9219	0.9488	0.9458	0.9468	0.9530	**0.9535**	0.9470	0.9486	0.9469
		0.0025	1.0781	2.9076	1.1270	**0.0930**	0.2508	121.2909	72.4831	37.5307
	Set14	29.0118	31.0900	31.0211	31.0108	**31.9053**	31.8477	30.9727	31.1547	31.0440
		0.8572	0.8970	0.8947	0.8943	0.9038	**0.9040**	0.8947	0.8966	0.8951
		0.0035	2.1981	7.3676	2.1609	0.1399	**0.2176**	277.2219	172.9107	84.9952
3 倍	Urban100	23.1197	24.8929	24.6995	24.7852	**25.9906**	—	25.1255	25.4398	25.6103
		0.7170	0.7921	0.7812	0.7871	**0.8240**	—	0.7971	0.8088	0.8123
		0.0038	2.3945	14.7927	2.3997	**0.2619**	—	452.3708	358.9234	133.5050

续表

放大倍数	数据集	双三次插值	用外部数据集学习的方法					自学习的方法		
			方法一	方法二	方法三	方法四	方法五	方法一	方法二	所提方法
3 倍	Set5	29.0900	31.2800	31.1431	31.2784	**32.3989**	—	31.3663	31.3710	31.0873
		0.8555	0.8999	0.8924	0.8971	**0.9122**	—	0.8985	0.9000	0.8975
		0.0027	0.6410	2.8820	0.6395	**0.0878**	—	99.4829	52.0526	31.3310
	Set14	26.3070	27.9424	27.8217	27.8424	**28.5935**	—	27.9283	28.0070	27.8871
		0.7552	0.8039	0.7991	0.8008	**0.8166**	—	0.8033	0.8064	0.8038
		0.0034	1.2470	7.3116	1.3153	**0.1361**	—	231.2918	164.129	69.6793
4 倍	Urban100	21.8044	22.9983	22.8045	22.9191	23.8359	**23.8630**	23.2776	23.4530	23.6163
		0.6346	0.6997	0.6847	0.6949	0.7353	**0.7387**	0.7098	0.7204	0.7257
		0.0060	3.2473	28.3236	3.1365	0.3062	**0.2915**	730.7124	428.3106	226.8906
	Set5	27.1300	29.0917	28.8023	28.9632	30.1106	**30.2831**	29.1078	29.0522	28.6647
		0.7935	0.8487	0.8373	0.8447	0.8714	**0.8740**	0.8487	0.8496	0.8434
		0.0029	0.4490	2.9150	0.4658	**0.0854**	0.4399	77.9473	46.1606	27.0876
	Set14	24.7647	26.1051	25.9959	25.0506	26.8319	**26.8865**	26.1818	26.2129	26.0953
		0.6781	0.7292	0.7198	0.7258	0.7476	**0.7504**	0.7303	0.7331	0.7296
		0.0033	0.9135	7.3501	0.9324	**0.1429**	0.2263	176.4399	100.3414	62.5402

有多条曲线对比的曲线图，可以在一个坐标轴上画多个图，用不同的线型和颜色进行区分。这样可以节约空间，对比上也更加直观，如图 5.2 所示。

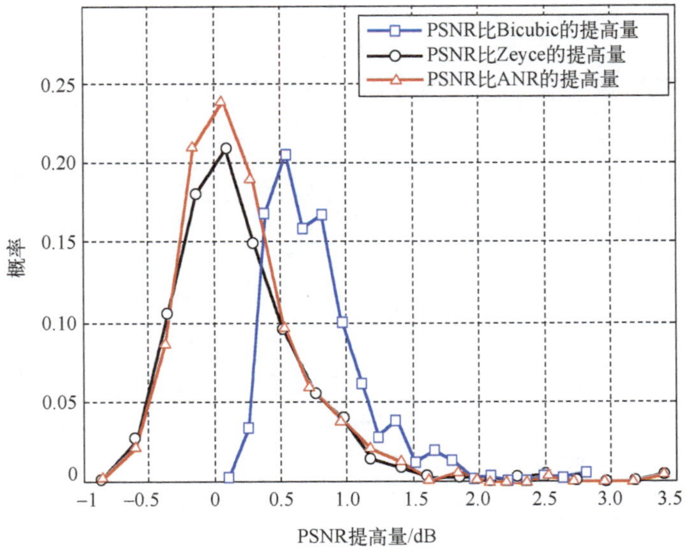

图 5.2　有多条曲线对比的曲线图

(2)在文本中呈现图形或表格时，应明确引导读者指出具体图形或表格的内容。突出显示可以支撑实验结论的数据，可以在表格、图形、图片中标出来，让读者一眼就能找到。如表 5.1 的表格中，对一些数据进行加粗显示，让读者快速看到能够支持创新点的数据。

(3)分析和讨论图和表中的信息。有了结果后，要对数据进行详细分析，对出现的各种预期或意料之外的结果都做说明，为后面的结论提供充足理由和说服力。

举例：从表中可以看出，本文提出的算法虽然不如外部训练数据所得到的结果好，但是对于自学习数据来说，对于 Urban100 这类有明显重复结构的图像，能够得到较好的效果，并且提出的算法复杂度是自学习算法中最低的。

(4)详细说明研究结果如何回答在论文开头提出的研究问题。前后呼应，解决前面提出的问题是论文的研究目标，所以将实验结果与研究问题相对应，证明文章确实提出了一个好办法。

举例：该实验结果说明，本文所提出的算法确实能够降低邻域嵌入算法的复杂度问题。

5.7　实验结果总结

通过上面对实验数据和结果的分析，结合文章背景意义、研究问题做出最后的总结。总结要有一个完整的结构、要求精炼。

(1)通过重新审视研究的目的来开始章节，提醒读者研究的目的，回顾要解决的问题。

举例：本文提出了一种新的增强图像放大输出的策略，通过缩短边缘的弧长来实现增强。

(2)提供结果的总体概况。需要对实验结果做一个概括，给出大概的结果趋势。

举例：实验结果表明，与其他不需要外部数据集的算法相比，该算法能更好地抑制锯齿状人工痕迹，在视觉质量和时间开销上取得了较好的平衡。

(3)简要阐述论文的具体或关键结果。对关键结果进行阐述，如对结论有巨大影响或决定性作用的实验结果。

举例：结果表明，所提算法对于标准差小于 5 的噪声是鲁棒的，但当噪声标准差增加到 10 时，对噪声的鲁棒性变弱。

(4) 提供与以前研究结果的比较。有了对比，才能突出所提方法的优越性。

举例： 从视觉效果来看，“交替 K-奇异值分解”和“分层 K 均值聚类”主要从字典生成的角度对基于稀疏表示的图像超分辨率算法进行改进，提高了重建效果。“稀疏表示+全变分”算法与其他算法相比得到的边缘和纹理更清晰更丰富。色彩自适应组合算法所得到的边缘更加清晰。

(5) 说明问题、不足之处和结果的无效之处。交代论文的不足之处，表现出自己的严谨与真诚，也方便读者对内容和方法的把握以及对文章所提方法的使用。

举例： 所提算法的局限性是 LR 图像不能包含大量的噪声。未来，我们将尝试提高算法对噪声的鲁棒性。

(6) 列出结果所能反映出的更深层次含义以及在未来的推广应用前景。

举例： 所提算法可以在低时间和低存储成本下提供具有清晰边缘和合理细节的重建图像。因此，该算法可以在具有少量存储器的设备中执行。在实践中，该算法可以应用于许多领域。例如，用于高清电视，我们可以在电信网络上传输低分辨率视频，并在终端设备上放大，可减小在网络上传输的数据量；目前，大多数手机的电源和存储空间都很有限，而所提出的算法支持在手机上使用。

5.8 讨论部分

讨论部分解释和描述研究结果的意义，并将其与研究问题的已知信息进行比较。讨论应该要有针对性，避免重复前面引言、摘要的内容，以研究结果为依据，与研究目的相结合，提出新颖的、前瞻性的观点。

1. 为什么要讨论

讨论是科技论文的重要组成部分，在讨论中将展示作者批判性思考问题的能力，通过对已有研究的比较和分析，提出其他可能的想法。可以根据调查结果制订问题的解决方案，也可以让读者对研究问题有更深入的理解。

2. 讨论怎么写

很多作者写讨论的时候容易思维混乱，不知道该如何下笔，下面提供几种写作方法。

(1) 首先简要重申研究的主要结果。讨论是从所做的研究扩展和联想得到的，所以先交代研究结果。

举例：本文以信号处理知识为基础，结合稀疏表示及正则化等数学背景，对图像超分辨率重建问题展开研究。主要成果如下……。

(2)通过与之前研究的结果进行比较，重申所做研究及其发现的重要性。

举例：与其他不需要外部数据集的算法相比，该算法能更好地抑制锯齿状人工痕迹，在视觉质量和时间开销上取得了较好的平衡。

(3)简要总结在论文中每个问题或假设的结果。

举例：在对该算法的研究中，得到了经验：首先，双字典训练过程严重影响基于稀疏表示的图像超分辨率重建算法的泛化能力；其次，奇异值分解所能提供的奇异向量能够为矩阵提供有效的低秩逼近；最后，在放大倍数不是特别大的情况下(4 倍以下)，阶跃型边缘在低分辨率图像中可以得到保留。

(4)陈述并提供以前研究报告的关联结果。

举例：由于图像超分辨率重建技术可以看作是两个空间的转换问题，许多相关问题都可以通过类似的思路解决。

(5)为研究结果的失败或缺点提供一个简短的解释。

举例：在样本的特征提取方面。中频特征比梯度特征占用的存储空间小，利用其进行图像超分辨率重建算法复杂度较低。但是，中频特征和梯度特征拥有相似的细节特征预测能力。在这个方面，本文的算法仅仅降低了算法复杂度，预测能力与传统算法基本相同。如何能够提取低分辨率图像的特征进一步提高细节特征的预测能力仍然是需要进一步研究的问题。

(6)强调可能影响研究有效性的主要限制。

举例：这是一种较好的分类方法，但是不一定是最好的。若能够提出更好的分类方法，使各种图像处理技术能够更有针对性地发挥其作用，实验效果可能会更好。

(7)最后谈谈所讨论问题对未来研究有帮助的地方。

举例：在实践中，该算法可以应用于许多领域。用于高清电视，我们可以在电信网络上传输 LR 视频，并在终端设备上放大，可减小在网络上传输的数据量；目前，大多数手机的电源和存储空间都很有限，而所提出的算法支持在手机上使用。

3. 讨论应该符合更广泛的背景

先要描述研究结果的理论意义，然后建议结果的实际应用范围。理论研究的最终目的是应用，在讨论中介绍所做研究可以应用到哪些地方，帮助读者了解。接下来将研究结果扩展到其他情况或其他主题，拓宽研究的应用领域，最好能够搭起看似不大相关的两个领域的桥梁。最后描述全局，谈谈文章所做研究是否有助于理解更广泛的主题，将整体的趋势和预测呈现出来。

5.9　写作及技巧的提升

有一个好的创意就可以开始构思一篇论文，但在写作过程中也许一边写一边还会有别的想法和问题出现，很多时候不得不停下来将这些问题解决了才能继续往下写，这样整个写作过程显得非常曲折。这里介绍一种写作方法，叫作自由写作。写作的时候充分发挥，畅所欲言，捕捉脑海中的每一个想法，思想上不要被束缚。具体做法如下。

(1) 在一段时间内不间断地写作。论文初稿最好一气呵成，保证在写作那段时间里足够的专心，思想不要开小差。

(2) 不要一边写一边修改。不要刚开始就反复修改，应该写完一个完整的稿件后再一遍一遍地进行修改。

(3) 坚持写下去。写作过程中很可能出现大脑一片空白的情况，这时候也不能停下来。即使觉得写出来的东西缺少价值，也应该继续写，先为论文积累足够的素材。

(4) 想到什么写什么。当大脑中缺少逻辑感的时候，可以随心所欲一些，不要被那些写作格式所束缚。

(5) 足够自信。论文作者应该对自己的文章足够自信，如果一边写一边否定自己，那样写作是很难进行下去的。

自由写作有什么优点呢？首先，它会让作者更适应写作。自由写作更能激发灵感，写论文是一个创作的过程。其次，可以帮助作者消除内心对写作不自信，释放自身的压力。最后，训练规范的写作格式。

对于自身写作能力，要想提升必定需要一定时间的积累。下面是一些提高写作能力的方法。

(1) 定期在笔记本上写一些研究的思路，养成写作的习惯。

(2) 制定每月、每周、每天的写作目标。在规定时间内做一些写作练习，不管好坏，坚持下去就会有收获。

(3) 抓住好点子。当脑海中突然冒出一个还不错的想法，先别管它到底有多大用处，及时记录下来，说不定就是一个创新点的灵感来源。

(4)阅读。创新和灵感是基于对相关领域的充分了解，所以大量阅读期刊、文献是必须的。

(5)不要把阅读当作不写作的借口。不要把阅读和写作的先后顺序分得那么清楚，完全可以将两者同时进行。

论文是科研成果的载体，论文写作是研究生的必备技能之一。然而这个能力只有通过不断的阅读和写作才能够获得。有人可能觉得，科研才是最重要的，论文只要能写出来就行。但实际并非如此，相同的研究成果，被一篇好的文章表现出来和被一篇差的文章表现出来，其价值和推广前景会有很大的不同。

第 6 章　论文撰写格式

论文发表需要注意撰写格式，在论文投稿之前，需要对撰写格式进行仔细检查。本章将详细介绍科技论文的撰写格式。论文格式是指进行论文写作时的样式标准，一篇论文一般由题名、作者、摘要、关键词、英文题名、英文摘要、英文关键词、正文、参考文献、附录和致谢等组成，如果是长篇论文还要加上目录。对于科技类论文还会涉及图形、表格、公式、专有名词等，并且对这些内容的格式都有一定的要求。所以，在投稿之前对论文格式进行通篇检查，能够有效避免一些细节错误。

6.1　撰写科技论文的格式要求

科技论文用于描述一项科学技术研究的成果或进展，要有严谨的写作过程，格式符合直观、简洁的要求。撰写科技论文，具体有以下几个原则。

(1) 多使用图表。在科技论文写作过程中，能够用图表呈现的内容尽量用图表呈现。因为图形相对文字更加直观，很多时候用整段文字叙述一个概念，其效果不如一张图表表现得好。可以将实验结果用图表呈现，并标注出特殊点，这样能让读者很快抓住重点。

举例： 图 6.1 为算法流程图。

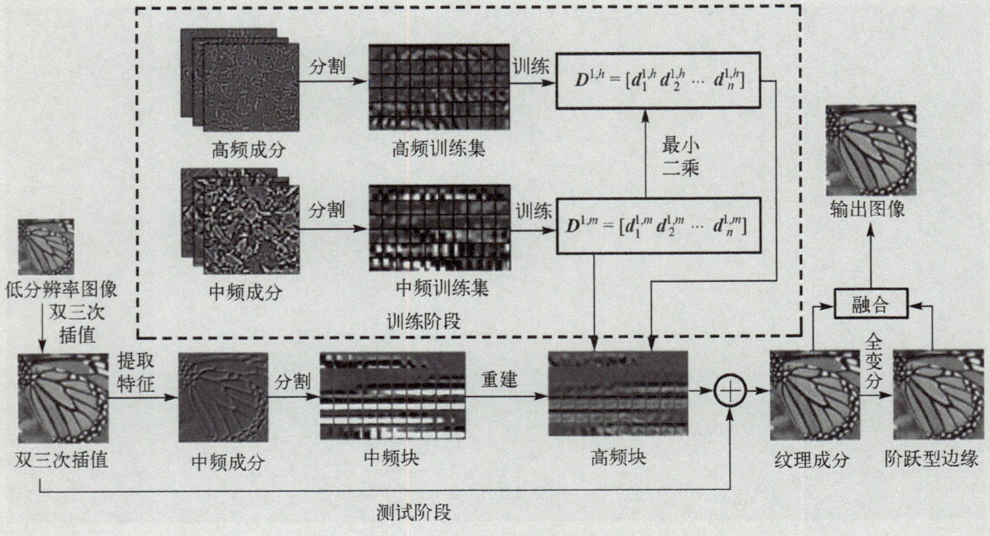

图 6.1　算法流程图

该算法包括两个阶段：训练阶段和测试阶段。对于这两个阶段，都采用本章的中频特征提取方法。关于特征提取方法，在训练数据库准备好后，训练一对字典。在测试阶段，使用训练好的字典恢复图像的高频成分。使用抑制人工痕迹的全变分正则化的方法获取图像的阶跃型边缘。最后，将全变分正则化方法和基于稀疏表示的方法产生的结果图像进行融合。

分析：如图 6.1 所示为算法流程图，如果没有图，仅仅使用文字说明，读者很难理解算法的流程。

(2)较长的公式推导和程序全部放到附录里面。尤其是理工科，论文中的公式推导比较多，如果内容太长的话，放在正文中就会有喧宾夺主的感觉，所以最好放到附录中。这样的好处是让论文看起来不那么啰唆和冗长，排版更美观。本书在 4.3 节最后介绍研究生作者写作过程中容易浪费笔墨的地方时讲到过这点，在此，这也是写科技论文的原则之一。

(3)方法叙述中要有公式，不能全用文字表达。工科论文一定要有公式，这样可以让文章看上去更加规范。例如，即便文中的创新方法只是对神经网络的结构做了更改，也不能只画图，要把涉及的损失函数写出来。除此之外，科技论文中的公式还要有相应的解释。

举例： 根据传统的 Yang 提出的基于稀疏表示的超分辨率模型，提出以下模型：

$$\min_{\boldsymbol{D}^{1,m},\boldsymbol{D}^{1,h},\{\boldsymbol{\alpha}_i\}} \sum_{i=1}^{N}\left(\left\|\boldsymbol{p}_i^{1,s,l,m}-\boldsymbol{D}^{1,l}\boldsymbol{\alpha}_i\right\|_2^2+\left\|\boldsymbol{p}_i^{1,s,h}-\boldsymbol{D}^{1,h}\boldsymbol{\alpha}_i\right\|_2^2\right)$$

$$\text{s.t.}\left\|\boldsymbol{\alpha}_i\right\|_0 \leqslant \beta,\quad \left\|\boldsymbol{d}_r^{1,l}\right\|_2 \leqslant 1, \left\|\boldsymbol{d}_r^{1,h}\right\|_2 \leqslant 1,\quad r=1,2,\cdots,n$$

⇦ 公式的描述

式中，$\boldsymbol{D}^{1,m}$ 为对应中频成分的字典；$\boldsymbol{D}^{1,h}$ 为对应高频成分的字典；$\boldsymbol{d}_r^{1,h}$ 为 $\boldsymbol{D}^{1,h}$ 的第 r 个原子；β 为稀疏度约束。

⇦ 变量的说明

如图 6.2 所示，该公式的主要思想是将高分辨率图像 $\boldsymbol{p}_i^{1,s,h}$ 和低分辨率图像 $\boldsymbol{p}_i^{1,s,l,m}$ 分别通过稀疏表示字典 $\boldsymbol{D}^{1,h}$ 和 $\boldsymbol{D}^{1,l}$ 映射到统一特征子空间去，使用同一个稀疏表示系数 $\boldsymbol{\alpha}_i$ 进行表示。这个算法包括两个步骤：训练和测试。在训练阶段，利用 $\{\boldsymbol{p}_i^{1,s,l,m}\}_{i=1}^N$ 和 $\{\boldsymbol{p}_i^{1,s,h}\}_{i=1}^N$ 训练出 $\boldsymbol{D}^{1,m}$ 和 $\boldsymbol{D}^{1,h}$。

⇦ 公式的解释

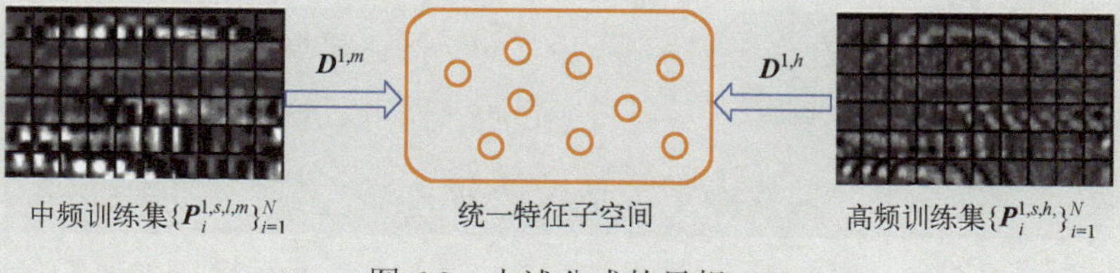

图 6.2　上述公式的思想

(4) 行文要符合惯例。这里的惯例是指写这一类文章通常会遵循的要求，需要大量阅读领域内的经典文章才能够了解这些惯例。论文习作切忌独树一帜，那样很容易被人认为不规范。因此，应该多看领域内的相关文献，总结别人的写作特点，然后运用到自己的写作中。

(5) 将实验部分的情况考虑周全。在构思论文结构的时候，要将各方面都考虑周全，帮助读者从实验数据中对论文的创新有更深刻的认识。另外，如果论文的实验都没有考虑周全，审稿人会提出补充多个实验结果。如果编辑给出“大修(major revision)”的结论，则需要在较短的时间内补充实验，修改压力会比较大。因此，在第一次投稿的时候就将实验考虑周全最好。

6.2　科技论文的语言

科技论文的语言强调准确、简练、平实、生动，总体要求是客观和精确。在论文语言运用上要避免以下几种情况。

(1) 不说大话、空话。

举例： 我们的研究一丝不苟、精益求精。

分析：这句话没有论据支撑，没有说服力。要避免在论文中使用不切实际的形容词，下面为重新改进。

我们使用 3 台计算机，对 AMM 数据库的 100 张图像以及 CVV 数据库的 230 张图像进行了实验。每张图像运行了 3 次，每次的参数设置如下……。

分析：在描述中出现了很多具体的数字，对实验数据和参数做了详细描述。一个个数字就说明了所做研究的精确程度，不需要用华丽的辞藻，读者从数据中就能够看见。

(2) 不说浮夸的形容性语言。

举例： 本团队对图像分割拥有丰富的研究经验。

分析：以上并没有具体展现拥有怎样丰富的研究经验。不管是写论文还是项目申请书，都最好不要出现这样的话。在写科技论文的时候，要少使用形容词和一些夸张的词汇，客观陈述事实就行了。或者，可以考虑将想要使用的形容词进行量化，改进如下。

本团队已经在图像分割领域进行了 10 年研究，对该领域的 50 种算法都进行过仿真。

分析：案例中 10 年的研究和 50 种算法是研究经验丰富的证明。科技论文要求客观性、实事求是，要用数据表达观点。

(3)切忌描述不清。

在论文写作过程中，有的作者会出现对所要表达的概念描述不清的情况。对于表达很模糊的概念，读者看起来很费力，同时这样的文章也很难有影响力。

举例：如果下一个数据和前面得到的部分最优解连在一起不是可行解，该数据则不能添加到部分解中。

分析：如果只看案例中这句话，将会满是疑惑点：下一个数据、前面部分最优解、部分解这些指代的是什么。因此，这样的语句出现在科技论文中会让读者看不明白。可以将这些内容用符号表示，如下所示。

如果当前解 $\boldsymbol{X}^{J+1}$ 和前面得到的解 $x^{(1)},x^{(2)},\cdots,x^{(J)}$ 对稀疏表示字典原子 $\{a^{(1)},a^{(2)},\cdots,a^{(J+1)}\}$ 进行线性组合不是可行解，则 $\boldsymbol{X}^{J+1}$ 不能被添加到解集里。

分析：这样看起来就清晰很多，各个符号只要前面定义清楚了，读者就可以清楚理解作者所要表达的意思。

6.3　科技论文的公式

科技类论文中一般会出现大量公式，尤其是数学推导较多的文章，里面涉及的变量和公式都比较多。论文的公式编辑也有一定的要求：公式格式与文字格式匹配和谐、上下文变量格式一致等。

1. 分类

在论文写作过程中，公式编辑有行内公式和行间公式两种情况。公式放在行间还是行内取决于公式的长度、行文间会不会被引用以及是否需要强调。

(1)行间公式：公式作为单独一行出现在文章中。

举例：假设输入低分辨率图像为 $\boldsymbol{X}^l$，输出高分辨率图像为 $\boldsymbol{X}^h$，则

$$\boldsymbol{X}^h=\boldsymbol{F}\boldsymbol{X}^l$$

其中，$\boldsymbol{F}$ 为逆退化函数。

(2)行内公式：公式镶嵌在文字之间。

举例：软件的输入为一个低分辨率图像 $\boldsymbol{X}^l$，我们使用逆退化矩阵 $\boldsymbol{F}$ 将其恢复为一个高分辨率图像 $\boldsymbol{X}^h$。

注意，对行内公式和行间公式，要求公式中的同一变量格式要一致。

举例：当输入变量为 a，则

$$a=2c+3b$$

案例中行间公式 a 和行内公式 a 在格式上应当保持一致，符合科技论文变量使用要求。在论文中添加公式的时候，很多人可能遇到这样的问题：行内加入一个公式后，公式部分跟同行的其他文字不能对齐，尤其是行间距较小的时候。如图 6.3 所示，公式跟同行文字没有对齐。

全变分正则化认为高分辨率图像大部分区域是光滑的

因此，令 $\Gamma\left(\boldsymbol{H}^{t}\right)=\int\left|\nabla \boldsymbol{H}^{t}\right|$。↵

图 6.3　公式和行内文字不对齐

这多半是因为 Word 文档有网格线，可以将网格去掉。在页面设置中将文档网格设置为“无网格”或尝试将“段落”里面中文版式下的文本对齐方式设置为“居中”。

2. 变量的定义

论文中要求对所有公式里的变量进行定义。无论在行间还是行内，每个公式中的变量都要定义清楚。定义变量的方式不是固定的，可以在公式前面或后面，也可以随文定义。

方法 1：随文定义。在叙述实验过程的时候对变量进行定义。

举例： 软件的输入为一个低分辨率图像 $\boldsymbol{X}^{l}$，我们使用逆退化矩阵 $\boldsymbol{F}$ 将其恢复为一个高分辨率图像 $\boldsymbol{X}^{h}$。

在这句话中，定义了低分辨率、高分辨率和退化矩阵三个变量。

方法 2：在公式前定义。先对变量进行定义，再给出数学公式。

举例： 假设输入低分辨率图像为 $\boldsymbol{X}^{l}$，输出高分辨率图像为 $\boldsymbol{X}^{h}$，逆退化函数为 $\boldsymbol{F}$，则

$$\boldsymbol{X}^{h}=\boldsymbol{F}\boldsymbol{X}^{l}$$

方法 3：在公式后定义。先给出公式，再在后面对公式中的变量进行说明。

举例： 假设输入低分辨率图像为 $\boldsymbol{X}^{l}$，输出高分辨率图像为 $\boldsymbol{X}^{h}$，则

$$\boldsymbol{X}^{h}=\boldsymbol{F}\boldsymbol{X}^{l}$$

其中，$\boldsymbol{F}$ 逆退化函数。

需要注意的是，公式后定义不能离公式太远，不要写了很多其他内容之后再来定义变量。在实际写作中，使用哪种定义方式取决于语句是否通顺和文章的排版。显然，随文定义是最能够节约文章篇幅的，因此，能随文定义的地方最好就随文定义。变量一般用字母或带符号的字母表示，但要遵循一个字母或符号代表一个变量

的原则。简而言之，定义变量必须一对一，一对多和多对一的情况都是不允许的。可以通过以下内容来定义变量。

英文大小写字母：A、a、B、b；

希腊字母：α、β、ε；

各种带上下标的字母：A_1^3、A_i^j；

带各种标识的字母：A'、$\tilde{A}$、$\hat{A}$。

尽量不使用多个字母组合来代表一个变量，这样容易被误解为是乘法。例如，ZX，如果 Z 和 X 分别是独立变量的话，还可以看作是两者相乘。

最好的方法是用含有意义的单词首字母作为变量名，这样无论对读者还是作者本人，都比较好记忆，还可以增加论文的可读性。

举例：

低分辨率图像块 $\boldsymbol{P}^l$，上角 l 为 low-resolution image patch 的首字母。

高分辨率图像块 $\boldsymbol{P}^h$，上角 h 为 high-resolution image patch 的首字母。

在定义变量前认真了解相关规则，可以增加论文的可读性，节省很多时间。不过有时候即使知道变量定义的规则，但在写作的过程中，还是会出现一些错误。以下是常见的可能犯错的情况，以供大家写作结束后参考检查。

(1) 遗漏某些变量。

举例：

$$\boldsymbol{X}^l = [x_1, x_2 \cdots, x_N]$$

其中，$\boldsymbol{X}^l$ 为低分辨率数据库，$x_j (j = 1, 2, \cdots, N)$ 为第 j 个低分辨率样本，N 为样本的个数。

分析：公式中包括大写字母 $\boldsymbol{X}^l$ 和小写字母 x_j，还包括下标 N。有的同学仅仅定义主变量字母，而没有定义下标所用的字母。因此，在论文写作过程中要注意定义所有的变量。

(2) 一个变量在文章的不同地方使用不同字母表示。

举例： 假设低分辨率数据库为 $\boldsymbol{X}^l$……，我们使用低分辨率数据库 $\boldsymbol{A}^l$。

分析：案例中前后两处 $\boldsymbol{X}^l$ 和 $\boldsymbol{A}^l$ 都代表低分辨率数据库，但是却用了两个不同的字母。尤其是在写长篇论文时，同一个变量前面用的是一个字母，后面就变成另一个了，这是一种不规范写作。同一个变量要保持在全文中使用唯一对应的字母表示。

(3) 同样的字母在文章的不同地方表示不同的意思。

举例： N 为样本的个数，……，N 为向量的维数。

分析：N在一篇文章的前面使用时定义为“样本的个数”，而在后面使用时又定义为“向量的维数”。一个字母在整篇论文中应仅仅代表一个变量。在写作过程中一定保持清晰的思路，检查已经定义过哪些变量，哪些字母或符号是已经使用过的。

3. 大多数期刊中变量的字体设置

(1) 向量使用小写黑斜体字母，标量使用小写非黑斜体字母。

举例：

$$c\boldsymbol{v}+d\boldsymbol{w}=c\begin{bmatrix}1\\1\end{bmatrix}+d\begin{bmatrix}2\\3\end{bmatrix}=\begin{bmatrix}c+2d\\c+3d\end{bmatrix}$$

分析：案例中c和d是标量，要写成非黑的斜体字；$\boldsymbol{v}$和$\boldsymbol{w}$是向量，要写成黑斜体。

(2) 矩阵使用大写黑斜体字母。

举例：

$$L(\boldsymbol{x})=\|\boldsymbol{x}\|_2^2+\boldsymbol{\lambda}^{\mathrm{T}}(\boldsymbol{A}\boldsymbol{x}-\boldsymbol{b})$$

$$\boldsymbol{x}=\begin{bmatrix}x_1\\x_2\end{bmatrix},\quad \boldsymbol{A}=\begin{bmatrix}a_{11}&a_{12}\\a_{21}&a_{22}\end{bmatrix},\quad \boldsymbol{b}=\begin{bmatrix}b_1\\b_2\end{bmatrix},\quad \boldsymbol{\lambda}=\begin{bmatrix}\lambda_1\\\lambda_2\end{bmatrix}$$

分析：案例中$\boldsymbol{A}$为矩阵，要写成大写的黑斜体；$\boldsymbol{x}$、$\boldsymbol{b}$、$\boldsymbol{\lambda}$是向量，要写成小写的黑斜体。

遵守这些变量定义的规则，能体现作者在写作上的严谨和规范，并给读者一个好的印象。

(3) 公式本身居中对齐，编号右对齐。

对于论文中的公式编号，可以手动输入，不过这个方法比较慢，而且容易出现格式上的错误，所以推荐使用 Word 中的自动编号，具体步骤如下。

①编辑样式。

首先要将“标尺”显示出来，具体步骤：“视图”→“标尺”，选中标尺，如图 6.4 所示。

在标尺上查看处在中间位置和右边位置的数字，如标尺中间是 20，右边是 40。然后点击“开始”→“样式”，选择新建样式，如图 6.5 所示。

输入名称“公式”，选择“格式”→“制表位”，在最上方填入 20，中间选择“居中对齐”，下面选择“1 无”，点击设置，再在最上方填入 40，中间选择“右对齐”，下面选择“1 无”，点击设置。点击确定，则样式库里添加了“公式”样式，如图 6.6 和图 6.7 所示。

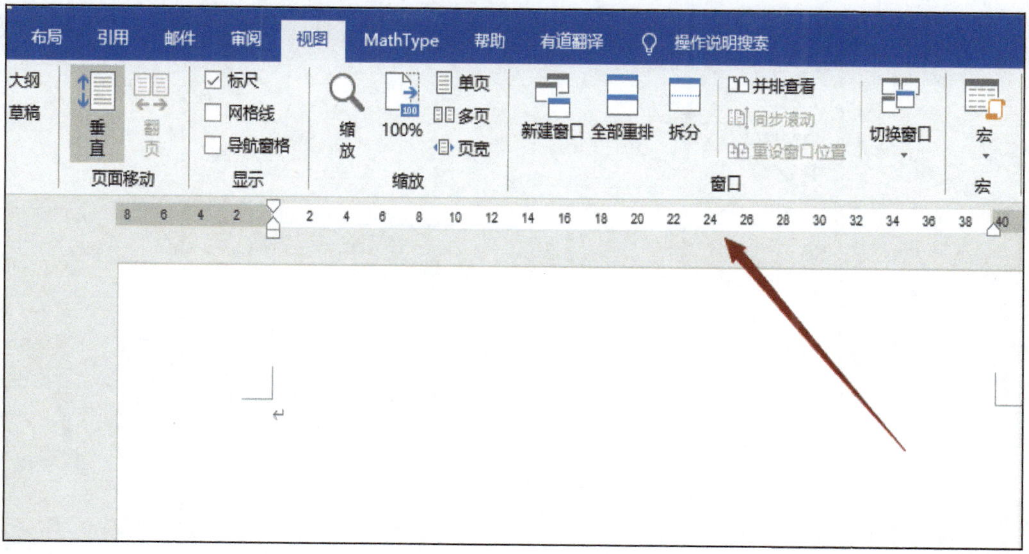

图 6.4　查看 word 标尺

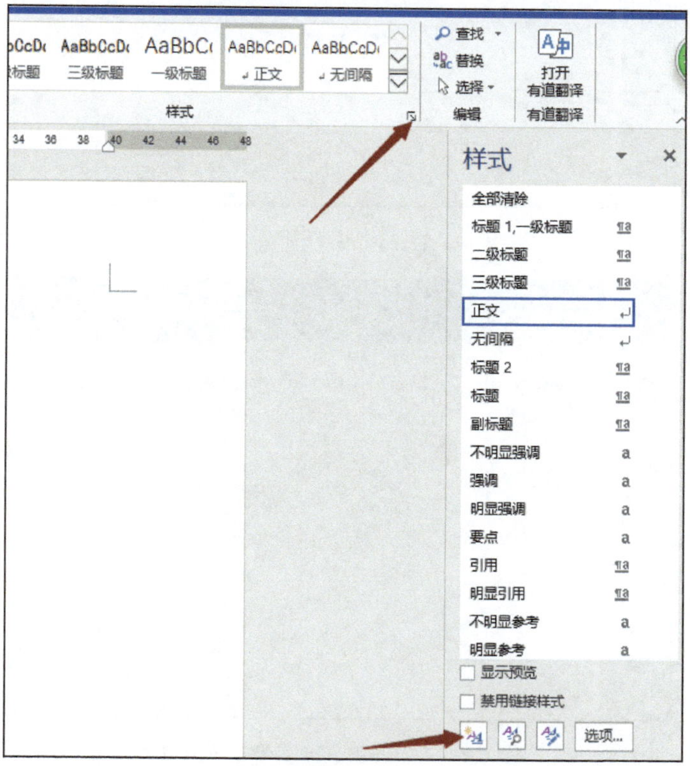

图 6.5　查看 word 文本样式

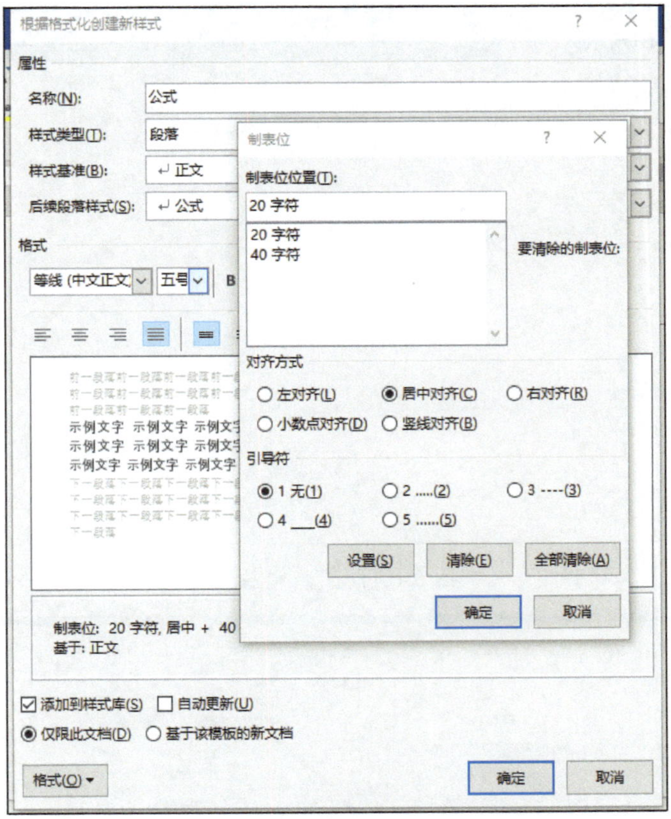

图 6.6　在 word 中设置公式样式 1

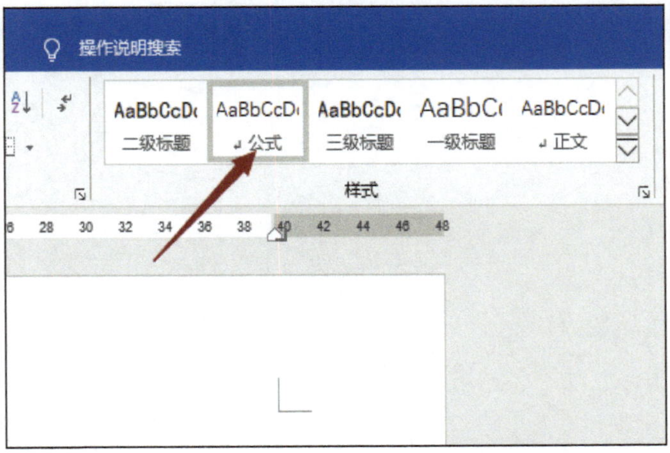

图 6.7　在 word 中设置公式样式 2

将光标移至公式行，点击“公式”样式，在公式前和公式后分别按一下键盘上的“Tab”键，这样公式就居中了，如图 6.8 所示。

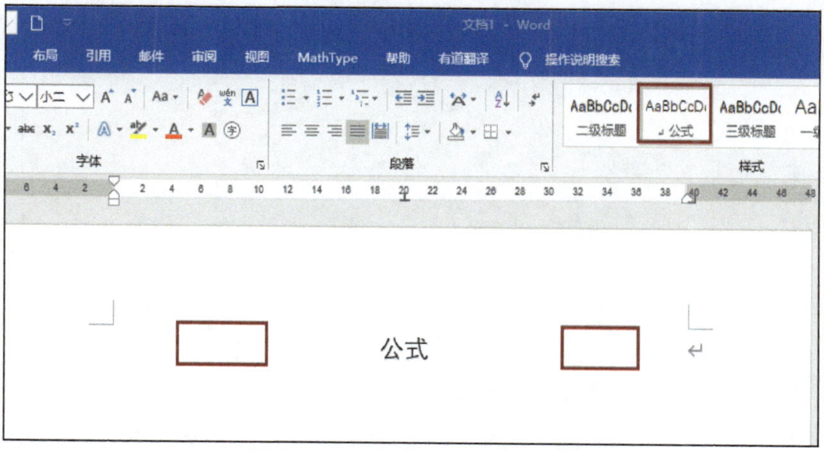

图 6.8　在 word 中按 Tab 键使公式居中

②编号。

先在公式后面写出公式的格式，如果公式(2-1)表示第 2 章的第一个公式的话，公式的格式为(2-)，如图 6.9 所示。

图 6.9　公式格式输入

将光标移到要加入编号的地方，如图 6.10 所示。

图 6.10　定位光标

接着，选择“引用”→“插入题注”→“新建标签”→输入“第二章公式”→勾选“从题注中排除标签”，如图 6.11 所示。点击确定后，第一个公式编号就完成了。不过可能会出现如图 6.12 所示问题。

这是因为加入题注后当初的样式就变了，点击“开始”→“样式”选择“公式样式”就能恢复了，如图 6.13 所示。

点击工具栏中“插入”下面的“文档部件”，如图 6.14 所示。

点击将“所选内容保存到文章部件库”，点击确定。再将光标移至第二个公式后点击“插入”→“文档部件”→点击开始保存的(2-1)编号，如图 6.15 所示。

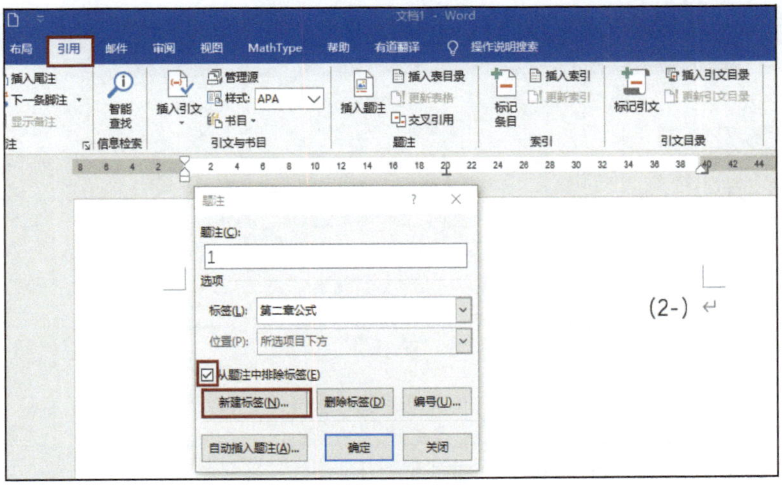

图 6.11　引用公式格式

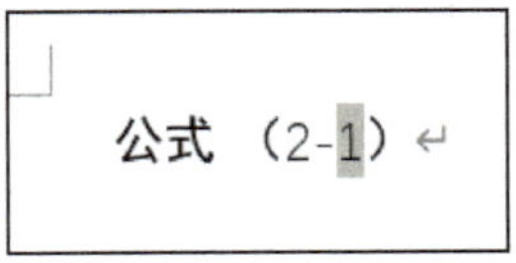

图 6.12　公式格式 1

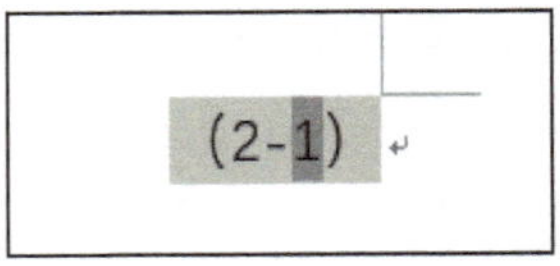

图 6.13　公式格式 2

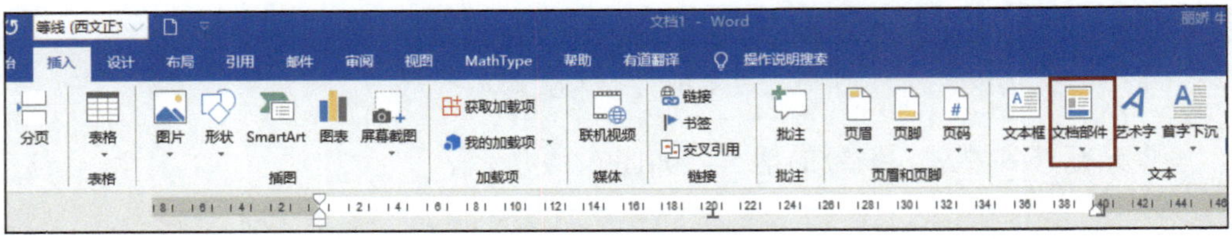

图 6.14　插入文档部件

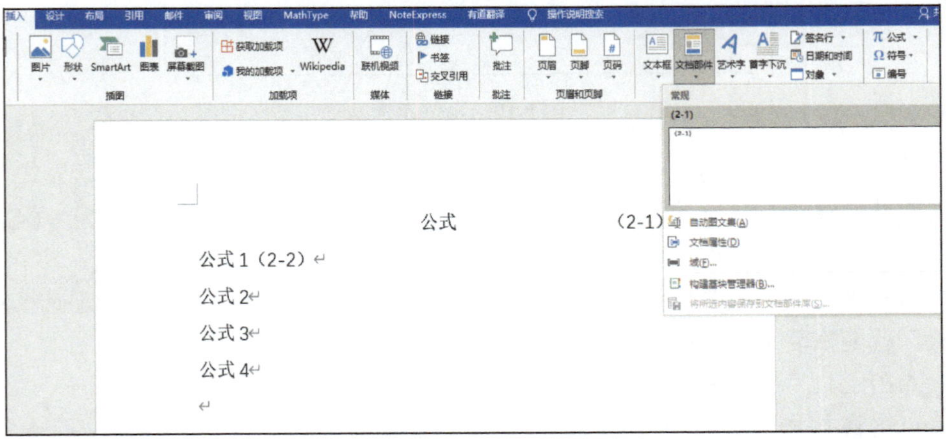

图 6.15　插入编号

如果前面添加了公式，选中公式编号的区域和引用的区域，点击右键，选择“更新域”则编号就会重新排序，如图 6.16 和图 6.17 所示。

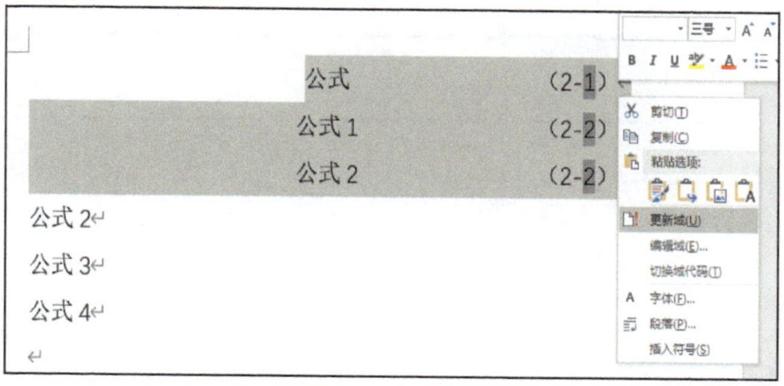

图 6.16　更新编号

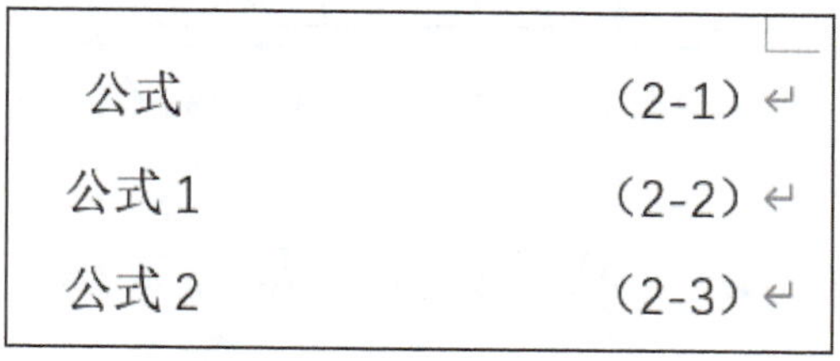

图 6.17　更新后的编号

到此，就完成了公式的自动编号。

6.4　科技论文的表格

表格是科技论文呈现实验结果的重要形式之一，其特点是具有自明性，让读者不看正文，只看表格就能知道所表达的数据内容。表格的表题应该简单介绍表格的结构和内容。

首先，表题要精确。表题要交代清楚表格中的数据反映什么内容，是对比实验数据，还是对比不同方法，或者是环节去掉和加上相对比。例如，不同算法的实验结果对比、不同滤波方法的处理效果比较。

其次，表格中数据单位要清楚。例如，秒、峰值信噪比等这些在表格中要标注清楚。

最后，表中的数据格式要一致。每一行数据代表的内容要相同，保留小数点位数要一致，需要读者注意的数据要标粗或者加下划线。如图 6.18 所示，表格中给出了不同放大倍数下，不同方法在不同数据库上的实验结果。每行中的最佳值都标注成粗体，以方便读者对比阅读。

表 2：不同算法的 PSNR 值和时间消耗（4 倍）

表格中，第一行是 PSNR（dB），第二行是 SSIM，第三行是 GMSD，第四行是 BIQA，第五行是时间。同类数据中粗体为最佳值

数据集	评价指标	双三次插值	外部学习					自学习	
			VDSR	A+	SR-CNN	EDSR	Huang	Traditional TV	本文算法
Urban100	PSNR	23.2447	**25.9906**	24.8929	24.6995	24.0192	25.4398	24.1322	24.3583
	SSIM	0.7211	**0.8240**	0.7921	0.7812	0.7732	0.8088	0.7653	0.7726
	GMSD	0.1091	**0.0631**	0.0749	0.0792	0.0892	0.0682	0.0825	0.0801
	BIQA	0.3696	**0.6358**	0.5323	0.5237	0.5382	0.5340	0.5672	0.5776
	time cost	**0.0038**	0.2619	2.3945	14.7927	1.4578	358.9234	24.4312	23.8772
Set5	PSNR	29.0900	**32.3989**	31.2800	31.1431	20.7083	31.3710	30.7488	30.9552
	SSIM	0.8555	**0.9122**	0.8999	0.8924	0.8769	0.9000	0.8896	0.8937
	GMSD	0.0614	**0.0239**	0.0302	0.0341	0.0463	0.0325	0.0361	0.0345
	BIQA	0.2441	0.3652	0.2663	0.3447	0.3401	0.3420	0.5695	**0.5793**

图 6.18　科技论文中的表格示例

6.5　科技论文的参考文献

参考文献的引用是论文中不可或缺的部分，借助前人的研究结果和数据来证明自己的观点。在科技论文写作中，需要将所有参考文献的详细信息在网上找到并整理好，然后按次序放在文末。参考文献部分是否写得好能够体现一个人是否严谨，如果一篇论文被发现参考文献格式不规范，会使审稿人怀疑作者的严谨性。在实际写作中，哪些地方需要引用文献、文献怎样标注在文章中、引用参考文献的格式是什么，这些都是我们要特别注意的问题。

1. 参考文献的标注地点

(1) 引言里提到的专有名词。专有名词一般是某领域内独有的，在论文中提及相关概念时，可以标明内容的出处，这样方便读者查询。

举例： 对于机器学习方法，学习参数的各种策略（包括卷积神经网络（CNN）[3-10]、生成式对抗网络（GAN）[11]、稀疏表示字典[12-21]、典型相关分析[22-24]，使用不同工具的组合[25-27]）来识别低分辨率（LR）和高分辨率（HR）图像之间的关系。

(2) 引言里提到的一些里程碑式的人物或团队。对人物或团队的介绍也要加上参考文献。

举例： 为了估计低分辨率图像和高分辨率图像频谱间的错位，Yong 等[17]和 Arican 等[18]又在 Tsai 的模型上加入了扰动矩阵。

(3) 引言里介绍别人的方法。引用了别人的方法一定要加参考文献。

举例： Glasner 等[12]发现一些图像的局部块会在其相同尺度或不同尺度图像上重复出现。因此，他们提出了一种"倒金字塔"的方法，该方法仅仅根据输入的 LR 图像本身来构造训练集。

(4) 相关工作 (related work) 里介绍别人的方法。前面介绍过，在相关工作中介绍别人的方法需要把参考文献标上。

举例： 迭代反投影[15]是一种广泛用于将输出图像拟合到原始 LR 图像的方法。迭代反投影模型如下：

$$\boldsymbol{H}^{t,\mathrm{IBP}} = \arg\min_{H}\left\{\left\|\boldsymbol{H}\downarrow - \boldsymbol{L}_Y\right\|_2^2\right\}$$

其中，$\boldsymbol{H}^{t,\mathrm{IBP}}$ 是迭代反投影的输出。这个模型可以通过下面的迭代公式来解决：

$$(\boldsymbol{H}^{(n+1)})_{i,j} = (\boldsymbol{H}^{(n)})_{i,j} + [(\boldsymbol{L}_Y - (\boldsymbol{H}^{(n)})\downarrow)\uparrow]_{i,j}$$

(5) 在别人的模型或方法上提出自己的创新。在别人方法基础上的创新也需要加上参考文献。

举例： 该模型中共有两个字典 $\boldsymbol{D}^l$ 和 $\boldsymbol{D}^h$。Yang 等提出的联合字典训练算法[83]将 $\boldsymbol{p}_i^{s,l}$ 和 $\boldsymbol{p}_i^{s,h}$ 堆叠起来构成单个字典训练样本 $\boldsymbol{p}_i^s$：

$$\boldsymbol{p}_i^s = \begin{bmatrix} \boldsymbol{p}_i^{s,l} \\ \boldsymbol{p}_i^{s,h} \end{bmatrix}$$

$$\boldsymbol{D} = \begin{bmatrix} \boldsymbol{D}^l \\ \boldsymbol{D}^h \end{bmatrix}$$

这样，双字典训练问题就变成了单个字典训练问题。当 $\boldsymbol{D}$ 训练完成以后，可以按照样本的维数将 $\boldsymbol{D}$ 分成两部分 $\boldsymbol{D}^l$ 和 $\boldsymbol{D}^h$。为了避免字典在叠起来之后变得维数过高，容易产生过拟合现象，我们提出了如下算法。

(6) 对比实验。用其他方法与自己的方法进行对比实验，需要列出别人的算法，此时须加上参考文献。

举例： 我们将提出的方法与其他 5 种方法进行比较：SRSC[37]、传统 TV 正则化[20]、迭代反投影 (iterative back projection，IBP)[15]、Zeyde 方法[39]和 ANR[29]。

2. 参考文献的标注格式

参考文献要在文章中标注，然后在结论结束后将所用到的文献按顺序一一列出。

文献的标注方法有两种，标在内容的右上角，或者跟论文字体相同。

(1) 当参考文献编号与正文文字不能连成句子时，标注于右上角。

举例：“Yang 等[1] 提出了……。”此例参考文献编号直接标于人名之后。
“Yang 等提出了……[1]。”此例参考文献编号直接标于句子的最后面。

(2) 当参考文献编号与正文文字能连成句子时，标注与论文字体相同。

举例：文献[1]提出了……。

注意，编号所用的中括号是在英文状态下输入的。

3. 参考文献格式

论文中的参考文献要严格按照标准格式输入，人名、题目、期刊、期卷号、地址、时间都有一定的格式要求。这些格式可以在插入参考文献的时候直接到论文数据库检索，然后引用参考文献。接下来详细介绍每一部分的具体含义和设置方法。

(1) 人名。

第一种情况：姓在前，名在后，如果是中国人三个字的名字，姓在前，名字的汉语拼音首字母大写，后一个字的汉语拼音小写且与前一个连起来。

举例：Yang Jianchao，也可以缩写为 Yang J C.

第二种情况：名在前，姓在后，姓名之间时常有逗号隔开。

举例：Jianchao, Yang. 也可以缩写 J C. Yang.

如何判断哪个是名字哪个是姓？下载论文全文，标题下方一般写的是全名，外国人一般习惯将姓放在后面。

(2) 多个作者之间。

参考文献中，多个作者之间一般使用逗号隔开，逗号之后有空格；在倒数前两个人名之间有时用 and 连接；此外，三名以外的作者就可以省略，中文用“等”，英文用“et al”；还要注意所有作者与文章标题之间是逗号、冒号还是句号。另外要注意，有时候一篇文章带有多个作者，但后面几个人名可能不会被显示。

举例：

[61] Y. Zhang, Y. Zhang, J. Zhang, **and** Q. Dai, “CCR: Clustering and collaborative representation for fast single image super-resolution,” IEEE Trans. Multimedia, vol. 18, no. 3, pp. 405-417, Mar. 2016.

[25] Wang Z, Liu D, Yang J, **et al**.: ‘Deep networks for image super-resolution with sparse prior’. IEEE Int. Conf. Computer Vision, Santiago, Chile, 2015, pp. 370-378.

(3) 文章的标题。

作者名字后面是文章的标题，标题有时候是用双引号，有时候是用单引号，不管用什么方式最重要的是要全文统一。还有，标题结束以后有一个“逗号”或者“句号”，并注意是在引号里面还是外面。参考文献的标题要写全，主标题和副标题都要有。

举例：

[61] Y. Zhang, Y. Zhang, J. Zhang, and Q. Dai, **“**CCR: Clustering and collaborative representation for fast single image super-resolution**,”** IEEE Trans. Multimedia, vol. 18, no. 3, pp. 405-417, Mar. 2016.

如上所示，标题用双引号引起来，标题后的逗号在双引号里面。

[25] Wang Z, Liu D, Yang J, et al.: **‘**Deep networks for image super-resolution with sparse prior**’.** IEEE Int. Conf. Computer Vision, Santiago, Chile, 2015, pp. 370-378

如上所示，标题用的是单引号，句号在单引号之外。

(4) 期刊或会议的名称。

对于期刊或会议名称，可以写全称，可以缩写，也可以全部用大写。不过对于同一期刊格式要统一，还要注意期刊名称与后面内容之间的逗号、句号等。

举例：

不缩写：IEEE Transactions on Multimedia

缩写：IEEE Trans. Multimedia

全大写：IEEE TRANSACTIONS ON MULTIMEDIA

同样，期刊的缩写方式也要全文保持一样，要么全部缩写，要么都不缩写。

举例：

[25] Wang Z, Liu D, Yang J, et al.: ‘Deep networks for image super-resolution with sparse prior’. IEEE **Int. Conf.** Computer Vision, Santiago, Chile, 2015, pp. 370-378.

该会议论文进行了缩写，将 International 缩写为 Int.，将 Conference 缩写为 Conf.。

(5) 期刊的卷、期。

卷号和期号是两种不同的期刊编号，属于期刊的基本信息。卷号是期刊从创刊年度开始按年度顺序逐年累加的编年号。期号是卷号的下一级单位。期刊每年每出版一期，期号就会增加一个。

举例：

[61] Y. Zhang, Y. Zhang, J. Zhang, and Q. Dai, “CCR: Clustering and collaborative

representation for fast single image super-resolution,” IEEE Trans. Multimedia, **vol. 18, no. 3**, pp. 405-417, Mar. 2016.

如上所示，“vol. 18”为卷号，“no. 3”为期号。

[13] Yang J, Wang Z, Lin Z, et al.: 'Coupled dictionary training for image super-resolution', IEEE Trans. Image Process., 2012, **21, (8)**, pp. 3467-3478.

如上所示，“21, (8)”表示第 21 卷第 8 期。

(6) 期刊的页码。

为保证准确，期刊页码要在出版的数据库里面查找，不能在转载的网站上查找。此外，一般会议论文涉及两类页码，一种是发表时候的页码，一种是入库时候的页码。页码的格式有时带 pp.有时不带 pp.，另外，有的期刊没有页码只有文献号码。

举例：

[61] Y. Zhang, Y. Zhang, J. Zhang, and Q. Dai, “CCR: Clustering and collaborative representation for fast single image super-resolution,” IEEE Trans. Multimedia, vol. 18, no. 3, **pp. 405-417**, Mar. 2016.

如上所示，pp. 405-417 为文章发表在期刊上的页码。

[1] Xu J, Gao Y, Two-direction self-learning super-resolution propagation based on neighbor embedding. Signal Processing, 2021. 183: **p. 108033**.

如上所示，该期刊只有文献号码没有页码。

(7) 会议的地点。

参考文献中地点顺序为：城市名称、州、国家，可以到会议的官方网站上查询。

举例：

[40] Li Y, Dong W, Shi G, and Xie X, “Learning parametric distributions for image super-resolution: Where patch matching meets sparse coding,” in Proc. IEEE Int. Conf. Comput. Vis., **Boston, MA, USA**, 2015, pp. 450-458.

如上所示，会议地点为美国马萨诸塞波士顿，城市名+州名+国名。MA 可以省略，相当于中国的省，中国的地名也可以省略省份，例如：西安，中国。

(8) 会议的时间。

完整的时间包括月、日、年，可以到会议的官方网站上查询。

举例：

[8]L. An, N. Thakoor, and B. Bhanu, “Vehicle logo super-resolution by canonical correlation analysis,” in IEEE Intl. Conf on Image Processing (ICIP), pp. 2229-2232,

IEEE, Orlando, Florida, USA (**Sep. 30-Oct. 3, 2022**).

如上所示，会议时间为2022年9月30日到10月3日。

(9)出版商名称，如IEEE, Springer, Academic Press, The MIT Press等。

举例：

[8]L. An, N. Thakoor, and B. Bhanu, "Vehicle logo super-resolution by canonical correlation analysis," in IEEE Intl. Conf on Image Processing (ICIP), pp. 2229-2232, **IEEE**, Orlando, Florida, USA (Sep. 30-Oct. 3, 2012).

如上所示，文章由IEEE出版。

6.6 论文中的专用名词

在论文中介绍某领域的内容时，可能要用到一些专用名词。如果出现不太常见的专用名词，并且是第一次出现，一定要给出参考文献。对于英文缩写的专用词，第一次出现要给出全称，后面再使用该专用名词的时候就可以直接引用英文缩写。切忌在没有定义的情况下就直接使用英文缩写。即使该英文缩写是行业内经常使用的名词也会被认为不规范。

举例：

英文文献名词缩写的规范定义：super-resolution (SR)。

原文: Super-resolution (SR) is a technique to generate a high-resolution (HR) image according to one or a group of low-resolution (LR) image. SR methods can be separated into three categories.

中文文献名词缩写的规范定义：图像超分辨率(super-resolution，SR)。

原文：图像超分辨率(super-resolution，SR)旨在根据一张或多张低分辨率图像重建高分辨率图像。SR方法总共分为三个种类。

6.7 学位论文的撰写

学位论文是研究生科研工作的主要成果，它集中体现了作者在研究生期间科研工作中的新发明、理论或见解，是研究生申请学位的重要依据，也是科研领域中的重要文献资料和社会的宝贵财富。研究生在撰写学位论文时，大多数的撰写规范与投稿论文相似，但是需要注意每个环节与投稿论文之间的不同之处。

1. 学位论文的结构

国内的学位论文应该采用中文撰写。一篇合格的学位论文必须具有完整的结构，结构一般包括 12 个部分，顺序依次为：1、封面；2、中文扉页；3、中文摘要；4、英文摘要；5、目录；6、主要符号表；7、正文；8、参考文献；9、附录；10、攻读学位期间取得的研究成果；11、致谢；12、声明。接下来介绍学位论文中一些重要环节的撰写过程，并分析与投稿论文的不同之处。

2. 学位论文标题的撰写

学位论文的标题需要涵盖研究生期间所做的多个工作的领域与范围。因此，基本不能体现创新点。而投稿论文的标题要尽量体现创新点。这是学位论文标题与投稿论文之间的不同之处。

举例：

学位论文标题：基于稀疏表示和全变分正则化的图像超分辨率

投稿论文标题：基于中频特征与抑制人工痕迹的正则化图像超分辨率

分析：案例中，学位论文标题表明了该学生在整个读研期间的工作范围是图像超分辨率，且使用的主要数学方法为稀疏表示和全变分正则化，但是创新点看不出来。投稿论文的标题体现了该论文的创新点是提出了一个中频特征和一种抑制人工痕迹的正则化方法，可以看出创新点。

3. 摘要的撰写

学位论文的摘要体现读研期间所做的所有工作。一般同学读研期间完成的工作都不止一个，都要在摘要中体现。学位论文涵盖的工作不仅仅是成功的工作，还要包括失败的工作。如果工作成功，可以分享成功的结果；如果工作失败，要分析失败的原因。学位论文的摘要应该体现所有的工作和各个工作间的联系。而投稿论文一般都要简述创新点及其实验结果。

举例：

本文针对这两种工具在图像超分辨率重建中的应用进行了研究。基于稀疏表示的图像超分辨率算法是一种基于学习的图像超分辨率算法，本文主要从样本特征的提取、学习模型的建立、优化策略等方面进行研究。基于正则化的图像超分辨率算法是一种基于重建的算法，本文主要从正则化模型的建立、正则化约束的形成、参数的调整等方面进行研究。本文的主要研究成果有：

①提出了一种基于交替 K-奇异值分解的双字典训练算法；

②提出了一种基于中频特征提取和全变分正则化相结合的图像超分辨率重建算法；

③为了充分利用低分辨率图像的不同色彩通道采集到的信息，提出了一种基于色彩自适应组合的超分辨率增强算法。

综上所述，本文围绕着基于稀疏表示和基于正则化的图像超分辨率重建方法展开研究，致力于采用合适的样本生成方法、字典训练模型、优化策略和正则化模型解决图像超分辨率重建过程中的诸多问题。本文提出了四种新的图像超分辨率重建算法。这四种算法都产生了较好的图像超分辨率重建效果，为该领域的研究提供了新思路。

分析：案例中先介绍了文章所做的工作以及各工作之间的联系，然后介绍所有的研究成果，用序号①②③中简单介绍每个工作，对成功的工作介绍其方法、过程和结论，最后一段总结所做工作和研究成果之间的关系。

4. 目录

学位论文必须要有目录，目录即论文的提纲。由于学位论文包含的内容较多，如果不借助目录，翻阅起来很浪费时间。一般学位论文的目录标注到三级标题即可。目录的每一级标题字体要有所不同。右端的页码注意要对齐。

举例：

目　　录

分析：如上案例所示，目录标注到三级，且每一级标题的字体有所不同。目录采用自动生成方式，故页码是靠右对齐的。

5. 主要符号表

如果论文中使用了大量的变量符号、标志、缩略词、专门计量单位、自定义名词和术语等，应将全文中出现的这些符号及意义用表格列出。如果涉及的符号和缩略词数量很少，可以不设专门的主要符号表，在论文中出现时加以说明即可。符号表一般单独一页放置，符号应全部采用法定单位，特别要严格执行《量和单位》(GB3100～3102-1993)的规定。单位名称的书写，可以采用国际通用符号，也可以用中文名称，但全文应统一，不要两种混用。

举例： 表 6.1 为符号说明表。

表 6.1　符号说明

符号名称	符号说明
MSE	均方误差
PSNR	峰值信噪比
HR	高分辨率图像
N	迭代次数
…	…

分析：案例中是一个符号说明的表格，可以将论文中的变量在表中列出。

6．绪论

学位论文的绪论应包括：研究的背景和意义、论文综述、主要研究内容和目标、算法的评价指标、论文的结构。

(1) 研究背景和意义。学位论文中的研究背景和意义需要使用约 800 字进行较为详细的叙述。

背景应包括以下几个方面内容：①该研究的简介；②该研究方向的初始情况；③该研究的应用领域。

举例： 在公安工作的历史和现实中，现代科学技术不仅是经济和社会发展的直接动力，也是推动公安工作不断发展的动力。随着监控设备的普及，图侦已经成为案件破获的重要手段，是继技侦、刑侦、网侦之后的第四大侦查技术。图像的分辨率是图像质量的重要指标，图像超分辨率是图侦的重要研究方向。从图像超分辨率算法模型的角度来说，目前已有的算法可分为三种：基于插值、基于重建和基于机器学习。其中，基于机器学习的图像超分辨率方法已经成为主流。

分析：案例介绍了图像超分辨率的应用场景、背景以及目前的发展情况。

研究的意义应包含以下几个方面：①该研究对于国民经济和提高人民生活水平的贡献；②该研究对于社会发展及精神文明建设的意义；③该研究对于国防和军事的意义。

举例： 图侦对重建犯罪事实场景、抓获犯罪嫌疑人、多警种合作、固定犯罪证据和突破嫌疑人口供等多个破案环节均能提供重要帮助。包含嫌疑人或者犯罪证据的图像和视频能否被有效利用，这与图像的质量有很大的关系。图像的分辨率是图像质量的重要指标，图像超分辨率是图侦的重要研究方向。根据我们以往协助公安系统办案的经验：由于许多监控画面中犯罪嫌疑人与监控探头的距离太远，画面分辨率过低，导致犯罪嫌疑人或物证的重要特征难以辨认，这个问题导致监控画面不能给案件破获提供足够的信息。因此，需要利用图像超分辨率方法为刑侦人员提供图像信息。

分析：案例分析了在刑侦中图像超分辨率的作用，表明了图像超分辨率研究的重要性。

(2) 论文综述。

学位论文中的论文综述应当像一篇独立的综述论文一样，要将该领域内的经典文章和最新发表的文章都涵盖进去，不可以漏掉一些重要文章。为了让读者有清晰的认识，对参考文献最好进行梳理和分类，给出分类的脉络图。这里注意与投稿论文的文献综述之间的不同之处。投稿论文的文献综述的主要目标是引出创新点，阐述创新点与以前发表的论文之间的不同之处。而学位论文中的综述除了要阐述自己的研究与以前发表的论文之间的关系外，还要充分回顾该领域整体情况、方法的大体分类、主要发展方向，体现对整个研究领域的掌控。

举例：图像超分辨率重建最早是由 Harris 等和 Goodman 等提出的。由于大量的细节信息在模糊和下采样过程中丢失了，仅仅能观察到低分辨率带噪声图像。因此，观察得到的数据远远少于需要恢复的数据。这就使图像超分辨率重建成为一个病态问题。由于模糊和下采样涉及许多非线性操作，因此要通过求解该非线性过程的逆过程得到高分辨率图像是非常困难的。为此人们提出了许多算法解决图像超分辨率重建问题，其分类情况如图 6.19 所示。图像超分辨率重建算法大体来说可以分为两类：一类是频域的处理方法，另一类是空域的处理方法……。

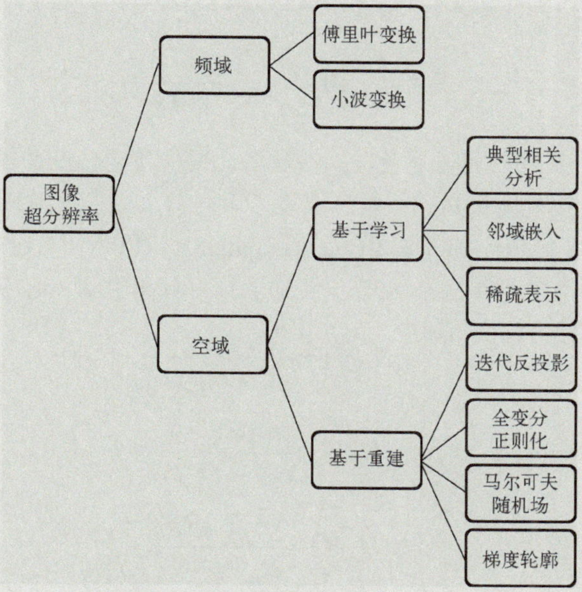

图 6.19 图像超分辨率重建算法的分类

(3)主要研究内容和目标。

学位论文的撰写需要体现研究生期间的主要研究内容及目标。

①在该领域内研究的具体内容包括哪些。这里的具体内容应当体现深层次的科学问题，而不是仅仅提高性能等工程问题。

②为什么要研究这些问题。这里强调研究这些问题对于解决技术瓶颈的重要意义。主要研究目标应包括：通过研究这些内容，需要解决什么问题，达到什么样的技术目标。

(4)算法的评价指标。

这部分介绍该领域算法的评价指标。具体将每个指标是如何得到的、计算公式是什么等内容描述清楚。

举例： 常用的图像质量客观评价方法主要包括均方误差(mean squared error，MSE)和峰值信噪比(peak signal to noise rate，PSNR)。均方误差首先计算原始图像 $\boldsymbol{H}$ 与超分辨率结果图像 $\hat{\boldsymbol{H}}$ 像素差值的平方和的平均值(值越小图像质量越好)，再通过该值来确定失真图像的失真程度。计算公式如下：

$$\text{MSE} = \frac{1}{l^x \times l^y} \sum_{0 \leqslant i \leqslant l^x} \sum_{0 \leqslant j \leqslant l^y} (\boldsymbol{H}(i,j) - \hat{\boldsymbol{H}}(i,j))^2$$

式中，l^x 为图像的长；l^y 为图像的宽；$\boldsymbol{H}(i,j)$ 为原始图像的像素值；$\hat{\boldsymbol{H}}(i,j)$ 为降质后的失真图像的像素值。

峰值信噪比是均方误差相对于 $(2^{n'}-1)^2$ 的对数值(信号最大值的平方，n' 是每个采样值的比特数)，单位是 dB，计算公式如下：

$$\text{PSNR} = 10 \times \log_{10}\left(\frac{(2^{n'}-1)^2}{\text{MSE}}\right)$$

考虑到 PSNR 反映的图像质量与人眼观察的图像质量情况并不完全相符，有时候 PSNR 较高者看起来反而比 PSNR 较低者差。因此，人们提出了结构相似度(structural similarity，SSIM)准则和特征相似度(feature similarity，FSIM)准则来估计图像的质量。

SSIM 综合考虑了亮度、对比度和相关系数，计算公式如下：

$$l(\hat{\boldsymbol{H}}, \boldsymbol{H}) = \frac{2\mu_H \mu_{\hat{H}} + C_1'}{\mu_H^2 + \mu_{\hat{H}}^2 + C_1'}$$

$$c(\hat{\boldsymbol{H}}, \boldsymbol{H}) = \frac{2\sigma_H \sigma_{\hat{H}} + C_2'}{\sigma_H^2 + \sigma_{\hat{H}}^2 + C_2'}$$

$$s(\hat{\boldsymbol{H}}, \boldsymbol{H}) = \frac{\sigma_{\hat{H}H} + C_3'}{\sigma_{\hat{H}} \sigma_H + C_3'}$$

$$\mathrm{SSIM}(\hat{\boldsymbol{H}},\boldsymbol{H})=[l(\hat{\boldsymbol{H}},\boldsymbol{H})]^{\alpha'}\cdot[c(\hat{\boldsymbol{H}},\boldsymbol{H})]^{\beta'}\cdot[s(\hat{\boldsymbol{H}},\boldsymbol{H})]^{\gamma'}.$$

式中，μ_H 为 $\boldsymbol{H}$ 的均值；$\mu_{\hat{H}}$ 为 $\hat{\boldsymbol{H}}$ 的均值，反映了图像的亮度信息；σ_H 为 $\boldsymbol{H}$ 的方差；$\sigma_{\hat{H}}$ 为 $\hat{\boldsymbol{H}}$ 的方差，反映的是图像的对比度信息；$\sigma_{\hat{H}H}$ 为 $\boldsymbol{H}$ 和 $\hat{\boldsymbol{H}}$ 的相关系数；$C_i'(i=1,2,3)$ 为常数；$\alpha'>0,\beta'>0,\gamma'>0$ 用来调整三个成分的相对作用。

分析：案例中给出了均方误差(MSE)、峰值信噪比(PSNR)、结构相似度(SSIM)等评价指标的具体计算公式及相应的解释。

(5)论文的结构。

这部分将论文的主要结构清晰呈现，例如，先做什么、后做什么，有哪些内容以及怎样安排，最后配上图片。

举例： 基于正则化的图像超分辨率重建算法中，本文主要研究模型的建立、参数的选择等问题。本文的主要创新成果如下：……。论文的主要安排如图 6.20 所示。

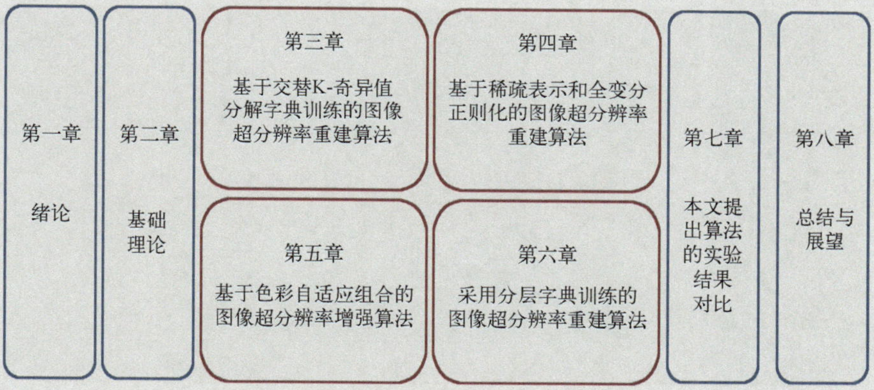

图 6.20 论文结构

第一章为……，第二章为……。

分析：案例介绍了论文的主要结构，解释了每部分做什么，并以示意图的形式给出了论文的框架。

7. 基础理论

学位论文中的“基础理论”作为单独一个章节出现，主要介绍所涉及的基础数学理论和相关方法。为了让学位论文可读性更强，学位论文的基础理论需要比投稿论文中的相关方法(第 8 章)叙述得更加详细，变量需要详细的定义。这里注意与投稿论文之间的差别，投稿论文为了控制篇幅和突出主题，需要对“相关方法”进行简述，并附上参考文献。如果读者通过阅读简述还是不清楚“相关方法”的具体情况，就需要下载参考文献进行阅读。而学位论文通过对基础理论的详细叙述，可以避免读者下载参考文献，减轻了读者的工作量。

举例： 最大似然准则为许多基于正则化的超分辨率重建算法提供了理论依据。最大似然准则的主要目标是求出以最大概率能够获得的已知低分辨率图像对应的高分辨率图像。使用贝叶斯公式可以将最大似然准则变化成最大后验概率准则。用公式可以描述如下[4, 150, 151]：

$$p(\boldsymbol{H}^t \mid \boldsymbol{L}^t) = \frac{p(\boldsymbol{L}^t \mid \boldsymbol{H}^t)p(\boldsymbol{H}^t)}{p(\boldsymbol{L}^t)}$$

对上式两边取对数可以得到[152]：

$$\widehat{\boldsymbol{H}}^t = \arg\max_{\boldsymbol{H}^t}(\log(p(\boldsymbol{H}^t \mid \boldsymbol{L}^t)) + \log(p(\boldsymbol{H}^t)))$$

假设噪声为高斯噪声，那么[136]：

$$p(\boldsymbol{H}^t \mid \boldsymbol{L}^t) = \frac{1}{\gamma_1}\exp\left(\frac{-\left\|\boldsymbol{\Psi}\boldsymbol{H}^t - \boldsymbol{L}^t\right\|_2^2}{2\sigma^2}\right)$$

式中，γ_1 为常数；σ^2 为噪声的方差。

关于高分辨率图像先验知识，可以使用如下形式表示：

$$p(\boldsymbol{H}^t) = \frac{1}{\gamma_2}\exp(-\Gamma(\boldsymbol{H}^t))$$

式中，$\Gamma(\boldsymbol{H}^t)$ 为正则化项。

那么就有

$$\widehat{\boldsymbol{H}}^t = \arg\min_{\boldsymbol{H}^t}\left(\left\|\boldsymbol{\Psi}\boldsymbol{H}^t - \boldsymbol{L}^t\right\|_2^2 + \lambda\Gamma(\boldsymbol{H}^t)\right)$$

式中，λ 为拉格朗日乘子。

许多学者根据自己对图像先验知识的理解设计了不同的正则化项 $\Gamma(\boldsymbol{H}^t)$。

迭代反投影算法[26]令 $\Gamma(\boldsymbol{H}^t) = 0$。因此上式变为

$$\boldsymbol{H}^{t,\mathrm{IBP}} = \arg\min_{\boldsymbol{H}^t}\left\{\left\|\boldsymbol{\Psi}\boldsymbol{H}^t - \boldsymbol{L}^t\right\|_2^2\right\}$$

式中，$\boldsymbol{H}^{t,\mathrm{IBP}}$ 为迭代反投影输出的高分辨率图像。

上式可以通过如下公式进行迭代优化：

……

分析：案例为某学位论文中对基于正则化的图像超分辨率模型的部分介绍，在写基础理论的介绍部分时，应该像上述案例一样，对模型方法尽可能地详细描述，让读者在不下载其他文献的情况下也能够看明白。

8. 介绍研究生期间所做的工作

接下来将要介绍文章所做了哪些工作，每个工作安排一个章节进行详细描述，描写方法与投稿论文的写法相似。每个章节中的引言与前面单独的引言的不同之处在于，和一般论文一样，此处的引言是通过介绍背景知识引出本章的创新点，每章的小结与投稿论文的结论写法相似。

由于学位论文中包含作者已发表论文的工作、未发表论文的工作，以及一些未完成的工作，在排列的时候，并不是按照开展这些工作的时间顺序或者论文发表的顺序进行。在介绍文章所做工作的几个章节中，应该把最重要的创新工作排在最前面，将各个工作按照创新程度从大到小、论文中的顺序从前到后排列。未完成或失败的工作也可以写在学位论文中，并且可以独立成章。可以分析自己是如何设计并开展实验的、失败的可能原因在哪里、还可能有哪些方法可以尝试。实验失败的可能性有很多种，一些读者可以借鉴失败的算法，稍稍修改一些细节就能够让实验获得成功。另外，一些失败的经验可以避免后续的科研人员走弯路。在学位论文的各个工作介绍章节中，与一般投稿论文相比可以更多地描述实验结果，包括一些失败的实验结果都可以进行描述并分析。

对于一般论文，有时候由于期刊版面的要求、发表的是会议或短文等，不能在论文中放较多的实验结果。但学位论文没有页数限制，可以将更多的实验数据放到论文中，以增加论文的可读性，便于读者重复实验。

在撰写中文学位论文的过程中，注意要将数据中所有的内容都用中文呈现。学位论文中可以介绍自己在期刊中已经发表的论文内容，有些同学发表的论文是英文的，在做学位论文过程中，仅仅翻译了正文部分，而图表、单位、数据等还是使用英文的，这是一种不规范的做法。

9. 自己所做的所有方法进行横向对比

一般学位论文都包含研究生的多项工作，在介绍完所有工作之后，需要用一个章节将前面所有算法的实验结果相互间做比较。首先总结前面做了哪些工作，以及相应的评价标准是什么。然后将实验所得数据以表格的形式展现，给出重要的实验结果图，再对比这些结果并加以说明。

举例： 本文提出了基于交替 K-奇异值分解字典训练的图像超分辨率重建算法、基于稀疏表示和全变分正则化的图像超分辨率重建算法、基于色彩自适应组合的图像超分辨率增强算法和采用分层字典训练的图像超分辨率重建算法。这些算法……。图像超分辨率算法的效果主要分为客观评价指标和主观评价指标。客观评价指标包括 PSNR 和 SSIM 值……。表 6.2 对比了本文所提出算法的 PSNR（第一行）和 SSIM 值（第二行）。

表 6.2　本文所提出算法的 PSNR 和 SSIM 值对比

测试图	交替 K-奇异值分解	稀疏表示+全变分	色彩自适应组合	分层 K 均值聚类
帽子	30.675	**30.808**	30.775	30.707
	0.8704	**0.8735**	0.8625	0.8559
树叶	**25.673**	25.605	25.464	25.569
	0.8783	**0.8894**	0.8837	0.8878

分析：案例中比较了学位论文中的四种方法的实验效果，以表格的形式给出了实验数据。

10．总结与展望

总结和展望是论文的最后一部分，先总结，再展望。学位论文中虽然在前面每个章节介绍的时候已经写了“本章小结”，但在最后还要将研究生期间的所有科研工作总结一遍。该总结与每章的“本章小结”的不同之处在于主要总结对于研究目标的达成度及评价。

举例： 本文以信号处理知识为基础，结合稀疏表示及正则化等数学背景，对图像超分辨率重建问题展开研究。主要成果如下：①……；②……。

然后写前景展望。对论文工作简要总结，分析研究现状和意义，介绍该技术的主要应用场景有哪些，提出该方面技术还存在哪些问题。展望部分要叙述一些自己的研究还没有解决的问题及自己的研究可以扩展到哪些其他研究领域。

举例： 图像超分辨率重建技术是一项应用广泛的技术，它的发展可以为模式识别、卫星遥感、医疗诊断、刑侦分析等领域提供更多条件。……但是有一些问题值得进一步研究：①……；②……。

11．致谢

学位论文都有“致谢”，这部分应感谢在科研过程中对自己有过帮助的所有人，可以是老师、同学、家人等。致谢不能在网上复制，一定要作者亲自写，表达心中的真情实感即可。一般致谢的对象有：

①对指导或协助指导完成论文的导师；

②对国家科学基金、资助研究工作的奖学金基金、合同单位、资助或支持的企业、组织或个人；

③对协助完成研究工作和提供便利条件的组织或个人；

④对在研究工作中提出建议和提供帮助的人；

⑤对给予转载和引用权的资料、图片、文献、研究思想和设想的所有者；

⑥对其他应感谢的组织和个人。

举例：

致　谢

丰富多彩的博士生生活即将结束，值此论文完成之际。衷心感谢在这几年博士求学过程中帮助过我的所有老师和同学。

感谢导师 xx 教授给了我学习机会，让我能够在西安交通大学这个瑰丽多彩的平台上增长见识，提高水平……。

感谢西安交通大学的师兄弟们在我学习期间对我的帮助……。

……

由于本人知识有限，本文在撰写过程中不免有疏漏。敬请批评指正！

感谢各位评审专家在百忙之中评审我的论文！

分析：案例中写格式可以给大家提供借鉴，即对要感谢的人用分段的形式进行叙述，这样看起来会更有条理。

12．参考文献

无论是学位论文还是一般论文，文后著录的参考文献务必实事求是。论文中引用过的文献必须著录，未引用的文献不得出现。应遵循学术道德规范，避免涉嫌抄袭、剽窃等学术不端行为。参考文献一般应是作者亲自考察过的对学位论文有参考价值的文献，不应间接引用。要引用最新的具有权威性的论文。

13．附录

附录是作为论文主体的补充项目，并不是必需的。可以放在附录中的内容一般包括：

①放在正文内过分冗长的公式推导；

②以方便他人阅读所需要的辅助性教学工具或表格；

③重复性数据和图表；

④非常必要的程序说明和程序全文；

⑤关键调查问卷或方案等。

14．攻读学位期间取得的研究成果

学位论文后应该列出研究生在攻读学位期间的研究成果，研究成果要与学位论文相关且确为攻读期间所取得的，一般包括：

①已发表或已录用的主要学术论文及已出版的专著；

②主要科研获奖；

③已获授权的发明专利；

④其他成果。

举例：

攻读学位期间的研究成果

[1]Xu Jian,Chang Zhiguo,Fan Jiulun,Zhao Xiaoqiang,Wu Xiaomin,Wang Yanzi. Image Super-resolution by Mid-Frequency Sparse Representation and Total Variation Regularization[J].Journal of Electronic Imaging,2015,24(1):013039.(SCI:00035046 6100040)

[2]Xu Jian,Qi Chun,Chang Zhiguo.Coupled K-SVD Dictionary Training For Super-Resolution[C].//IEEE International Conference on Image Processing(ICIP), Paris, France, Oct.27-30,2014:3910-3914.

[3]徐健,景明利,齐春,常志国.采用遗传算法的分层贪婪字典训练算法[J].西安交通大学学报,2012,46(4):18-23.(EI:20122015026468)

……

分析：如上述案例，在学位论文最后，需要将攻读学位期间获得的研究成果一一列出，并以单独的章节呈现。

第 7 章　科研论文的配图

制图是论文写作中的重要学习内容之一。很多科研工作者可能会有这样的体会：辛辛苦苦做出的实验结果最后不知道该怎样展示才好。很多读者阅读文章的步骤是题目、摘要、图表、前言、参考文献和正文。由此可见，图片的质量在论文中十分重要。在论文撰写过程中，需要认真设计和制作每一张图片，论文配图的好坏会影响读者对文章的印象和对文章内容的理解。本章将介绍科技论文的配图技巧及注意事项。

7.1　IEEE 期刊文章图片要求

论文里的配图，最重要的是要有自明性。自明性是指不看正文，只看图和图题就能明白图所表达的含义。图题的作用是介绍图形是如何画的、每一部分是什么意思。有些作者可能不习惯写很长的图题，但将图题详细描述是一种国际惯例，所以在投稿外文期刊的时候要注意这一点。写文章的时候要考虑怎样将内容聚焦和怎样节约读者的时间。图形中的所有元素都要清晰可见，避免分辨率不高而看不清楚。图中的字体要保持一致，图片格式、大小、颜色、字体、标签、命名等需要仔细看期刊要求。如图 7.1 所示，图题中对图片内容做了详细描述。

现在很多期刊对文章的配图都有严格要求。作为科研论文的“颜值担当”，图片不仅体现出了作者的作图水平，还会影响到论文的整体质量。在 IEEE 期刊论文的要求中，对论文配图的格式、大小、分辨率、颜色、字体、标签等都做了严格的规定。下面结合 IEEE 期刊论文中对图片的要求，介绍论文配图的注意事项。

1. 图片的类型

不同类型的图片，其要求有所不同，IEEE 期刊论文配图要求中一共介绍了以下几类图片。

(1) 彩色图和灰度图(color/grayscale figures)。这些图片可以是实验数据，也可以是辅助材料(有的图片根据实验要求需要进行灰度化)。如图 7.2 所示，左边是一张灰度图，右边是彩色图像。

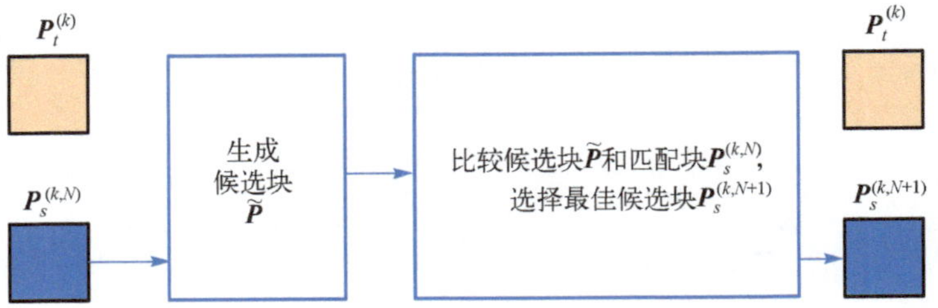

图 4　寻找最佳候选块过程示意图。假设测试块 $\boldsymbol{P}_t^{(k)}$ 经过了 N 次迭代后得到了匹配块 $\boldsymbol{P}_s^{(k,N)}$，然后对 $\boldsymbol{P}_s^{(k,N)}$ 随即震荡产生四个候选块 $\tilde{\boldsymbol{P}}$，（具体实现方式如 3.2 章节所述），然后比较候选块 $\tilde{\boldsymbol{P}}$ 和匹配块 $\boldsymbol{P}_s^{(k,N)}$，选择最佳的候选块记作 $\boldsymbol{P}_s^{(k,N+1)}$

图 7.1　论文配图

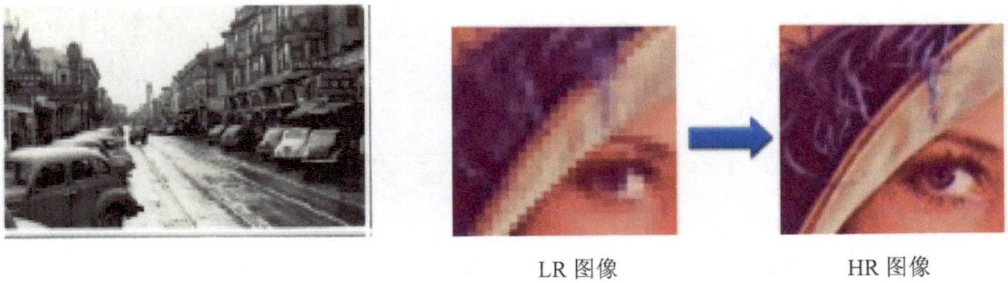

图 7.2　灰度图和彩色图

(2) 黑白线条图(line art figures)。仅包含黑白线条的图和其他几何图。如图 7.3 所示，为仅包含黑白线条、文字和符号的电路图。

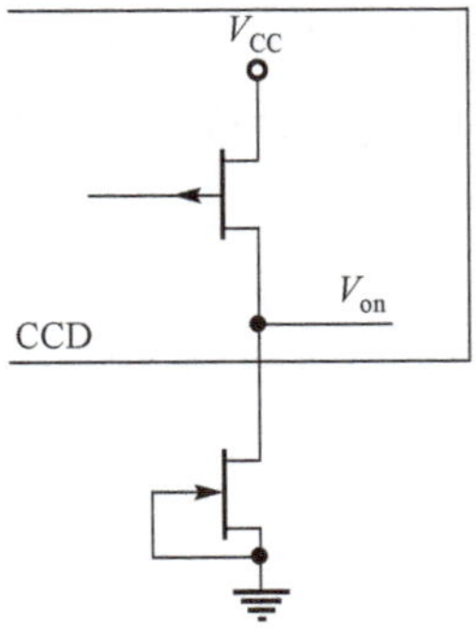

图 7.3　黑白线条图

(3) 作者照片(author photos)。论文最后介绍作者，需要附上照片，需要露出作者的头部和肩膀。如图 7.4 所示为论文中的作者照片和简介。

(4) 表格(tables)。大多用于展示实验数据。如表 7.1 所示，为论文中的表格。

Jian Xu received the B.S. and M.S. degrees in telecommunication engineering from Xi'dian University, Xi'an, China, and the Ph.D. degree from Xi'an Jiaotong University, Xi'an, China. She is currently an Associate Professor with the School of Telecommunication and Information Engineering, Xi'an University of Posts and Telecommunications, Xi'an, China, and a specialist with the Lab of Image Processing of Crime Scene Investigation Unit of Shannxi Province. Her research interests includes image processing and pattern recognition.

图 7.4　作者照片和简介

表 7.1　不同超分辨率重建算法的执行时间　　（单位：s）

图像大小	SRSC	本地回归	Zeyde	ANR	LRNE	SPM	本章算法
256×256	59.2	0.4	1.2	0.5	214.3	7.1	3.7
321×481	140.3	0.8	2.5	1.0	484.4	17.9	7.8
512×512	243.4	1.3	4.3	1.8	829.6	32.9	14.3

(5)包含多个子图的图形(multipart figures)。将多个子图按照一定顺序编号、排版，最后放在一张图上。子图要在 Word 上用标尺对齐，包括子图的标题也要相互对齐。如图 7.5 所示为论文中的组合图形，其中每个子图的大小一样，每个小标题位于子图中央，整齐排列。

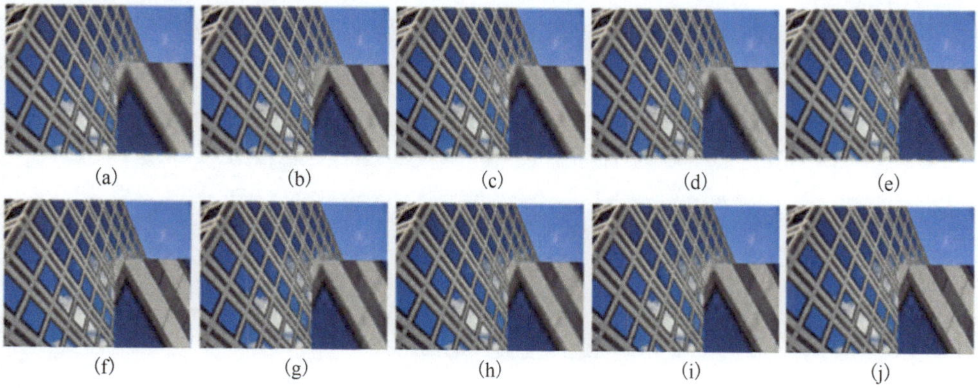

图 7.5　组合图形

2. 图片的格式

计算机的数字化图像分为矢量图和位图。矢量图是根据几何特性来绘制图形，矢量可以是一个点或一条线，矢量图只能靠软件生成。其特点是放大后图像不会失真，文件占用空间较小。位图也叫点阵图像或绘制图像，是由像素点组成的，这些像素点可以进行不同的排列和染色构成图样。其特点是放大后可以看见构成整个图像的无数个方块，扩大位图尺寸的效果是增大单个像素，会使线条和形状显得参差不齐。不过位图可以表示的色彩更加丰富，可以逼真地表示自然界各类事物，而矢量图则只能表示一些简单的图形。在实际中矢量图可以很轻松地转化为位图，而位图要想转换为矢量图必须经过复杂而庞大的数据处理，而且生成的矢量图质量也会有很大的出入。如图 7.6 所示，展示了矢量图与位图之间的差别。

(a)原图　　(b)放大后的位图　　(c)放大后的矢量图

图 7.6　位图和矢量图对比

论文中所有图片都需要转换成 PS\EPS\TIFF\PDF\PNG 等格式，如果使用了 Word/Excel/PPT 等工具创建源文件，需要将其转换为 pdf 格式。原因是这些图片是需要随着论文在网上提交的，这样可以保护图形免受跨平台处理文件时出现的格式变化的问题。如图 7.7 所示，可以在电脑中保存文件的时候直接将图片保存成为.png 格式，也可以用特定软件将图片转为其他格式。为了在不同计算机平台上保持图形的完整性，IEEE 论文要求图的格式必须为.eps、.pdf、.ps 等。

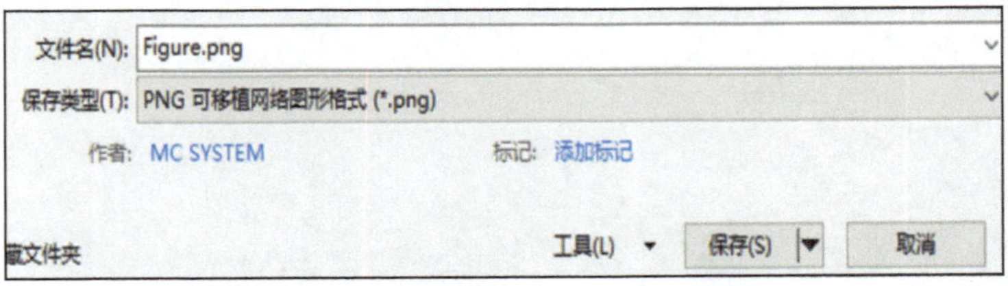

图 7.7　转换图形格式

以上格式中，PS 是 Photoshop 的专用格式。PS 文件可以存储成 RGB 或 CMYK 模式，可以自定义颜色数并加以存储，还可以保存 Photoshop 的图层、通道、路径等信息。EPS 是矢量图格式，是用 PostScript 语言描述的一种 ASCII 图形文件格式。该格式分为 Photoshop EPS 格式和标准 EPS 格式，其中，标准 EPS 格式又可分为图形格式和图像格式。值得注意的是，在 Photoshop 中只能打开图像格式的 EPS 文件。

很多研究者刚开始做实验的时候，一般是由 MATLAB 或者 Python 做出实验结果图，至少图像处理方向的同学常用的是这两个软件。但是用这两个软件做出来的图会有白色或灰色的背景，不能直接放到论文中。图 7.8 所示为用 MATLAB 做出的图形。

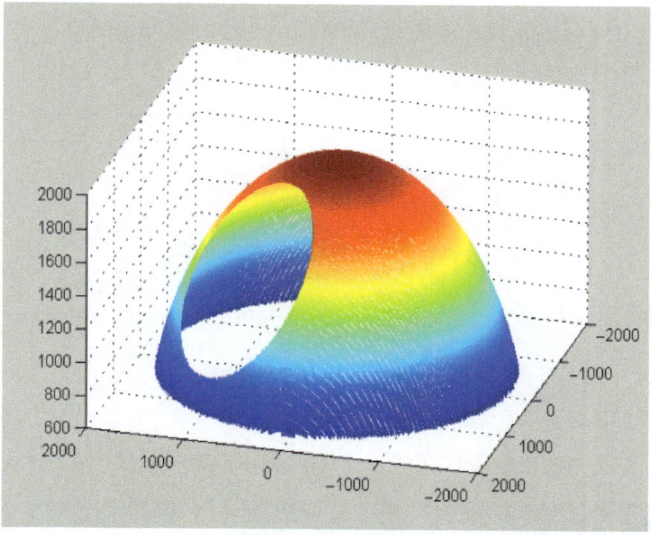

图 7.8　MATLAB 图形

遇到这样的情况，通常有两种方法，一种方法是在 MATLAB 中进行设置，可以在图形窗口设置或者通过代码设置，将灰色边缘去掉。另一种方法是借助其他软件进行加工。常用的加工软件如 Photoshop，可以用来进行转换格式、裁剪或缩放大小、抠局部图等。还可以用 Word 或者 Visio 来画流程图和排列子图，用 Illustrator 将图片转成矢量图等。如图 7.9 所示，是经过 PS 抠图后的数据图，去掉了周围的灰色边缘。

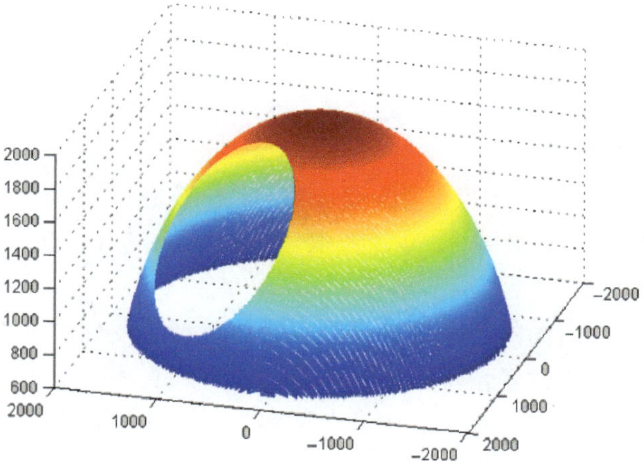

图 7.9　处理后的数据图

3. 图片的尺寸和大小

一般图片尺寸分为单栏(8cm 左右)和双栏(17cm 左右)。图 7.10 所示为单栏情况，图 7.11 所示为双栏图形。排版这类图片，由于组合后的图片可能很大，要注意不能“出栏”，即图片的左右两边不能超出页边距。

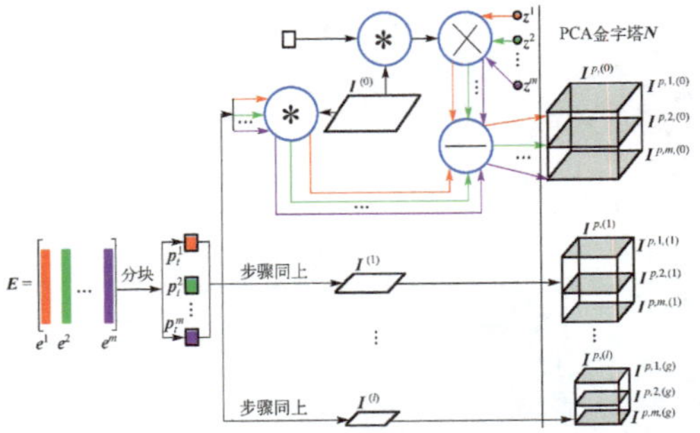

CPCA 算法

输入：

第 g 个 PCA 字典原子 e^g 和图像 $\tilde{I}^{(k)}$。

输出：

图像 $\tilde{I}^{(k)}$ 的第 g 层 PCA 特征图 $\tilde{I}^{p,g,(k)}$。

1. 将 e^g 转换为方阵 p_e^g。
2. 用 p_e^g 卷积图像 $\tilde{I}^{(k)}$ 并获得 $p_e^g * \tilde{I}^{(k)}$。
3. 用均值滤波器 f 卷积图像 $\tilde{I}^{(k)}$ 并获得 $f * \tilde{I}^{(k)}$。
4. 对 e^g 中所有元素求和并得到 $\bar{e}^g$。
5. 执行乘法操作，得到 $f * \tilde{I}^{(k)} \times \bar{e}^g$。
6. 计算 $\tilde{I}^{p,g,(k)} = p_e^g * \tilde{I}^{(k)} - f * \tilde{I}^{(k)} \times \bar{e}^g$。

图 7.10　论文中的单栏图(该论文分左右两栏，左边栏是图，右边栏是个算法)

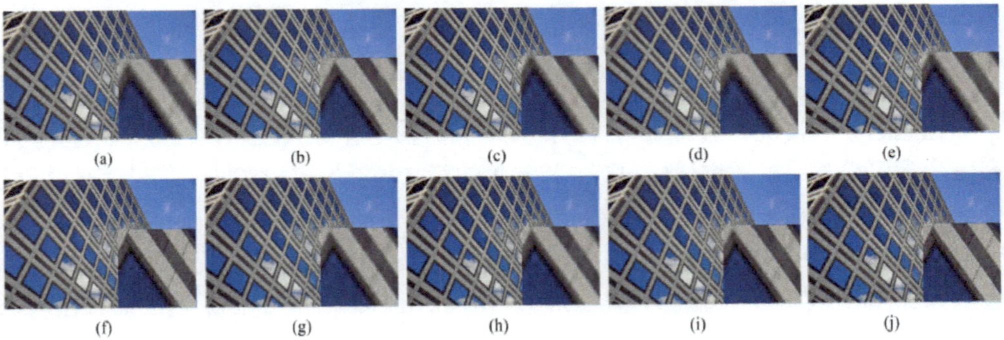

图 7.11　论文中的双栏图形

对图的大小要求，一般图表的宽度是 3.5 英寸(8.76cm)，高度不超过 8.5 英寸(21.59cm)，如图 7.12 所示。

作者照片的尺寸一般是宽 1 英寸，高 1.25 英寸。如果是发表在期刊上的文章，作者照片尺寸为宽 1.59 英寸，高 2 英寸。图 7.13 所示为一般论文的作者照片。

注意，放在论文后面的照片要选择外表得体、形象友好的，如一张面带微笑的照片会更有亲和感，给读者留下良好的印象。照片跟真人不能有太大差别，最好不要使用浓妆的艺术照，避免如果有读者在现实中见到作者本人发现差距很大，会认为作者不诚实。

宽：3.5 英寸

数据集	评价指标	双三次插值	外部学习 1							自学习	
			VDSR	A+	SR-CNN	LAPSRN	EDSR	SRFeat	Huang	Traditional TV	本文算法
Urban100	PSNR	21.8044	23.8359	22.9983	22.8054	**23.8630**	22.0020	23.1785	23.4530	22.6049	22.7547
	SSIM	0.6346	0.7353	0.6997	0.6847	**0.7387**	0.6514	0.7113	0.7204	0.6842	0.6913
	GMSD	0.1575	0.1062	0.1227	0.1280	0.1052	0.1400	**0.1008**	0.1113	0.1317	0.1285
	BIQA	0.2814	0.5627	0.4481	0.4242	0.5599	0.5226	**0.7598**	0.4722	0.5115	0.5223
	time cost	**0.0060**	0.3062	3.2473	28.3236	0.2915	0.7430	1.3070	428.3106	23.3339	23.9773
Set5	PSNR	27.1300	30.1160	29.0917	28.8023	**30.2831**	26.8225	28.7879	29.0522	28.5793	28.7309
	SSIM	0.7935	0.8714	0.8487	0.8373	**0.8740**	0.7825	0.8286	0.8496	0.8370	0.8422
	GMSD	0.1042	**0.0524**	0.0683	0.0731	0.0533	0.0969	0.0564	0.0680	0.0759	0.0734
	BIQA	0.2346	0.3609	0.2614	0.3296	0.3569	0.3252	0.3821	0.3346	0.5233	**0.5320**

图 7.12　论文中的图表要求

图 7.13　论文中的作者照片

4. 图片分辨率

论文中图片的分辨率根据不同的图片类型有不同要求，大致分为两类，其中，彩色图、灰度图、作者照片等至少为 300dpi，包括表格在内的线条图的分辨率至少为 600dpi。分辨率的单位有 dpi、ppi 以及其他。dpi 和 ppi 同为图像分辨率，但 dpi 是指打印分辨率，即每英寸所能打印的像素点数；而 ppi 是图像的采样率，即每英寸所包含的像素数目。打印尺寸、图像的像素数与打印分辨率之间的关系可以利用计算公式加以表示：图像的横向(竖向)像素数=打印横向(竖向)分辨率×打印横向(竖向)尺寸。图 7.14 和图 7.15 所示为不同图像的分辨率。

图 7.14　分辨率为 300dpi 的作者照片

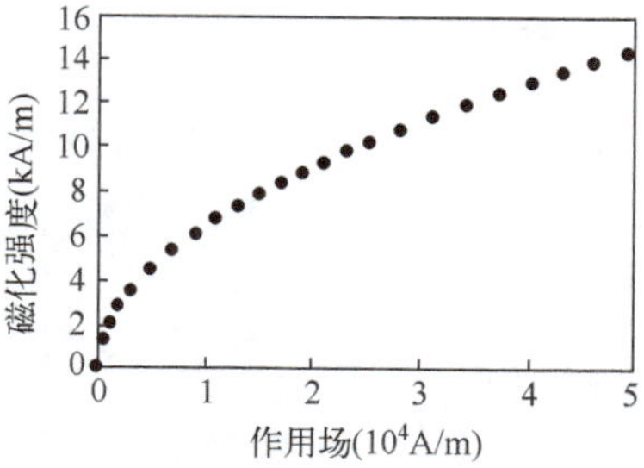

图 7.15　分辨率为 600dpi 的图形

5. 色彩空间

色彩空间是指可以在所述介质内表示的所有色彩的总和。IEEE 论文标准中介绍了灰度空间、RGB(红/绿/蓝)、CMYK(青色/品红/黄/黑)三种色彩空间，其中，灰度空间用于灰度图像；RGB 用于屏幕图像；CMYK 用于打印图像。对于线条图可以选择灰度空间或者位图颜色空间，如果选择位图颜色空间需要使用.png/.tif/.tiff 等格式，如图 7.16 所示。

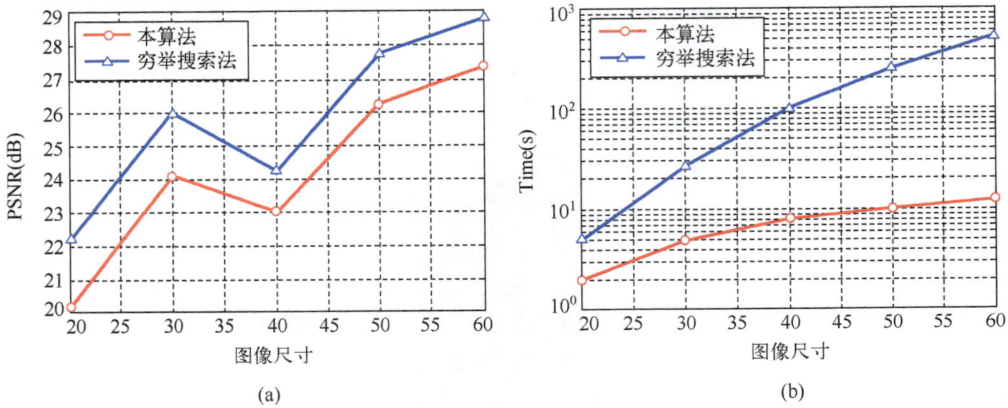

图 7.16　使用位图颜色空间的线条图

6. 图片内字体

在一篇论文中，所有图片内的字体应该统一。IEEE 推荐使用英文字体：Times New Roman、Helvetica、Arial、Cambria 和 Symbol。Arial 与 Times New Roman 相比，Arial 字体的横竖笔画一样粗，在图片进行放大缩小的过程中，不容易让某个笔画太细。而 Time New Roman 字体中的笔画粗细不一样，例如“T”，是横线细竖线粗，“N”是竖线细斜线粗。如果进行图片放大缩小，就有可能将细线压得更细，导致看不清楚。如图 7.17 所示，图片中的英文字体应保持一致，各种变量符号的字体也与英文字体一致。

7. 图形标签

对于曲线图、条形图、点状图等通常需要设置坐标轴和轴标题，如图 7.18 所示。当数据种类较多时，轴标签容易产生混乱，所以在设计图形的时候要注意以下几点。

(1) 坐标轴命名使用文字或文字加符号。例如，使用“磁化强度”或“磁化强度 M”命名轴标签，而不仅仅是使用单独的一个“M”。

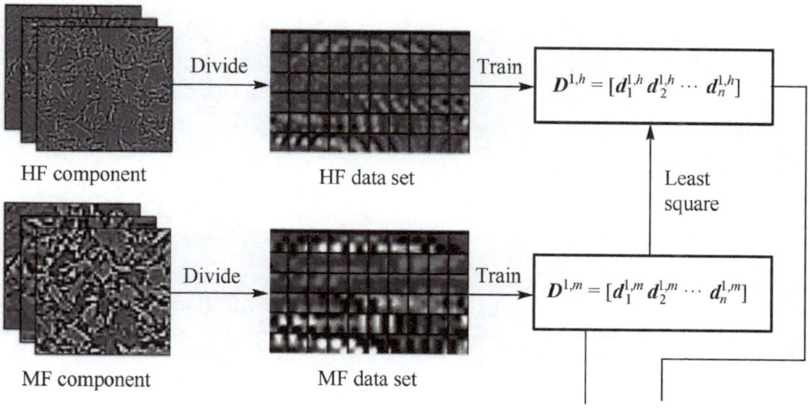

图 7.17　论文图片上的字体

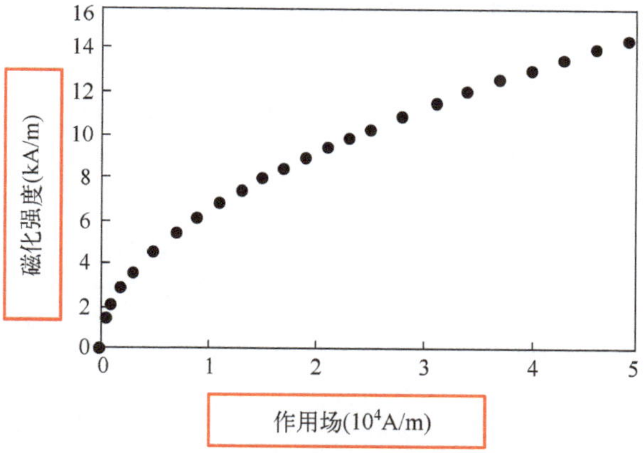

图 7.18　带标签的图形

(2) 轴标签的单位放在括号中。例如，某坐标轴的标签为“磁化强度 (A/m)”。

(3) 计量单位不要用斜杠，要放在括号中。例如，将轴标签写成“Temperature (K)”，而不是“Temperature/K”，斜杠可能会被读者误认为是比例。

(4) 论文图形的轴标签中不要写乘号，可以换算成大单位。例如，轴标签写成“磁化强度 (kA/m)”，不要写成“磁化强度 (A/m) ×1000”，因为读者不知道图中的轴标签是 16000 A/m 还是 0.016 A/m。

有的作者习惯在图题上对图形的坐标轴进行说明，但这样不方便读者查看，最好在图形上标注出来。并且，为了不影响读者阅读，图形刻度的疏密程度要控制好，不能让相邻两个数字距离太近。

对于数据线要注意符号、颜色的区分以及兼顾黑白打印。如图 7.19 所示，图中的数据线为蓝色和红色，但黑白打印后全变成黑色，无法区分。

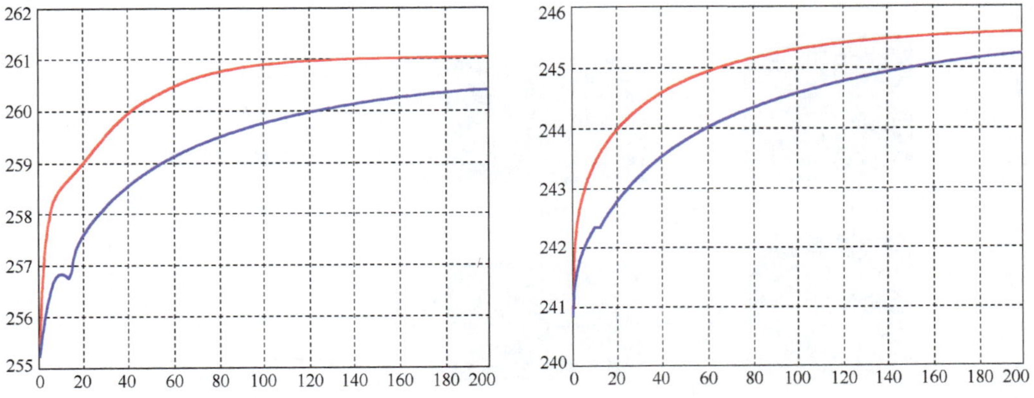

(a) 不同迭代次数的PSNR(3倍)　　　　(b) 不同迭代次数的PSNR(4倍)

图 7.19　彩色数据图

为了避免黑白打印后不能区分数据线的情况，对于一些用了不同颜色区分的数据线，可使用不同的线形。如图 7.20 所示，图中有红色和蓝色两条数据线，红色数据线用带有三角形的线型画出，蓝色数据线是用带有圆圈的线型画出的，这样即便是最后用黑白打印出来，也能够分辨。最后，在左上角用图例标出哪个线型代表哪个数据。

除此之外，还有组合图中的子标题，有多个子图组成的图形的标签应以类似 (a) (b) (c) 的格式编号，编号的字号大小根据子图大小调整，编号在相应子图下方居中的位置。如图 7.21 所示。

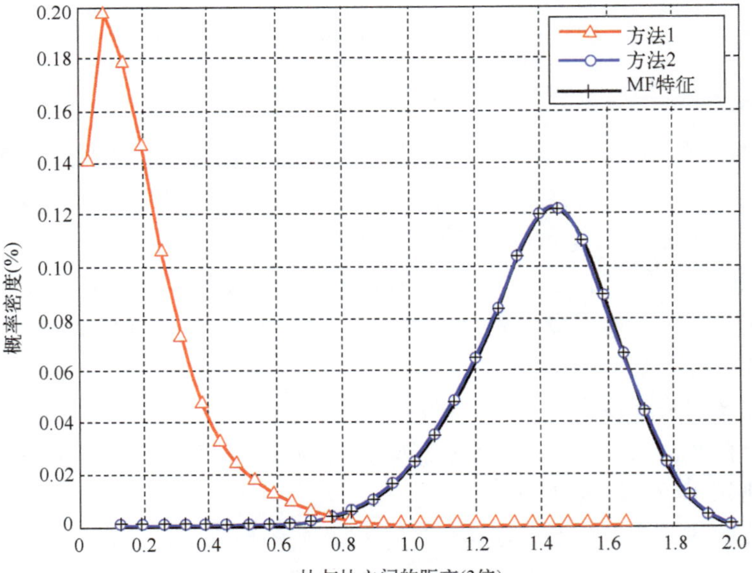

图 7.20　不同线型的彩色数据图

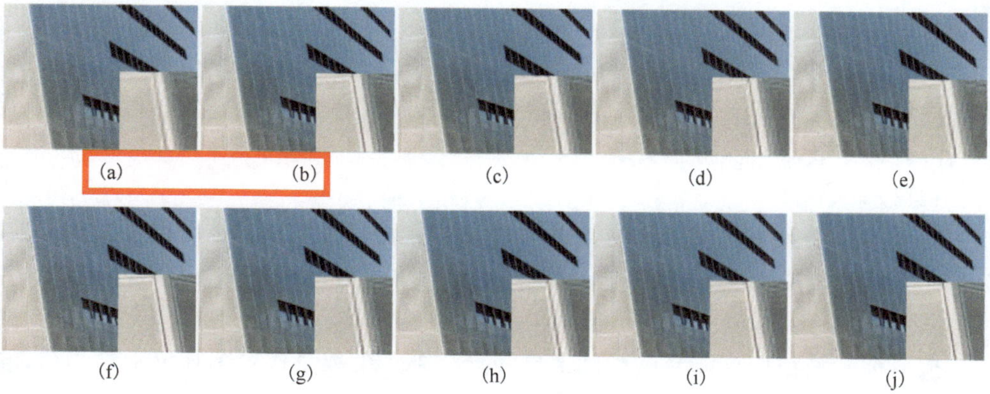

图 7.21　组合图的子标签

8. 图片标题

论文的图片都要有一个标题，包括子图标题和主图标题。标题要求有自明性，让读者不用看正文就能理解图片内容。图片标题整体要求简洁明了，用尽量简洁的语句描述。需要注意的是，主图和子图都要有图题。论文中每个图都必须要有标题。标题的格式一般是主图的图题在前，子图的标题在后。有的期刊也要求把子图的图题放在每个子图的下方。如图 7.22 所示，“图题为：穷举搜索算法和提出的算法(4x)的 PSNR 和时间成本对比。(a)不同块大小的 PSNR。(b)不同块大小的时间成本”。

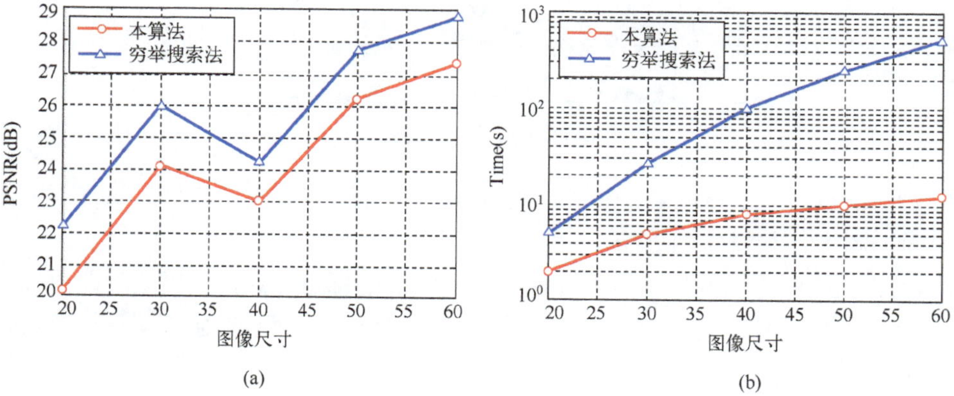

穷举搜索算法和提出的算法(4x)的 PSNR 和时间成本对比。(a)不同块大小的 PSNR。(b)不同块大小的时间成本

图 7.22　图片标题

9. 图的编号

论文中的图片除了有图题之外，还要有编号，编号用于在文中引用图片或者在文中提到某个内容时能够跟图片相对应。编号有整体编号、按章编号和按节编号，在论文中编号的方式也应该统一。

(1)整体编号。

在中文论文中，编号如图 1、图 2 等。在英文论文中，编号如 Figure 1、 Figure 2 等，也可以缩写成 Fig.1、Fig.2 等。英文编号是否需要缩写具体看期刊的要求，若期刊没有特定要求，保持全文统一即可。

(2)按章编号。

编号第一个数字代表图片位于第几章，如图 2-1、图 2-2，图 2.1、图 2.2，Fig. 2-1、Fig. 2-2 等。注意按章标号的格式也要全文统一。

(3)按节编号。

按节标号是在按章编号的基础上再细分，第一个数字代表图片位于第几章，第二个数字代表图片位于第几节，如图 2-1-1、图 2-1-2，图 2.1.1、图 2.1.2， Fig. 2.1.1、Fig. 2.2.2 等。

此外，对于表题的编号，一般国际期刊要求用大写字母并以罗马数字编号，如 TABLE I、TABLE II 等。

以上所有的编号都可以设置成自动编号，自动编号后可以在文章中直接跳转到相应图片或表格的位置。图片或表格的编号方式如下。

①编号。首先将光标定位到要插入编号的图片下面，然后点击工具栏的“引用”，再点击“题注”下面的“插入题注”，如图 7.23 所示。

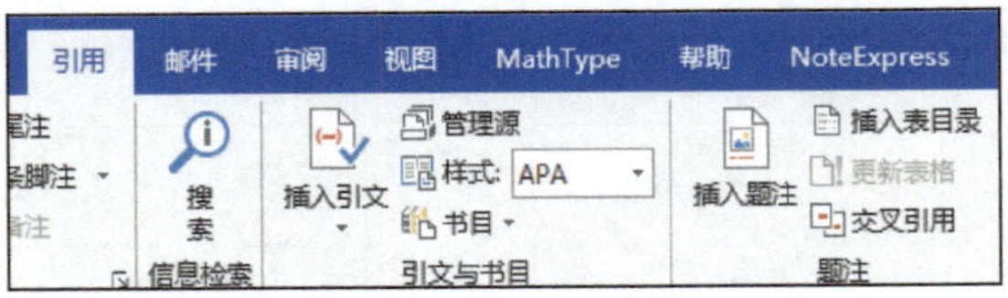

图 7.23　插入题注

然后，点击“新建标签”按钮，并编辑想要的标签格式，例如，第 1 章的图片标签为：图 1-，如图 7.24 所示。

在图 7.25 的“标签”选项处选择刚刚编辑好的标签，点击“确定”即可插入所选标签格式的编号，选中编号过的图号后该部分是深灰色的则说明编号成功，如图 7.26 所示。

②交叉引用。首先将光标定位到文中想要引用图片的地方，然后在“引用”菜单下找到“题注”选项卡，点击其中的“交叉引用”，出现如图 7.27 所示的界面。在“引用类型”处选择被引用图形的编号，在“引用内容”处选择引用的内容。引用内容可以选择只引用编号，也可以选择只引用题注文字。

选择好之后点击“插入”，就完成了交叉引用。如图 7.28 所示，在文中交叉引用的部分选中后会变成深灰色。按住电脑上的 Ctrl 键并用鼠标点击深灰色处，光标就能跳转到相应的图片处。到此，就完成了对一张图片的编号和交叉引用。

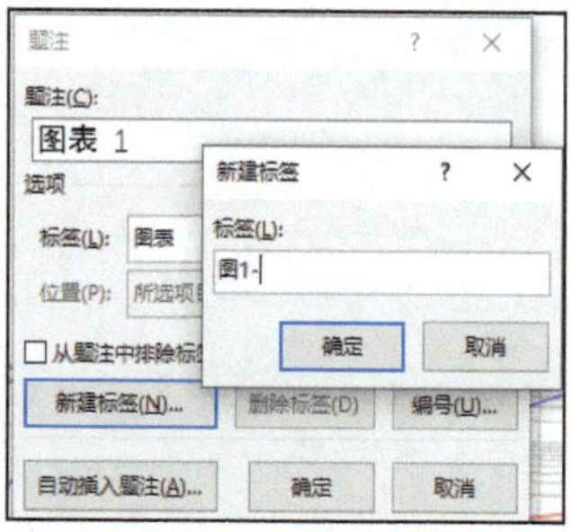

图 7.24　新建图片编号标签

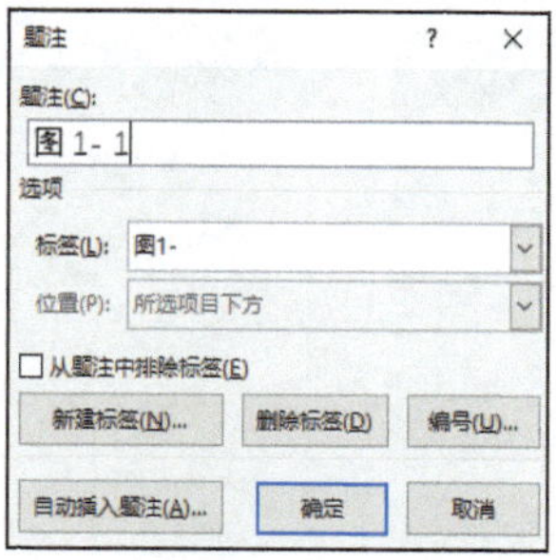

图 7.25　选择标签

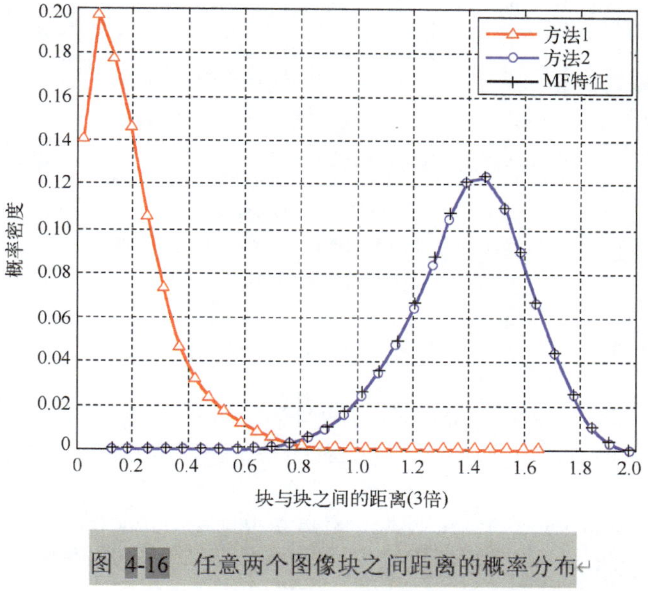

图 7.26　插入编号

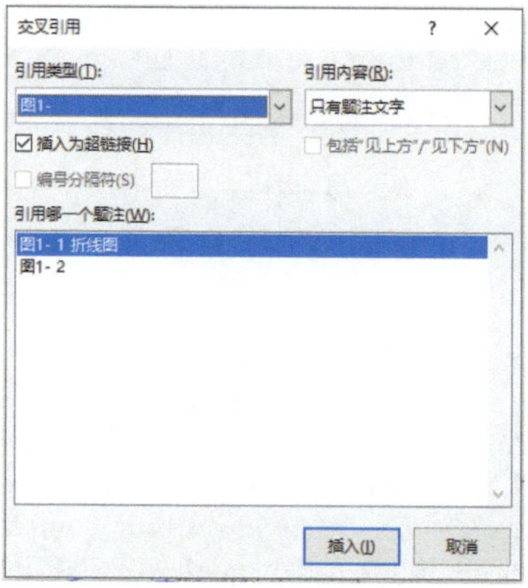

图 7.27　交叉引用设置

图 4-16表示了该图像集合中的所有特征向量两两之间的距离。

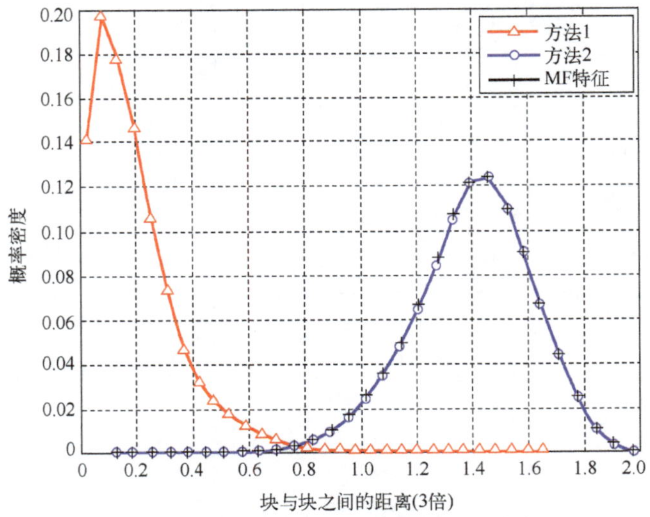

图 4-16　任意两个图像块之间距离的概率分布

图 7.28　交叉引用

10. 文中引用

在英文论文中，当提到某图形时需要对图片进行引用，此时图形编号需要首字母大写，例如："as seen in Figure1"，或者缩写"Fig1"，如图 7.29 所示。

only one face. SPM detects all of the faces, but one false area is circled. Zeyde's method and the proposed method correctly detect all of the faces without false detection. Figure 27 is a photo shot in the Chinese Qing Dynasty. The imaging devices in that period are much worse than those of today. There are 11 faces in the photo. Only four faces are detected from the ordinal LR image. It is obvious

图 7.29　文中引用图片

当提到某表格时，需要对表格进行引用，文中的表格应该首字母大写并以罗马数字编号，如图 7.30 所示。

Table II shows the PSNR, SSIM and required time cost of all algorithms. For the Urban100 database, our algorithm performs better than the others do, except for the VDSR algorithm and LAPSRN algorithm. Compared with the other self-learning algorithms, our algorithm has lower time complexity. For the Urban100, our algorithm has the highest PSNR in self-learning

图 7.30　文中引用表格

如果论文中引用到别人的图片，但图源不清晰，则需要自己重新绘制。如果使用了别人的数据，需要标注“data from ref. xxxxx.”。

11. 文件命名

(1) 当使用 LaTeX 进行论文撰写时，论文的文字代码和图片是单独的文件，因此论文中涉及的所有图片文件都需要进行命名，不同类型的图形有不同的命名方法，一般有以下方式。

①按照期刊内出现的顺序：Fig.1.eps、Fig.2.eps 等。

②使用标题 (caption) 的缩写进行命名：Flowchart.eps，Extract_Mid_ Frequency.eps 等。这种方式可以帮助作者和读者按照内容更加有针对性地寻找图片。

通常.eps 格式的图片不能直接看到里面的内容，要放大后才能看清楚。缩略图在 Windows 系统上也不能预览，只有用 LaTeX 编译之后才能看见，本书第 9 章将介绍 LaTeX 排版软件的使用方法。在 IEEE 的期刊要求中，对图片文件的命名有更详细的规定。

(2) 图片 (线条图) 应以作者姓氏的前 5 个字母开头，后面加上该图片在文章中的顺序数，最后加上图片的格式。例如，在作者“Anderson”的论文中，前三个图片将被命名为：Ander1.tif，Ander2.tif 和 Ander3.ps。

(3) 表格命名与图片类似，只是在作者的姓名和表格编号之间插入“.t”。例如，在作者“Anderson”的论文中，前三个表格将命名为：Ander.t1.tif，Ander.t2.ps 和 Ander.t3.eps。

(4) 作者照片使用作者姓氏的前五个字母来命名。例如，一篇论文的四张作者照片可能被命名为：oppen.ps，moshc.tif，chang.eps 和 duran.pdf。

如果两位或多位作者的姓氏相同，则可以用其姓氏的前三位与名字的前两位的组合来命名。例如，两位作者迈克尔·奥本海默 (Michael Oppenheimer) 和莫妮卡 • 奥本海默 (Monica Oppenheimer) 的照片将分别命名为 oppmi.tif 和 oppmo.eps。

以上是 IEEE 对图片文件命名的要求。投稿前一定要先查阅期刊的相应要求，做好这些细节会让编辑对作者产生好印象。

12. 配图检查

在论文最后提交前，应该对所有配图进行检查，看是否都满足期刊的要求。在 IEEE 中，给作者提供了图形分析器，直接将图片提交到上面，可以帮助检查图片是否合格。在线工具位于 http://graphicsqc.ieee.org/上，可以检查每个文件的格式、分辨率、大小和色彩空间是否正确、有没有字体丢失或损坏等。在软件自动检查结束时，将为作者提供有关 Web 小程序中每个图形以及电子邮件的详细报告，更多信息可通过 graphics@ieee.org 联系 IEEE 图形服务台进行了解。

13. 论文配图的提交

在提交论文的时候，一般要求将图片和表格单独提交。在此需要注意的是，若是表格，需要将表格和表题分开，不能把表格和表题变成一张图片提交上去，若是图片，同样也要把图题和图片分开。如图 7.31 所示，表题和表格是分开的。因为表格和图片提交以后，编辑可能还会对其进行更改排版，若和标题连在一起，编辑就不方便更改。IEEE 编辑一般会对所提交的论文进行重新排版，所以在投稿之初，论文的所有配图、配图标题和表格都可以放置在论文的末尾。

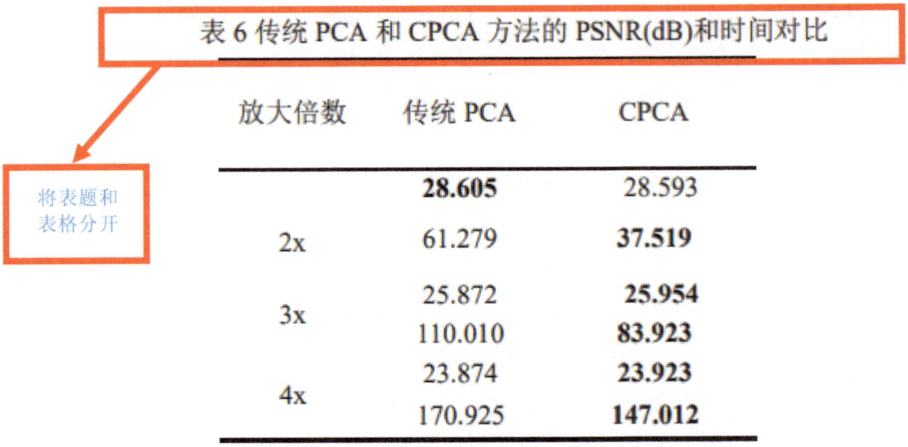

表 6 传统 PCA 和 CPCA 方法的 PSNR(dB)和时间对比

放大倍数	传统 PCA	CPCA
	28.605	28.593
2x	61.279	**37.519**
3x	25.872	**25.954**
	110.010	**83.923**
4x	23.874	**23.923**
	170.925	**147.012**

图 7.31　跟随论文提交的表格

14. 配图的颜色处理/打印

在大多数期刊中，如果作者选择以彩色方式打印图和表，可能需要额外付费。并且，如果要打印彩色版，需要在最终论文中表明希望以这种方式处理哪些配图或表格，并说明自己愿意支付额外的费用，或者直接跟编辑沟通。

7.2 常用图形

1. 流程图

流程图是一种以特定的符号说明算法过程的图形。它在一些技术设计、工作步骤及商业简报等领域应用较为广泛，通常用一些图框来表示各种类型的操作，在框内写出各个步骤，然后用带箭头的线把它们连接起来，以表示执行的先后顺序，用图形表示执行步骤，直观形象，易于理解。用流程图来展示算法是一种比较好的方法，有助于读者对算法的掌握。

流程图首先要让读者能读懂，其次是要表现出所提方法的不同之处。画图的时候注意元素大小、粗细应该一致，色彩简单协调，尽量使用和谐的颜色。在流程图中，其元素尽量使用简单的几何图形，在流程的表达上要有逻辑，变量定义要与原文一致。如图 7.32 所示，此流程图中仅用了圆圈、圆角矩形、箭头等元素，蓝色和黄色搭配看上去也很和谐。Microsoft Visio 是常用的流程图绘画软件之一，里面有流程图的元素。在计算机程序流程图设计中规定了不同形状的原件作为特定的功能件，如输出用菱形框图，但是在论文中不建议大家这样画，这样会让图形看起来不美观，而且容易变得不整齐。

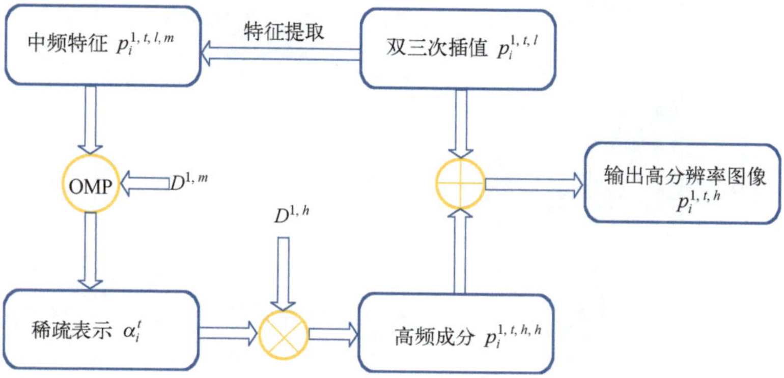

图 7.32 流程图

1) 格式设置

一般期刊对图片格式都有一定的要求，如图形大小、分辨率之类的要求。如果期刊要求中指定了流程图的长和宽，那么就必须按照要求进行设置。在 Word 中选中图片就可以用数字调整图形大小，如图 7.33 所示，可以设置图形的长和宽。

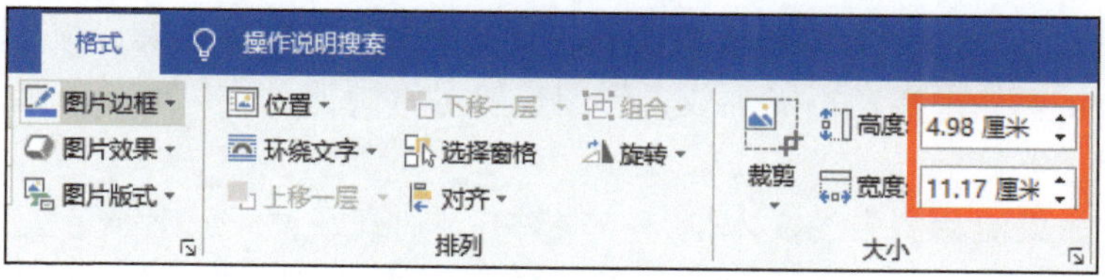

图 7.33 图形大小设置

还可以设置对齐方式，设置原则是让内容与图片的排版看起来美观、和谐。选中图片，点击“格式”就可以设置对齐方式，如图 7.34 所示。在调整图形长宽和格式的时候，切忌乱拉。有的同学乱拉之后，自己看起来是对齐了，其实并没有对齐。这类问题会被细心的审稿人或读者发现，他们会认为作者不严谨。

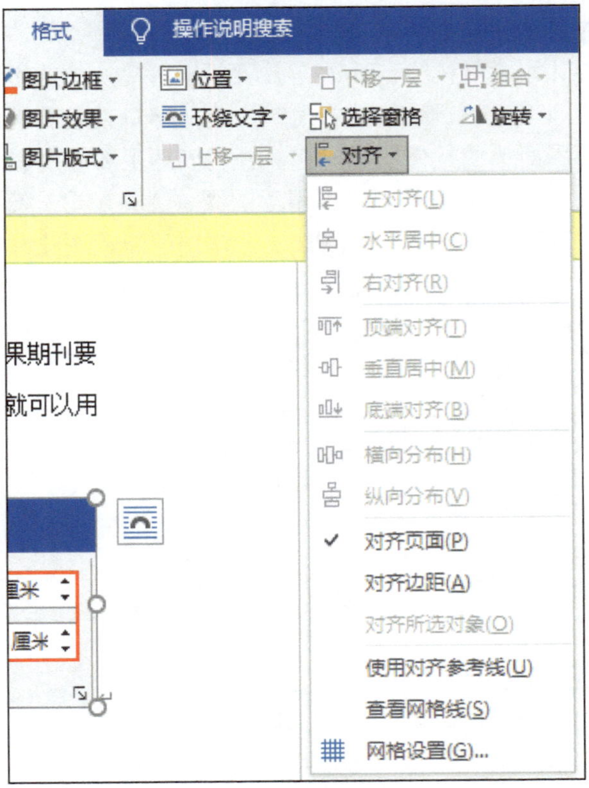

图 7.34　图形对齐方式设置

2) 图片形状要求

对于论文中的流程图，需要进行精心设计，其中的小框图不能随意摆放，既要兼顾算法的清楚描述又要兼顾美观。首先，论文的配图需要与文字放在一起，文字的每一段大体为方形，打印文字的纸张一般也为方形，因此图的整体轮廓也应为方形。方形图片视觉上会更加整洁和规范，跟文字段落搭配更和谐。流程图是按照算法步骤来画的，如果实在不能画成方形图也要尽量画得对称。图 7.35 所示为方形流程图示例。

其次，如果流程图中的文本框是一端对齐，则最好设计成上小下大、上窄下宽。因为这样的图形看上去给人一种稳固的感觉。此外，流程图中的框和图，能对齐的框都尽量调整对齐；一幅图中使用的箭头的形状和粗细必须一致，不要各具特色；所有箭头都要方向正确，在一条线上的箭头要对齐；流程图中箭头上的说明文字都要正确标注；在颜色的使用上，不同类型的框最好用颜色区分，并合理搭配色彩，如图 7.36 所示。

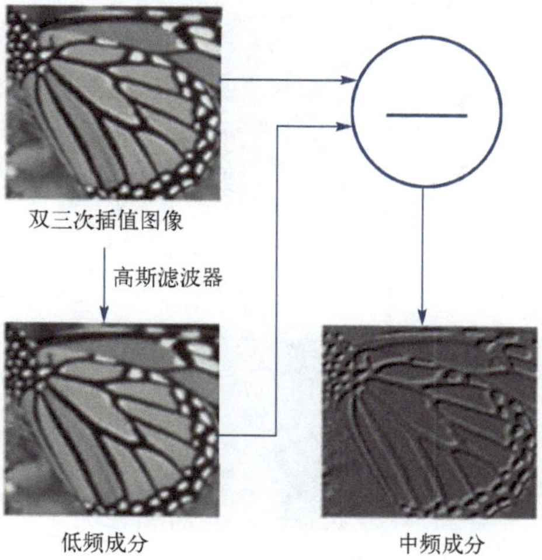

图 7.35　方形流程图

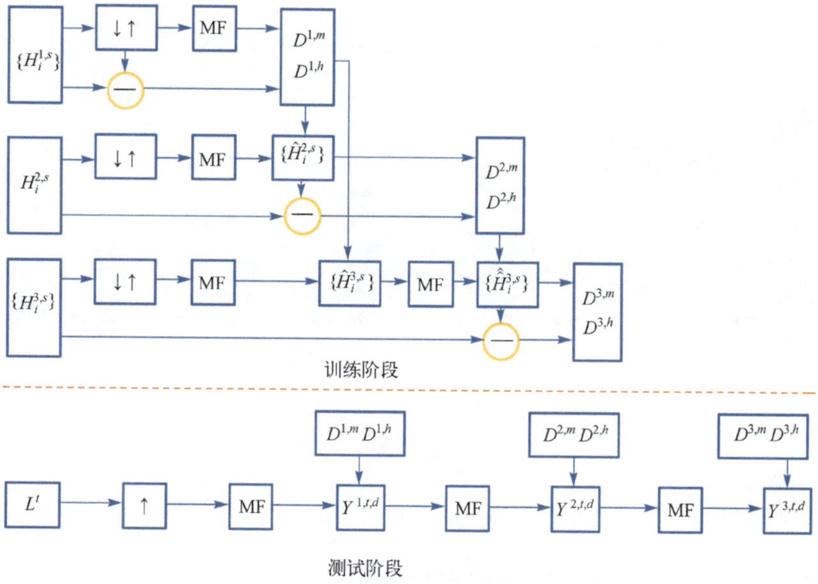

图 7.36　一边对齐的流程图

若需要在论文或者项目申请书里加流程图，注意不能在正文中留太多空白。空白太多会给人留下不好的印象，严重的可能会让评委觉得作者不太诚实，有拼凑页数的感觉。

3) 内容设计

一般的流程图是文字、操作框和箭头的搭配，还可以在此基础上进行创新，设计出一幅具有内容特色的流程图。在设计流程图的过程中，应该遵循以下原则。

(1) 流程图的设计尽量形象化。流程图不仅限于文字，如果能够配上实验过程中

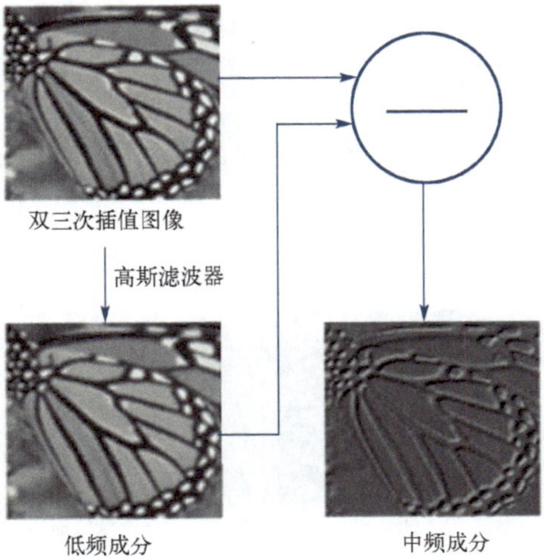

图 7.37　包含实验材料的流程图

的数据会更加生动形象，有助于读者对算法的理解。如图 7.37 所示，读者在观看流程图的同时，还能够观察到每个步骤的输出结果。

(2)包含整个流程，不能有缺失的环节。实验的每一个环节在流程图中都应该得到体现，流程图包含算法的完整过程。

(3)在流程图中体现创新点。整个论文都要围绕创新点，流程图中应该把创新的部分展示出来，要使读者能够明确看到创新点。

(4)流程中的文字标注。流程图中的文字标注要尽量简洁、准确。兼顾逻辑性和对称性，帮助读者对复杂的流程进行理解，如图 7.38 所示。

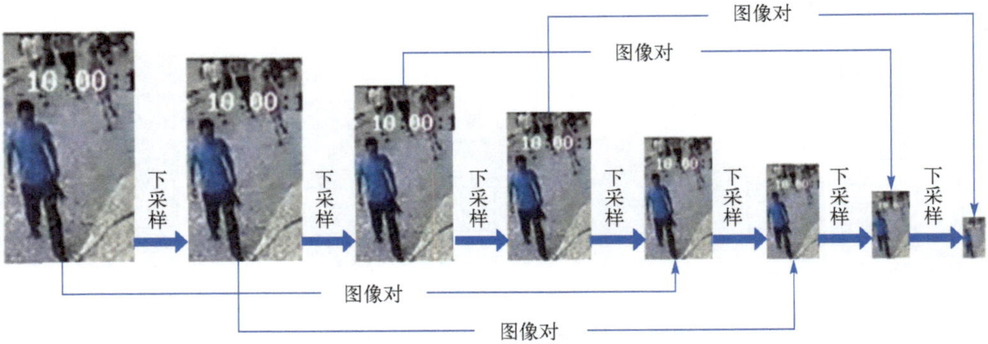

图 7.38　流程图中的文字说明示例

2. 实验结果图

用图形或表格来展示实验结果是科技论文写作中常用的方法。论文中实验结果图要求直观、准确和清晰，要标明横轴、纵轴标签以及图例，如图 7.39 所示。

曲线图要控制线型的粗细，如果太细的话打印出来可能不清楚，横坐标、纵坐标的名称也要能够清晰可见。图 7.40(a)是 MATLAB 的默认绘图格式，字体太小，不适合直接放到论文中，图 7.40(b)是字体放大的图形。此外，坐标轴刻度的疏密程度也要控制好。

例如，图 7.40(b)参数设置如下：线型粗细：plot(t,imag(y),'linewith',2)；字体大小：Set(gca,'fontsize',18)；横坐标名称：xlabel('time(s)')；纵坐标名称：ylabel('amplitude (a.u.)')；横坐标刻度：(gca,'xtick',[−0.08 −0.04 0 0.04 0.08])。

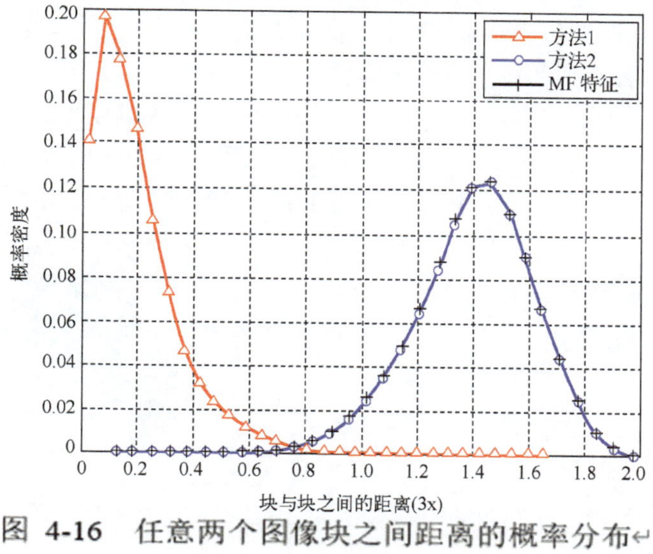

图 7.39 实验数据统计图

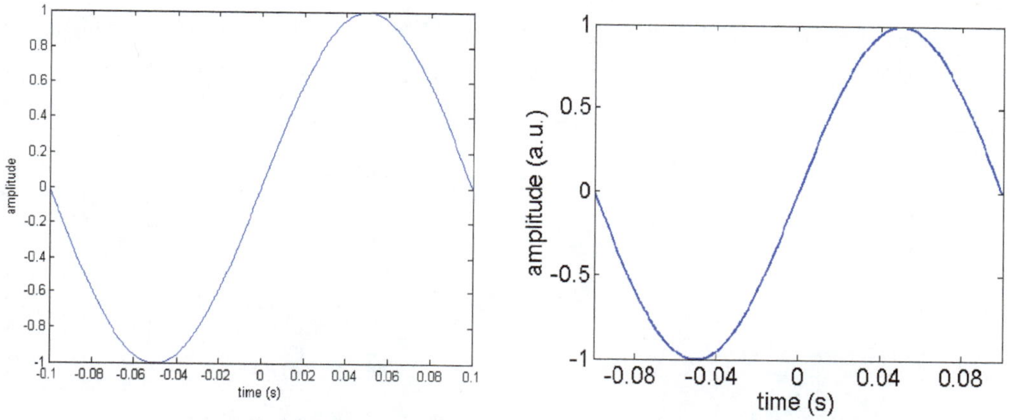

(a)Matlab 默认设置下画出的曲线

(b)在 Matlab 中设置参数后画出的曲线

图 7.40 线条粗细的控制

7.3 配图颜色建议

图形的配色是影响图形是否美观的关键，美观的图形会为文章增色，能够更好地展示研究结果，并起到愉悦读者身心的作用。但是，图形的配色这一问题往往被很多作者所忽略，毕竟大多数论文写作者都是搞科研的，而不是专业学设计的。那么一个设计小白怎样在短时间内快速搭配出合理的颜色呢？几个小技巧如下。

(1) 为了保证图的色彩和谐，对于不需要突出显示的内容，如果需要使用不同颜色，在色环上选择不要超过 120 度的颜色。

(2) 对于要强调的内容选择对比色，即选择色环上 180 度附近的色彩。

如图 7.41 所示，假如已经选定某个颜色，在色环中心指向该颜色块，顺时针旋转 120 度指向另一个颜色块，则箭头扫过的都是 120 度以内的颜色块。

图 7.41　色环

(3) 可以在色条上上下滑动调整色彩深浅。

色条是指彩色光谱中所见的长条形的色彩序列，可以通过改变色条上的颜色度来调整颜色。如图 7.42 所示，左边是浅红色，通过调整颜色进度条，变成右边的深红色。

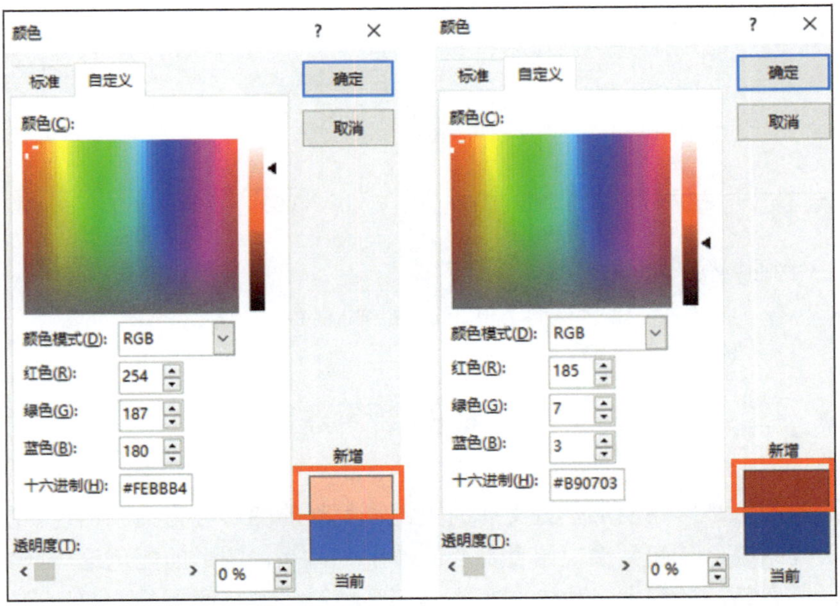

图 7.42　色彩序列

配色应尽量达到使整个画面看上去色块和谐、色调统一，色差应用恰到好处，如果不需要强调，不要使用纯度太高的颜色，因为纯度太高的颜色容易产生较强的视觉冲击力。如图 7.43 所示，图中所用颜色都比较淡，搭配在一起不会有太强的视觉冲击力。

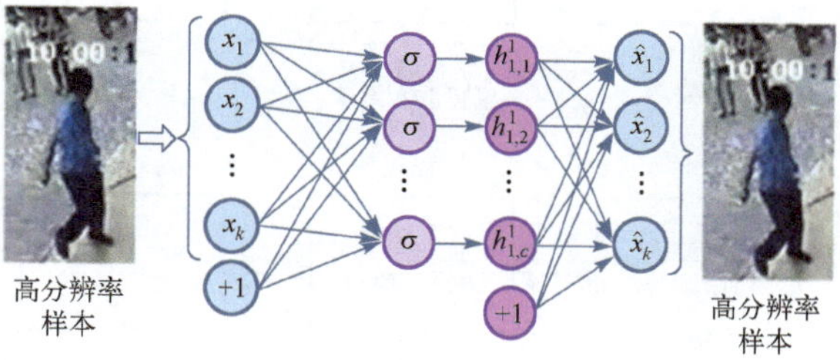

(a) 第一种

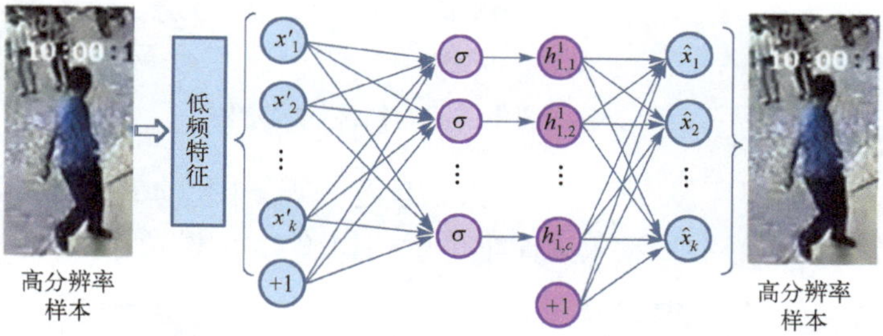

(b) 第二种

图 7.43　配色的实际应用

7.4　论文配图的常见问题

(1) 图片中的文字断行不合适，在一个词语的中间进行断行。如图 7.44(a) 所示，图中的“信息检索”“文献管理”以及“科研环境”作为一个完整的词语，在设计图形的时候应该尽量将其保持在同一行；正确案例如图 7.44(b) 所示。

(a) 错误示例

(b) 正确示例

图 7.44　图片中的文字断行示例

(2)图片中的文字与箭头重叠，箭头摆放方式不统一。图 7.45(a)中文字和箭头重叠，最后一个箭头超过了矩形边框；正确示例如图 7.45(b)所示。

(a) 错误示例

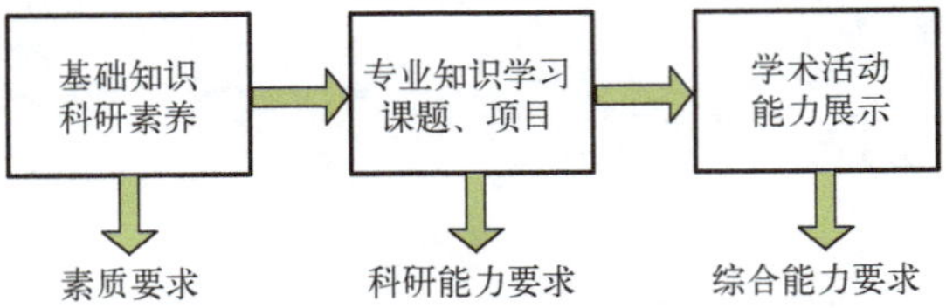

(b)正确示例

图 7.45　图中文字与箭头摆放示例

(3)流程图中的图片被压缩，看起来不规范美观。图 7.46(a)所示的输出图像明显被压扁了，产生不好的视觉效果；正确示例如图 7.46(b)所示。

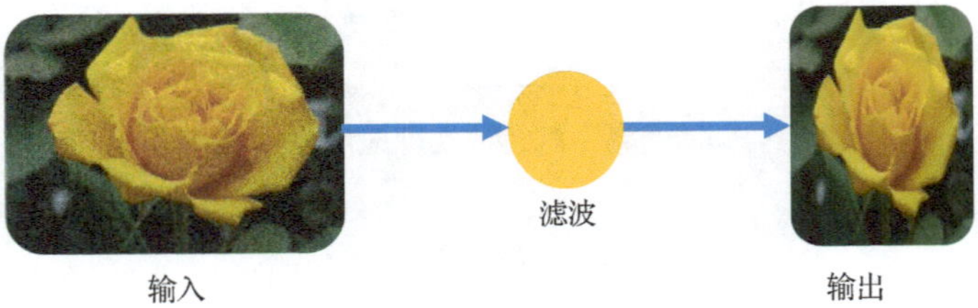

(a) 错误示例

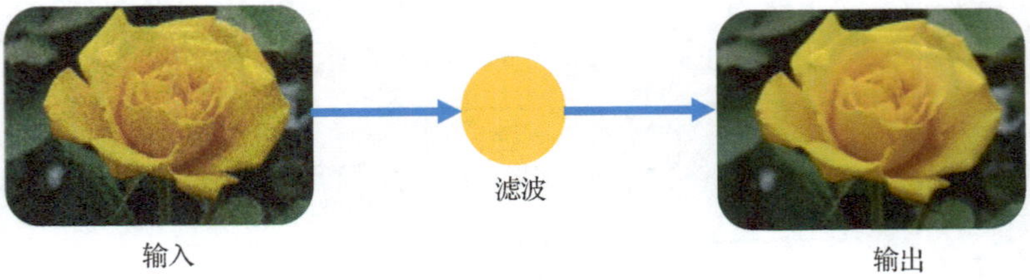

(b) 正确示例

图 7.46　图片被压缩

(4)图片配色不合适，流程图中上下元件块的颜色搭配不合理。如图 7.47(a)所示，在科技论文中，视觉冲击感太强的颜色不适合搭配在一起；正确示例如图 7.47(b)所示。

(a) 错误示例　　(b) 正确示例

图 7.47　图片配色示例

(5) 图中的文字使用斜体，字体、对齐方式、字号不一致。如图 7.48 (a) 所示，图中字体不一致，且“棍扫一大片”用了斜体，“枪扎一条线”用的小号字，字号和对齐方式不统一。为了保证图中的文字清晰可见，文字最好使用黑体或宋体；正确示例如图 7.48 (b) 所示。

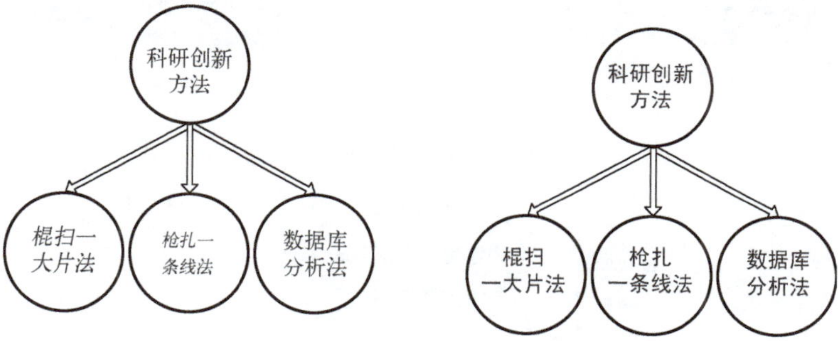

(a) 错误示例　　(b) 正确示例

图 7.48　图中文字格式示例

(6) 在不适合的元件里面添加文字。如图 7.49 (a) 所示，在菱形框中不适合添加文字，字超过了框线或紧贴框线，看起来非常拥挤；正确示例如图 7.49 (b) 所示。

(7) 不要在图片里面添加文字。如图 7.50 (a) 所示，在图片中直接添加文字会使图看起来不规范，应将说明文字移动到图片的下方；正确示例如图 7.50 (b) 所示。

(8) 图中同一级元件的内容不是一个话题。如图 7.51 (a) 所示，图像分割不是图像超分辨率的方法；正确案例如图 7.51 (b) 所示。

(9) 同级元件大小不一致，图形整体缺少对

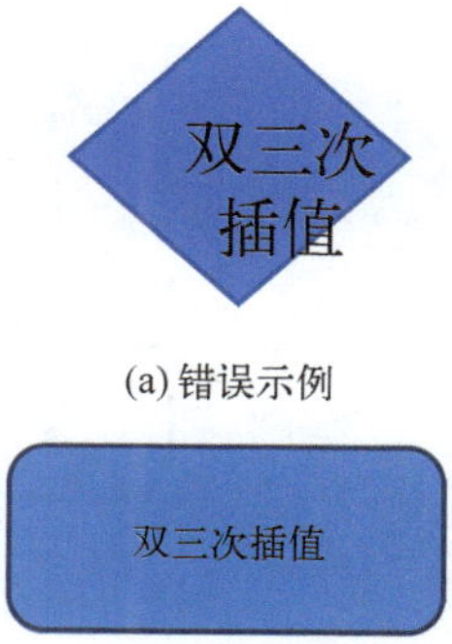

(a) 错误示例　　(b) 正确示例

图 7.49　在不合适的元件里面添加文字

称性。如图 7.52(a)所示，同级元件形状和大小不统一，文字没有进行横排对齐，图形整体没有对称；正确案例如图 7.52(b)所示。

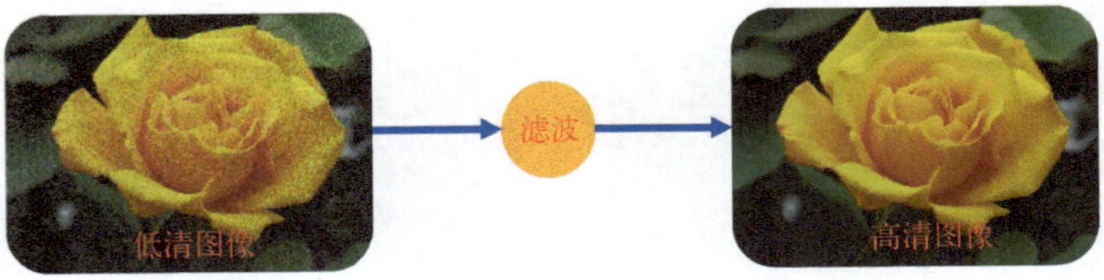

(a) 错误示例

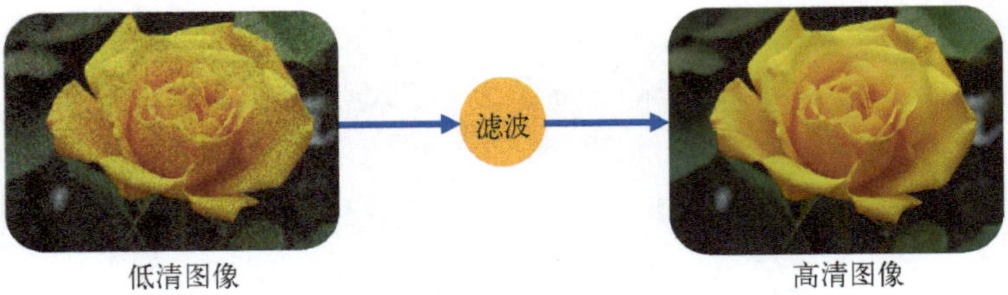

(b) 正确示例

图 7.50　直接在图片中添加文字

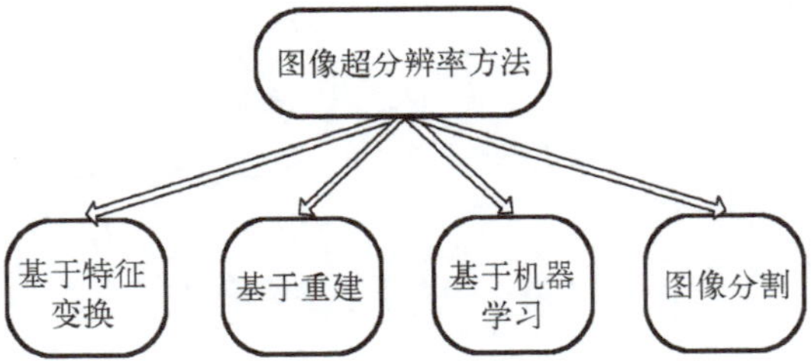

(a) 错误示例

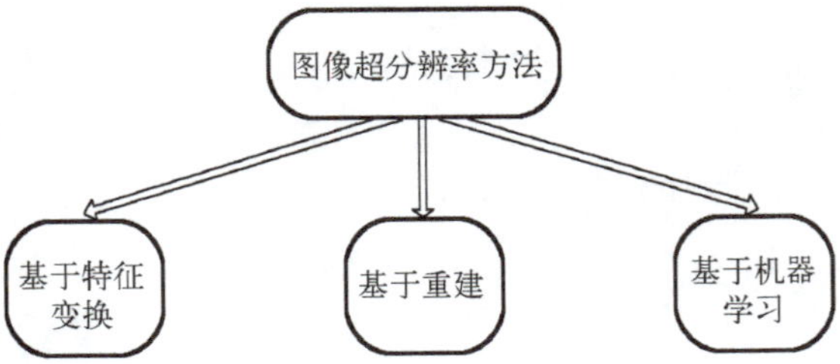

(b) 正确示例

图 7.51　同级元件分类不合理

(10) 图形或图题的格式不统一。先有原始图，还是先有输出结果，顺序应该统一，并且每个图都要有名字。如图 7.53 和图 7.54 所示，在同一篇文章中，图和图题的格式应该统一，例如，图 7.53(a)放的是原始低清图像，图 7.53(b)放的实验输出的高清图像，而图 7.54 的位置正好相反。

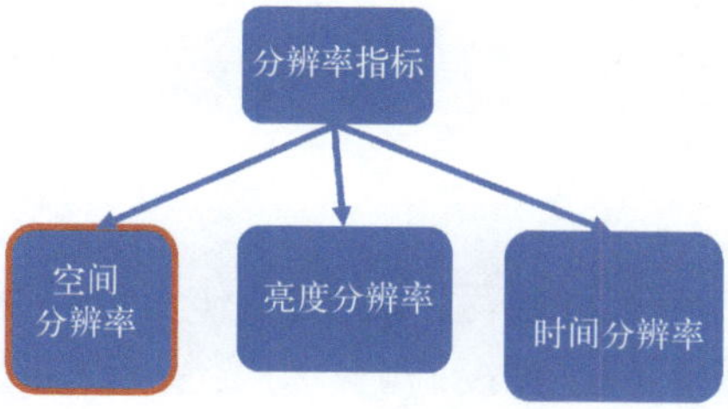

(a) 错误示例

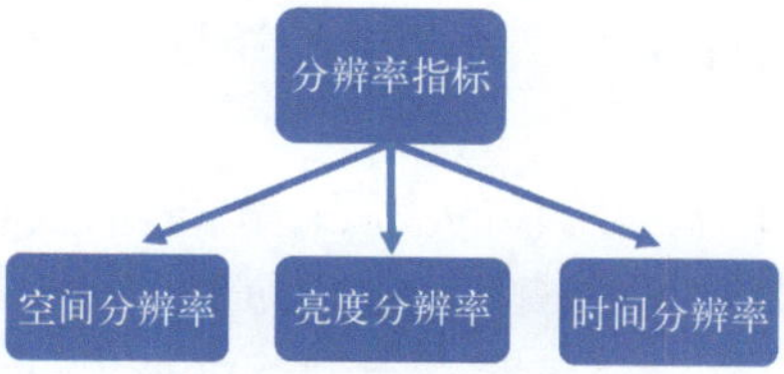

(b) 正确示例

图 7.52　图形不对称

(a) 原始低清图像

(b) 实验输出的高清图像

图 7.53　实验结果图 1

(a) 实验输出的高清图像

(b) 原始低清图像

图 7.54　实验结果图 2

第 8 章　论文投稿与发表

文章能够发表不仅在于有好的写作，也需要作者对投稿过程有一个清晰的了解。有些学者研究做得很顺利，可是在投稿上不得要领，导致文章总是很难发表，一些作者甚至被网上鱼龙混杂的投稿方式所蒙蔽，不幸上当受骗。所以，要想文章发表得顺利，就应该认真对待投稿过程。本章将介绍论文投稿的流程及注意事项，有助于顺利投稿并发表文章。

论文投稿与发表通常有一个总体的流程：做科研并撰写论文→选择投稿期刊→阅读期刊的“投稿须知”并将论文按指定要求进行修改→投递稿件(可通过邮件、信件、网上投稿系统等方式)→信息跟踪→得到反馈结果(大修、小修、退稿、录用)。整个流程所需时长视不同期刊的具体情况而定。前期准备得越充分，后期的问题就会越少。

8.1　选刊及投稿

1. 期刊的质量

在选择期刊时，首先是确定期刊范围，其次是评估期刊的质量。选择期刊范围主要看该期刊是否有与待投稿文章相符合的栏目以及该期刊的质量是否符合作者的预期要求。评价一个期刊的质量，通常是看它的总被引频次、被引半衰期、影响因子等。这些数据通常在期刊网站上可以找到，例如，在中国知网的“期刊导航”里面搜索“中国图书馆学报”，就能查询该期刊的相关信息，如图 8.1 所示，可以看到期刊的基本信息、出版信息和评价信息等。

(1) 总被引频次。

期刊的总被引频次是指该期刊自创刊以来所登载的全部论文在统计当年的总被引次数。这个指标可以客观地说明一个期刊被使用和受重视的程度，以及它在学术交流中的作用和地位，是评价科技期刊常用的重要指标之一。

举例： 在 2020 年 12 月统计，期刊 A 的所有文章总共被引次数为 20000，则此时期刊 A 的总被引频次为 20000。

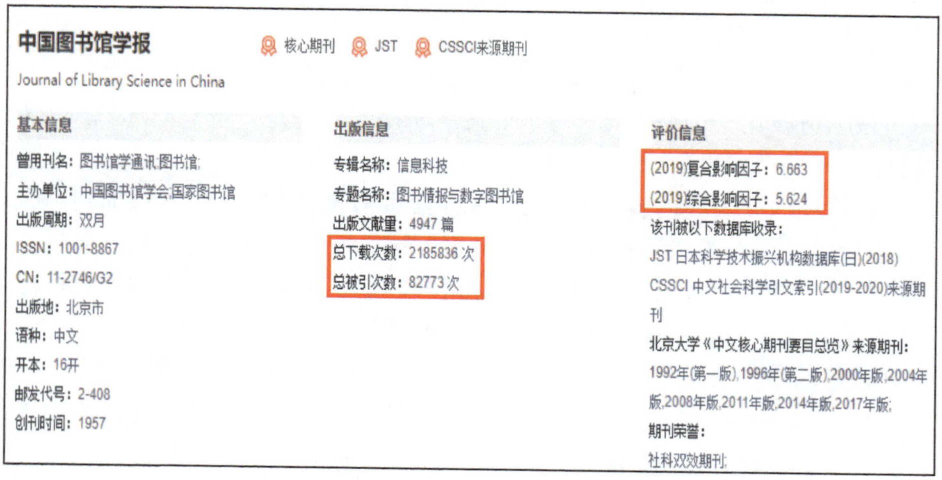

图 8.1　查看期刊信息

(2)被引半衰期。

被引半衰期是指一个期刊从当前年度向前推算，其引用数占截至当前年度被引用期刊的总引用数 50%的年数。就是说，从某时刻到时间跨度 N 内的引用数占该期刊自创办起至今的总引用数的一半，N 就是半衰期。

举例： 一个期刊 2008 年创办，截至 2020 年共发表了 100000 篇论文，期刊总共被引用了 50000 次，其中，25000 次是 2014 年前发表的，则被引半衰期为 6 年，表示其中引用的一半数量的文章是 2008～2014 年发表的。

被引半衰期数据有助于对期刊的收集管理和归档。

(3)影响因子。

影响因子是该期刊在前两年发表的所有论文的当前被引用次数与该期刊在这两年间发表的论文总数之比。影响因子是一个相对统计量，是国际通用的评价一个期刊有用性、学术水平和论文质量的指标。

举例： 一个期刊近两年共发表 100 篇文章，这些文章被引用了 1000 次，那么影响因子为 1000/100。

2. 选择期刊

在投稿过程中，如果将稿件投到不合适的期刊，结果可能会很不理想。有些编辑收到不合适的稿件并不会送审，可能会直接拒稿并给出意见“该稿件不符合本刊物发表的领域”。被期刊拒稿后可以重投其他期刊，但这个过程会很浪费时间。除此之外，由于领域不完全相符，即使编辑想要安排审稿，他们也不容易找到合适的审稿专家，即使最终发表了，由于同一研究领域的读者读到该作品的可能性很小，该文章在领域内也不会有影响力。

确定投稿期刊除了看期刊质量，还要遵循以下三点。

(1) 根据待投论文的性质选择期刊。文章和期刊之间是一个双向选择，在考虑期刊的同时，也要考虑投稿论文各方面的因素。

(2) 根据期刊发表的内容来确定是否投它，即看期刊的栏目。看该期刊是否有相对应的栏目，还要看该栏目在近两年的论文收录情况。有的期刊虽然有此栏目，但是在该栏目上已经很久没有录用过文章，这样的期刊也不能选；有的栏目虽然近两年也在收录文章，但是数量非常少，这种情况被录用的可能性也很小。

(3) 看目标期刊的发行周期。期刊的发行周期是指该期刊是月刊、半月刊、双月刊、周刊以及其他等。在选择期刊时，结合对发表时间的预期进行考虑，如果想要将文章快一点发表出去，就尽量选择发行周期较短的期刊进行投稿。

所以，选择期刊需要检查待投论文是否符合该期刊要求、该期刊是否发表过与待投论文研究主题相似的论文，以及该期刊的发行周期是否合适等。此外，还需要留意待投论文中是否引用过在该期刊和同类期刊上发表的论文，如果引用过，则进一步说明了该期刊与投稿文章主题相符。

3. 及时追踪稿件信息

在论文成功投递之后，通常会收到期刊的反馈信，该反馈信仅仅用以说明稿件已经收到以及向作者致谢。这里需要注意的是，如果文章投出去一段时间后仍没有收到回信，应该及时发邮件询问或者在网上查看。收到反馈信之后，应该时常注意投稿系统的动态以及通信邮箱是否有期刊的来信，因为后续会涉及修改和录用与否的相关信息。一般论文修改都有期限，如果没能及时查看消息，错过论文修改时间，会给投稿带来不利影响。在与编辑进行邮件交流时，应该注意礼貌用语，具体如何与编辑交流，请见 8.4 节。

8.2　了解期刊编辑和审稿人

论文总是被编辑以各种理由退稿，很多作者可能会感到不知所措，其实归根到底是作者对期刊编辑想要收到什么样的文章不了解。所以，论文投稿前需要对期刊编辑和审稿人有一定的了解。

1. 编辑的作用

了解期刊编辑及其作用才能更好地掌握投稿过程，接下来介绍期刊编辑的主要工作。

(1) 维持期刊的国际声誉和竞争力。编辑需要维护期刊的名誉，提升期刊与同行的竞争力。编辑需要负责受理和审阅在该期刊发表的每一篇稿件，一个高水平的期刊必定会有一个处理事务高效有序的编辑团队。

(2) 对来稿做出决策。稿件投到期刊社，第一个审阅的是编辑，编辑可以初步决定稿件是被拒稿还是进入下一步的审稿程序。一个期刊社每天可能会收到很多来信，所有稿件必须经过筛选才能送到审稿人手中，筛选文章的过程可能是多个编辑一起完成的。即使文章被送审了，经过修改后，文章最后能不能被录用，还得看编辑如何决定，不过此时编辑会参照审稿人的意见。

(3) 与通讯作者进行沟通。如果编辑觉得一篇文章有在该期刊发表的可能，他们就会主动与文章的通讯作者进行沟通。在沟通过程中，若编辑觉得这篇稿件在修改后质量得到改善，那么他们就会考虑接收这篇文章。相反，如果经过几轮的沟通后，编辑并没有感觉到文章在质量上有明显的改善，那么编辑可能就会拒稿。

2. 审稿人

在投稿过程中，作者主要接触的除了编辑就是审稿人。审稿人负责从科学问题的角度来分析文章相关的问题，通常是由一些知名的学者和专家自愿担任。审稿人需要对拒稿文章给出拒稿理由，或对修改文章给出修改意见，有些审稿人甚至会在审稿过程中给出算法进一步改进的思路。通过投稿和审稿过程，审稿人与作者针对创新的细节问题进行深入交流，该交流过程对于双方的科研水平提高都非常有帮助。

对编辑和审稿人有了一定的了解后，就能够知道哪些方面有问题时该和谁进行联系。与编辑和审稿人沟通的次数较多后，更容易提高论文质量。

3. 编辑和审稿人的关注点

编辑和审稿人拿到一篇稿件，最常关注的地方有以下几点。

(1) 期刊的选择是否合适。如果期刊选择不恰当，那文章是不太可能被发表的。

(2) 是否按照“投稿指南”上的要求。作为期刊编辑，尤其是一些比较权威的期刊的编辑，他们很重视来稿是否符合“投稿指南”上的要求。

(3) 论文是否完整。编辑在阅读文章内容之前会先看其结构是否完整，如标题、作者、地址、关键词等重要环节是否撰写得当。

(4) 论文的摘要。摘要是论文的精华，自然是编辑与审稿人最先阅读的部分，他们可以从中看到文章的基本内容和创新点。所以如何将摘要写得有吸引力从而让编辑和审稿人对文章感兴趣，是论文写作者需要学习的地方。

(5) 论文的图和表格。论文中的图和表是体现论文研究成果的关键内容。若论文图和表格设计严谨，制作精美，并能充分体现创新点，能够提高论文被编辑接收的可能性。

(6) 英语水平。编辑会看文章中是否存在太多的语法和单词拼写等问题，从而判断作者的写作水平和态度，所以认真修改文章的细节非常重要。

4. 审稿过程

对于每一个想要顺利发表文章的作者来说，都应该对审稿流程有清楚的了解。一般期刊有自己的编委会，编委会里面有许多编辑，不同编辑负责安排相关领域的稿件审理。期刊还有专属的审稿专家库，这些专家的领域来源包含了该期刊所有涉及的领域，期刊编辑会把每次接收到的文章送给相应的专家来评审。编辑在将论文送审时，通常会找两到三个审稿人进行评审。编辑会参考这几位审稿专家的意见和建议决定是否录用该文章。

8.3 投稿前的检查

在投稿之前做好充分的准备是论文投稿成功的关键之一。有的人投稿失败可能不是内容的原因，而是存在一些细节上的错误，所以在文章投出去之前应该对文章的各部分反复检查，并邀请共同作者或同行专家帮助检查。

1. 检查和修改文稿

(1) 检查论文是否完整。首先应该检查论文的结构是否完整，即按照期刊投稿指南上的论文结构检查，一般包括：中英文题目和摘要、关键词、作者信息、引言、正文、讨论和结论、参考文献、所参与的项目等，具体看各期刊的要求。这些都具备之后，还应该进一步检查正文的内容，主要检查文章语言是否流畅、内容逻辑是否合理等，可以将文稿打印出来仔细阅读，标注出有疑问的地方并做修改，重复多次阅读和修改。

(2) 检查文章字数是否满足期刊的要求。很多期刊会规定来稿文章的字数不低于或不高于多少字、至少几个版面等。如果期刊没有明确规定，可以下载该期刊最近发表的文章看一看，文章的长度至少应该跟已发表的文章差不多。

(3) 检查对创新点的描述是否得当。创新点的相关描述是文中的关键信息，通常要将关键信息放在醒目的地方。从题目到结论，检查文中各部分对创新点的描述是否恰当。关于创新点描述的详细介绍请参考第 4 章。

(4) 检查语法、标点符号、单词拼写等。如果投稿期刊是外文期刊，还需要检查文章中的语法、标点以及单词拼写等是否正确。在此需要注意，不能过于依赖翻译软件和电脑中的“拼写检查”。可以请朋友或者同事帮忙检查，自己看自己的文章，多看几遍就会产生疲劳感，别人可能会发现一些自己发现不了的错误。如果投英文期刊或会议，可以请母语是英语的朋友帮忙检查。

(5) 检查文章格式。很多期刊都对投稿文章的格式做了要求，具体要求根据期刊的不同而有所不同，所以投稿前一定要仔细阅读期刊的投稿指南中对论文格式的相关要求。有些期刊会提供论文模板，要对模板进行正确套用。总之，投稿格式符合目标期刊的要求，能一定程度增加论文被录用的机会。

2. 准备投稿

首先是准备好稿件，期刊可能要求提交PDF/Word/LaTeX版本的文件，需要提前查看清楚，以免期刊编辑只看格式不正确就拒稿。其次是作者信息，准备好所有作者的详细信息，包括姓名、工作单位、地址、邮箱、邮编以及其他信息，注明第一作者、通讯作者、其他作者等。关于作者信息的位置，有的期刊要求直接放在论文开头或末尾，有的期刊要求在投稿系统录入，具体情况视期刊要求而定。最后是图片和表格。图片根据期刊要求调整好分辨率和格式，如果期刊需要单独上传图片和表格，就将图和表格分类整理，单独放到一个文件夹下面进行上传。

3. 投稿信(cover letter)

投稿信是投稿过程中作者给编辑写的一封说明信，提供稿件的相关说明和解释以及其他信息。投稿信是为自己陈情游说的好机会，在一定程度上会影响期刊编辑是否将投稿文章送出评审。在写投稿信的时候，首先，用一两句话来描述文章创新点，说说这个创新有什么价值，研究它的意义是什么。其次，说明为什么觉得它适合刊登在这个期刊上，充分挖掘文章的价值和它将会给该研究领域带来什么好的影响。最后，要说明已经得到了所有合著者的许可。

举例：

亲爱的编辑：

我们向IEEE Transactions on Multimedia提交了题为*Self-learning Super-resolution using convolutional principle component analysis and random matching*的稿件供发表。

与外部学习算法相比，自学习的超分辨率有很多优点。在文章中，我们使用卷积分析和随机匹配来减少图像的重建时间。并且在Set5、Set14和Urban100等数据集上进行验证，结果是图像重建质量得到了改善，重建时间大大减少。对结果进行分析后发现，卷积分析算法可以减少特征提取和相似性比较的时间成本，而随机匹配可以加快图像块的匹配速度。

本文由未发表的原创性工作组成，没有考虑在其他地方发表。本文的所有作者都直接参与了这项工作的计划、执行或分析。

非常感谢您对我们论文的关注，期待收到您的意见。

4. 建议审稿人

有的期刊需要作者自己推荐审稿人，但并非所有期刊都有这项要求。有些期刊会因为找不到审稿人而拖延审稿时间，或者期刊安排的审稿人可能并非该专业领域的，其审稿的专业性可能会有所不足。如果作者能够推荐审稿人，就会帮助编辑邀请到合适的审稿人。在建议审稿人的时候要注意：①建议和自己工作领域非常接近的小同行，只有小同行才能彻底读懂文章，并给出非常中肯和到位的修改意见，通过阅读这些修改意见，可以获取科研的思路、提升科研的能力；②建议文章中引用过参考文献的作者；③不要建议竞争者、与自己观点有冲突或意见相反的人。

8.4　与编辑和审稿人沟通

论文投稿过程中，与编辑进行良好的沟通也很关键。如果采用合适的方法进行沟通，那么论文可能就会顺利发表。如果沟通方式不得当，甚至发生了一些冲突，对投稿是非常不利的。通常，只要投稿文章没有直接被拒绝，就说明编辑认为该论文具有其发表价值，这时需要认真阅读编辑或者审稿人的修改意见，把论文按要求修改好后再重新提交。在与编辑或审稿人沟通的时候，要使用清晰的语言将自己的思想和观点有逻辑地表达出来，接下来介绍具体如何回复编辑和审稿人的各种意见。

1. 决定信

无论文章是否被接受，都会收到编辑的“决定信(decision letter)”。决定信的内容通常为以下几种情况中的一种。

(1)论文被接受(accept)。如果得到编辑这样的回复，就代表文章被录用了。第一次投稿直接录用的概率比较小，一般都是在修改之后才会得到录用通知。

(2)论文需要小幅度修改(minor revision)。这种情况是指论文整体基本符合期刊要求，只需要做一些小的修改，例如，一些语言上的表达需要更专业化，论文图和表格的排版需要修改等。遇到这种情况应该尽快按编辑要求进行修改，然后给编辑返稿，切忌拖延时间。

(3)论文需要大幅度修改(major revision)。这种情况是论文的结构需要调整、实验需要补充、公式推导需要补充、一些问题没有描述清楚，以及算法需要进一步改进等。如果文章需要大幅度修改，编辑和审稿人给出的意见和建议也会比较多，这时候先认真阅读每条意见并找到问题所在，然后根据修改要求的时间，对修改的过程进行计划。

(4)拒稿并鼓励重投(reject and resubmit)。这种情况是指论文在很多方面都还有待改进，在质量上还不能达到期刊的要求。鼓励重新投稿多数原因是编辑认为论文主题跟杂志领域符合，但当前版本的质量远远不能达到要求，如论文的格式、组织结构、问题的凝练和科研水平等还有问题。作者可以重新梳理创新点，重新组织文章。遇到这种情况，应当根据编辑和审稿人给出的拒稿理由进行认真修改。

对于重投一般是没有时间限制的，但是作者也应该抓紧时间把论文修改好，避免论文中的算法随着时间的推移，技术指标不如最新发表的算法而失去发表的价值。修改好的论文重投到期刊社，编辑可能会邀请一到两个原审稿人对稿件进行审稿。

(5) 拒稿 (reject)。这种情况是指文章彻底被拒稿，并且不鼓励修改后重投。此时，作者不应该丧失投稿的信心，而是要理性分析并尽快找到原因。

被拒稿以后，要学会找原因。如果文章还没被送审就被拒稿，原因可能有以下几种：

①稿件不符合要求，一般是论文的主题跟投稿领域不符；

②稿件撰写的语言表达和组织都很糟糕，编辑无法看懂文章内容；

③文章内容上有明显的错误，文中某些科学结论出现明显的偏差；

④文章质量不高，没有明确的、拟解决的科学问题，实验设计不合理；

⑤文章的格式混乱，语法错误较多；

⑥文章的观点和审稿人的观点冲突；

⑦文章创新不足，没有新算法、新理论、新观点；

⑧文章所提出的算法实验结果较差，没有发表价值；

⑨文章没有充分调研该领域，闭门造车。

以上就是决定信的五种情况，作者在收到编辑的决定信后，应该根据各自的情况选择合理的应对方式。

2. 返稿信的写法

如果编辑给出的决定是 major revision，就需要对论文进行大幅修改。大幅修改后一般需要附上返稿信 (revision response letter)，该返稿信会直接返给审稿人，由审稿人返回对返稿信的反馈，编辑根据反馈情况决定稿件的去向。在写返稿信的时候，应该以“跟审稿人面对面交流”的角度去思考和组织语言，对审稿人提出的每一个问题做出回应，如“我们做到了……，请参阅第 X 页第 Y 行”。

返稿信应当包括以下几个部分。

(1) 概述。

简述自己在获得修改意见后，主要做了哪些改动。同时对审稿人的认真审稿表示感谢。

举例：

Thank you very much to the reviewers for their comments and suggestions, your suggestions are very helpful to improve the article. We have improved the algorithm, done further experiments, and tried our best to improve the manuscript based on the reviewers' comments. We hope that the revised version is eligible for publication.

非常感谢审稿人的意见和建议，你们所提的建议对文章的改进有很大帮助。我们对算法进行了改进，做了进一步的实验，并根据审稿人的意见尽力改进稿件。希望修改后的版本有资格出版。

(2)逐条回答问题。

在逐条回答问题的过程中，需要将审稿人的问题逐条进行复述，每条问题之后紧跟反馈。在文章中将修改过的地方标识出来。

审稿人的问题大体分为以下几类。

①论文的概念混淆。

文章修改要点：修改概念混淆的方法。

反馈信的写法：需要将修改的地方进行明确标注，并告诉审稿人该论文使用这些概念的原因，必要时可引用参考文献，避免审稿人认为概念为作者杜撰的。

举例：

例 1

Opinion:You have mentioned shortening the arc length of jagged edges. How will you detect a jagged edge? How will you differentiate between a normal curved edge in the image and a jagged edge?

Response:Thank you! The objective of the proposed algorithm is enhancement not restoration. This algorithm yields satisfactory visual quality but does not provide additional details. The proposed algorithm is based on the hypothesis that all edges of images have short arc length. There is no process for detecting jagged edges. If an original HR image has edges that contain curves that are as small as jagged artifacts, these curves cannot be recovered by our algorithm. If the upscale factor exceeds 3x, most of the details are as small as jagged artifacts are removed. Only a small amount of tiny details can be recovered even using machine learning. However, human eyes are more sensitive to step edges than to details. Humans only pay attention to textural details after they have stared an image for a long time. However, we can provide step edges similar with recent state-of-the art deep convolutional network-based approach, such as the edges of the rail way. That means the hypothesis is useful.

Machine learning provides satisfactory performance for image-upscaling but has strong limitations. Most of the models that are produced by machine learning are restricted by many parameters because the mechanisms of these models are too difficult to analyze. Typically, a group of parameter values only performs well in a specified scenario. For example, some deep learning algorithms train parameters for a fixed upscale factor and fixed image content. If the number of training images is not enough, many algorithms will not perform well. The proposed algorithm is based on a simple hypothesis, and performs well under various upscale factors (even if upscale factor is not an integer). There are few hyper parameters to be set.

意见：你提到缩短锯齿边缘的弧长。你如何发现锯齿状的边缘？你将如何区分图像中的正常弯曲边缘和锯齿边缘？

回复：谢谢您！该算法的目标是增强而不是恢复。该算法能够产生令人满意的视觉质量，但不生成额外的细节。该算法基于图像中所有边缘的弧长较短的假设，没有检测锯齿边缘的过程。如果原始高分辨率图像的边缘包含像锯齿一样小的曲线，我们的算法就不适合应用于这类图像的超分辨任务上。实际中，超分倍数超过3倍时，大多数细节就会像锯齿一样小，即使使用机器学习也只能恢复少量的微小细节。然而，人眼对锯齿状边缘比对其他细节更敏感，人在长时间注视一幅图像后才会注意纹理细节。我们可以提供与最近最先进的基于深度卷积网络的方法类似的阶梯状边缘，如铁路的边缘。这说明了我们的假设是有效的。机器学习在图像缩放方面提供了令人满意的性能，但有很强的局限性。机器学习产生的大多数模型都受到许多超参数的限制，因为这些模型的机制很难分析。通常，一组参数值只在指定的场景中表现良好。例如，一些深度学习算法为固定的放大倍数和固定的图像内容训练参数。如果训练图像的数量不够，很多算法的性能都不好。本文算法基于一个简单的假设，在各种超分倍数(即使超分倍数不是整数)下都能很好地执行，并且需要设置的超参数很少。

例2

Opinion: From line 17 to line 22 in page 4, the author describes briefly the proposed method. This part is not clear enough. Fig. 2 can be introduced in this part but there should be a explanation about the overall scheme in the caption.

Response:Thanks for your valuable suggestions. We have revised these paragraphs and added the explanation about the overall schemes in the beginning of Section 3. The added part is marked with red color.

意见：从第4页第17行到第22行，作者简要地描述了所提出的方法，这部分描述得不太清楚。可以将图2的说明放在这部分，但在图题中需要对整体方案进行说明。

回复：谢谢您提出的宝贵建议。我们已经对这些段落进行了修改，并在第3部分的开头增加了对整体方案的说明，添加的部分用红色标注出来了。

②论文缺少了某部分实验。

文章修改要点：添加实验数据。

反馈信的写法：需要将添加的实验数据在哪张表、哪个图中明确标识出来。

举例：

Opinion: It is not clear what is the percentage of noise used within the compared images? How effective is the proposed algorithm along different percentages? How the synthetic images were created?

Response: We have added the experiments about the robust to noise in Section 4.3. The added part is marked with blue color. We have added Table 5-8 to show the PSNR and SSIM values of the results and compare the visual results in Fig.24-25. We can see that the proposed algorithm gets higher average PSNR and SSIM values than Zeyde's method and ANR and produces sharper edges when the noise derivation is 5. But when the noise derivation is 10, 15 and 20, the proposed algorithm is inferior to others. These results demonstrate that the proposed algorithm is robust to the noise with derivations less than 5, but the robustness to noise becomes weaker when the noise derivation increases to 10.

We have added the synthetic method in the end of Section 3. After the super-resolution steps, the luminance component and the chrominance components are synthesized by traditional color transformation algorithm to change YCbCr to RGB color space.

意见：不清楚在对比图像中使用的噪声百分比是多少?该算法在不同噪声百分比下的效果如何?还有这些合成图像是如何产生的?

回复：我们在 4.3 节增加了对噪声的鲁棒性实验，新增的部分用蓝色标出。我们增加了表 5～表 8 来展示结果图像的 PSNR 和 SSIM 值，并与图 24 和图 25 中的可视化结果进行对比。可以看到，当噪声标准差为 5 时，本文算法的平均 PSNR 和 SSIM 值比 Zeyde 方法和 ANR 更高，并且产生了更锐利的边缘。但当噪声标准差为 10、15、20 时，该算法的性能较差。结果表明，该算法对标准差小于 5 的噪声具有较好的鲁棒性，但当标准差大于 10 时，鲁棒性减弱。

我们在第三节的最后增加了对合成方法的描述。在超分辨率步骤完成后，利用传统的颜色变换算法合成亮度分量和色度分量，将 YCbCr 变换为 RGB 颜色空间。

③论文的格式混乱。

文章修改要点：文章格式有待调整。

反馈信的写法：需要告诉审稿人你已经进行了仔细调整，并把调整过的地方用红笔标出。

举例：

Opinion: Some tables do not have headers (such as Table 3).

Response:These tables have their headers (the content in the red circle).

意见：有些表没有表头文件(如表 3)。

回复：这些表都有它们的表头(红色圆圈中的内容)，如下所示。

Table 3　PSNR values of Gaussian Filter with different variance (3x)

σ^2	0.5	1	1.5	2	2.5	3	3.5	4
Bike	24.190	**24.223**	24.072	23.972	24.008	23.950	23.936	23.930
Flower	28.975	**29.085**	28.978	28.937	28.913	28.897	28.886	28.878
Hat	**30.856**	30.781	30.609	30.545	30.509	30.487	30.473	30.463
Leaves	25.399	**25.688**	25.538	25.479	25.442	25.619	25.406	25.396
Parrot	29.429	**29.692**	29.620	29.590	29.573	29.561	29.553	29.547

④论文的某些地方审稿人有疑问。

文章修改要点：审稿人对文中某些地方不清楚，需要把这些地方重新写一遍。

反馈信的写法：需要把重写的地方明确标识出来。

举例：

Opinion: The algorithm goes from page 5 to 14, splitted among 22 formulas, 2 flow charts and the final SR algorithm on page 14. This section is confused among theory, results and outputs. It is still to hard to follow.

Response: Thank you! We have moved the traditional TV regularization to Section 2.2. We have moved the experimental results and outputs to Section 4.2. Section 3.2 only keeps theory. We hope this version is easier to be understood.

意见：算法从第 5 页到第 14 页，包含 22 个公式和 2 个流程图，最后在第 14 页介绍了 SR 算法。这一节混淆了理论、结果和结果，描述不清晰，很难理解。

回复：谢谢您！我们将传统的 TV 正则化的介绍移到了第 2.2 节，将实验结果和输出图像移到了第 4.2 节，在第 3.2 节仅保留理论。调整过的地方已经用红色标识，希望调整后的文章更容易理解。

⑤论文的参考文献或对比实验陈旧。

文章的修改要点：更新参考文献，重写绪论，并添加对比实验。

反馈信的写法：需要把新添加的参考文献、重写的绪论、添加的对比实验的代码来源网址和添加的对比实验表格都明确标识出来。

举例：

例 1

Opinion: Include references for important statements, such as “bicubic interpolation has been widely used in real applications" - pg 5.

Response: Thanks for this judicious suggestion. We have added references for the following statements:

①Bicubic interpolation has been widely used in real applications. (pg 5)

②Methods based on feature transformation use a basic function to approximate some features of an image. (pg 2)

③However, these methods require a great amount of training samples. (pg 2)

④Some "tools" are not adaptive to different magnification factors. (pg 3)

意见：缺少一些重要概念的参考文献，如“双三次插值已广泛应用于实际应用” - pg 5。

回复：谢谢您的建议。我们为文中的以下语句标注了参考文献：

①双三次插值在实际中得到了广泛的应用。(pg5)

②基于特征变换的方法使用一个基本函数来近似图像的一些特征。(pg2)

③然而，这些方法需要大量的训练样本。(pg2)

④有些“工具”不适应不同的放大因子。(pg3)

例 2

Opinion: Besides, the authors claim that the proposed approach is superior to many existing self-learning methods. However, as presented in the experimental section, most of the comparison methods are relatively old. It is recommended to provide more comparisons with some newly proposed methods to demonstrate its superiority.

Response: We sincerely appreciate your suggestions.

We have compared our algorithm with 5 papers published in 2020.

They are as follows:

[1] F. Yang, H. Yang, J. Fu, H. Lu, and B. Guo, "Learning Texture Transformer Network for Image Super-Resolution," in IEEE Conference on Computer Vision and Pattern Recognition, Online, 2020, pp. 5791-5800.

https://github.com/researchmm/TTSR

[2] Y. Guo, J. Chen, J. Wang, Q. Chen, J. Cao, Z. Deng, Y. Xu, and M. Tan, "Closed-loop Matters: Dual Regression Networks for Single Image Super-Resolution," in IEEE Conference on Computer Vision and Pattern Recognition, Online, 2020, pp. 5407-5416.

https://github.com/guoyongcs/DRN

[3] J. W. Soh, S. Cho and N. I. Cho, "Meta-Transfer Learning for Zero-Shot Super-Resolution," in IEEE Conference on Computer Vision and Pattern Recognition, Online, 2020, pp. 3516-3525.

https://github.com/JWSoh/MZSR

[4] Z. Luo, Y. Huang, S. Li, L. Wang, and T. Tan, "Unfolding the Alternating Optimization for Blind Super Resolution," in Conference and Workshop on Neural Information Processing Systems, Online, 2020, pp. 1-12.

https://github.com/greatlog/DAN

[5] C. Ma, Y. Rao, Y. Cheng, C. Chen, J. Lu, and J. Zhou, "Structure-Preserving Super Resolution with Gradient Guidance," in IEEE Conference on Computer Vision and Pattern Recognition, Online, 2020, pp. 7769-7778.

https://github.com/Maclory/SPSR

We compared these results in Table 4, Fig. 15～Fig. 16. As shown, though the outputs are inferior to these recently published papers, the proposed algorithm does not occupy storage space to store a trained model. This advantage is useful in some application areas.

意见：作者声称所提出的方法优于许多现有的自学习方法。然而，正如在实验部分所介绍的，大多数比较方法都比较古老。建议与一些新提出的方法进行比较，以证明其优越性。

回复：我们非常感谢您的建议。我们将本文的算法与 2020 年发表的 5 篇论文进行了比较。论文如下：

[1] F. Yang, H. Yang, J. Fu, H. Lu, and B. Guo, "Learning Texture Transformer Network for Image Super-Resolution," in IEEE Conference on Computer Vision and Pattern Recognition, Online, 2020, pp. 5791-5800.

https://github.com/researchmm/TTSR

[2] Y. Guo, J. Chen, J. Wang, Q. Chen, J. Cao, Z. Deng, Y. Xu, and M. Tan, "Closed-loop Matters: Dual Regression Networks for Single Image Super-Resolution," in IEEE Conference on Computer Vision and Pattern Recognition, Online, 2020, pp. 5407-5416.

https://github.com/guoyongcs/DRN

[3] J. W. Soh, S. Cho and N. I. Cho, "Meta-Transfer Learning for Zero-Shot Super-Resolution," in IEEE Conference on Computer Vision and Pattern Recognition, Online, 2020, pp. 3516-3525.

https://github.com/JWSoh/MZSR

[4] Z. Luo, Y. Huang, S. Li, L. Wang, and T. Tan, "Unfolding the Alternating Optimization for Blind Super Resolution," in Conference and Workshop on Neural Information Processing Systems, Online, 2020, pp. 1-12.

https://github.com/greatlog/DAN

[5] C. Ma, Y. Rao, Y. Cheng, C. Chen, J. Lu, and J. Zhou, "Structure-Preserving

Super Resolution with Gradient Guidance," in IEEE Conference on Computer Vision and Pattern Recognition, Online, 2020, pp. 7769-7778.

https://github.com/Maclory/SPSR

我们将这些结果在表 4、图 15～图 16 中进行了比较。可以看出，虽然输出不如最近发表的这些论文，但本文算法并不占用存储空间来存储训练过的模型。这个优点在某些应用领域是有用的。

3. 论文发表相关事务

谈论文章印刷事务的前提是已经收到一封论文的接收函，如图 8.2 所示，接下来需要处理其他事务。

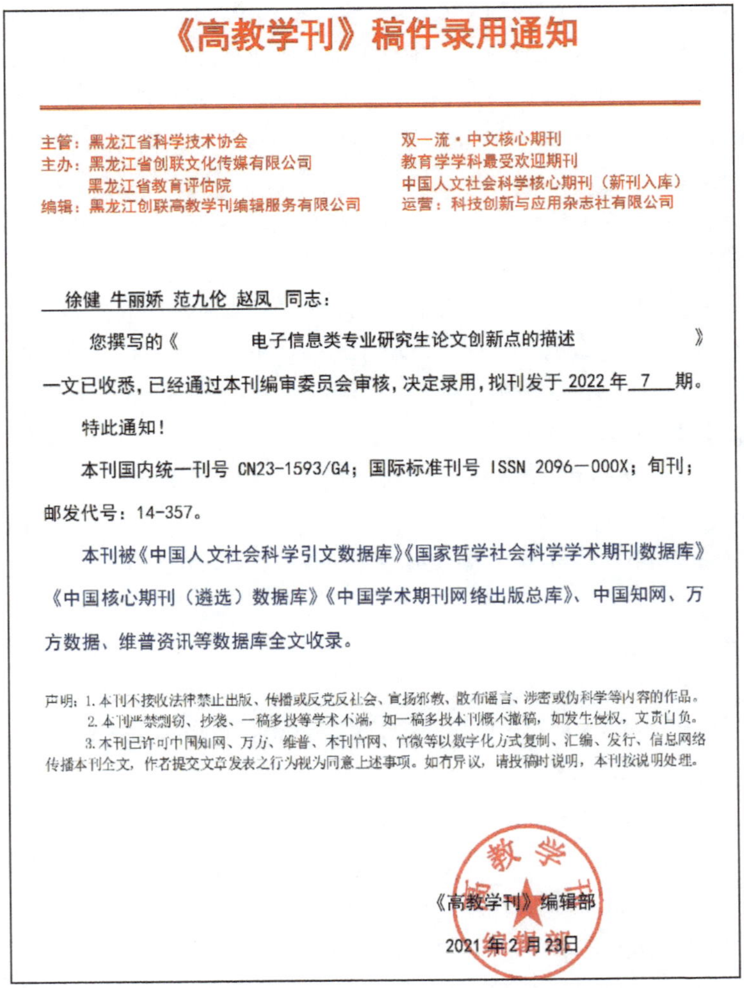

《高教学刊》稿件录用通知

主管：黑龙江省科学技术协会
主办：黑龙江省创联文化传媒有限公司
　　　黑龙江省教育评估院
编辑：黑龙江创联高教学刊编辑服务有限公司

双一流·中文核心期刊
教育学学科最受欢迎期刊
中国人文社会科学核心期刊（新刊入库）
运营：科技创新与应用杂志社有限公司

徐健 牛丽娇 范九伦 赵凤 同志：

您撰写的《电子信息类专业研究生论文创新点的描述》一文已收悉，已经通过本刊编审委员会审核，决定录用，拟刊发于 2022 年 7 期。

特此通知！

本刊国内统一刊号 CN23-1593/G4；国际标准刊号 ISSN 2096－000X；旬刊；邮发代号：14-357。

本刊被《中国人文社会科学引文数据库》《国家哲学社会科学学术期刊数据库》《中国核心期刊（遴选）数据库》《中国学术期刊网络出版总库》、中国知网、万方数据、维普资讯等数据库全文收录。

声明：1. 本刊不接收法律禁止出版、传播或反党反社会、宣扬邪教、散布谣言、涉密或伪科学等内容的作品。
2. 本刊严禁剽窃、抄袭、一稿多投等学术不端，如一稿多投本刊概不撤稿，如发生侵权，文责自负。
3. 本刊已许可中国知网、万方、维普、本刊官网、官微等以数字化方式复制、汇编、发行、信息网络传播本刊全文，作者提交文章发表之行为视为同意上述事项。如有异议，请投稿时说明，本刊按说明处理。

《高教学刊》编辑部

2021 年 2 月 23 日

图 8.2　论文接收函

(1)处理校样。在论文被正式发表之前会有一个排版校样的过程，也就是发表前的最后检查，这时候作者会收到一份打印出来的校样文章。作者需要认真修改论文以及回答编辑提出的问题。文章的校样非常重要，需要逐字逐句检查，尤其是对于英文论文。有时，负责排版的编辑可能由于不懂文章内容，将文章排版成了不合适的样子。作者需要对这种问题进行反馈，以便于编辑能够适时做出调整。

(2)版权转让协议书。文章发表前还需要签署版权转让协议，否则是不能够发表的。并且，一旦签了版权转让协议，那么文章的版权就归出版社所有，若想要再将文章的内容或图片发表到其他期刊或者书上，需要得到原出版社的同意。

(3)关于费用。一些期刊会收取一定的论文发表费用。所以，务必查看期刊是否有版面费、审稿费、印刷费等，并预先与顾问算清费用。

第 9 章　论文编辑软件 LaTeX 的使用

TeX 是一个以排版文字和数学公式为目的的计算机软件，以其卓越的稳定性而著称，LaTeX 是 TeX 基础上的一套格式，其预定义的专业格式可以帮助作者较高质量地排版和印刷。作为一个排版系统，LaTeX 有很多优点。首先是强大的排版能力，尤其是对数学公式，排版输出如同“印刷品”。其次是使用方便，用户只需要掌握文档组织命令，就能完成整个排版过程。最后是扩展性强，世界各地的人都可以开发新的 LaTeX 宏包。基于以上优点，一些专业期刊的投稿论文和竞赛论文经常会用到 LaTeX 软件来排版，所以学习 LaTeX 软件的使用是非常有必要的。本章将介绍 LaTeX 软件的使用方法以及一些常用的排版命令。

9.1　为什么要使用 LaTeX 软件

LaTeX 作为一个专业的排版系统，不可避免地被拿去跟一些所见即所得的文字处理和排版软件相比较，如 Word。LaTeX 与 Word 是两种不同类型的文本编辑软件，各有所长。Word 的特点是“所见即所得”，其基本功能初学者很容易掌握，很多 Word 用户都可以无师自通。但随着文章篇幅和复杂程度的增加，花费在文稿格式上的精力和时间会明显加大，创建自定义编号、交叉引用、索引和参考文献等需要花费很多时间。而对于 LaTeX 初学者，即使编排很简单的文章，也要花较多的精力和时间去学习命令和语法，特别是排版数学公式，可能多次编译都不能通过，但是只要掌握排版技巧，之后无论文稿长短和复杂与否都能够快速准确地完成。

在使用 Word 编辑论文时，经常会遇到如下问题。

(1) 格式调整复杂。在用 Word 编辑文字时，虽然很多地方是可调的，但这也同样让作者在写作、排版过程中要考虑得更多。作者要花很多精力对页面版式、章节样式、字体属性、对齐和行距等文本参数进行反复选择和对比，稍有疏忽就容易出现前后文体格式不一致的现象。若使用 LaTeX 排版，如无特殊要求，只要将文稿的类型(article、report 或 book 等)设置好，就可以专心致志地写文章了，文稿样式的各种细节由 LaTeX 统一规划设置。

(2) Word 自身存在诸多问题。在使用 Word 时会发现，有时候可能多敲一个空格，一整排的文字都会变得稀疏。使用 MathType 插入公式时，总会出现各种奇怪的格式问题，这些会让作者很烦恼。

①公式对不齐。使用公式编辑器插入的公式与文本对不齐是 Word 中一个常见的问题。如图 9.1 所示，公式与文字不在同一水平线上。

$$\left\|J_f(\boldsymbol{x})\right\|_F^2=\sum_{i,j}\left(\frac{\partial h_j(\boldsymbol{x})}{\partial x_i}\right)$$

该约束的主要思想是训练数据经过映射，其特征距离进行了收缩。该约束和前面的目标函数 $L(x,g(f(\boldsymbol{x})))$ 形成了博弈。约束让特征距离收缩，但是目标函数让特征译码后的样本与输入样本之间保距。样本的收缩方向应当沿着数据密度较大（概率较大）的方向收缩较少，密度较小（概率较小）的方向收缩较严重。收缩过程不能让概率较大的样本特征互相变得难以区别，而收缩所得到的特征可以形成低维流形，使样本得到紧致的特征表示。

图 9.1　Word 中公式与文字不能对齐的现象

②表格和表题分离。当论文调好格式后发现又需要修改内容时，此时增加或删减都会影响原来的排版，有的表格可能会跑到两页之间。如图 9.2 所示，Word 排版时出现表格跨行的现象。

表 3-2　3 倍放大时的 PSNR 和 SSIM 值

(对于每个单元格的第一行是 PSNR 值，第二行是 SSIM 值)

测试图	双三次	SRSC	全变分	本地回归	Zeyde	ANR	SPM	LRNE	本章算法
帽子	29.197	29.967	30.210	29.568	30.432	30.100	29.833	29.976	**30.675**
	0.8281	0.8470	0.8522	0.8376	0.8568	0.8637	0.8480	0.8428	**0.8704**

34

基于交替 K-奇异值分解字典训练的图像超分辨率重建算法

	0.8110	0.8432	0.8557	0.8332	0.8713	0.8182	0.8410	0.8390	**0.8781**
平均值	27.367	28.301	28.4979	27.8313	28.763	27.545	28.196	28.050	**29.054**
	0.8115	0.8388	0.8498	0.8304	0.8543	0.8409	0.8385	0.8329	**0.8646**

图 9.2　论文中该表格跨行显示

③图和图题分离。有时候由于页末长宽不够，只能放下图片，但图题跑到下一页，看起来也很不美观，如图 9.3 所示。

所以，针对 Word 排版的类似问题，使用 LaTeX 以后可以帮作者减轻很多负担。在实际写作过程中，可以先用 Word 打草稿，然后再用 LaTeX 排版。

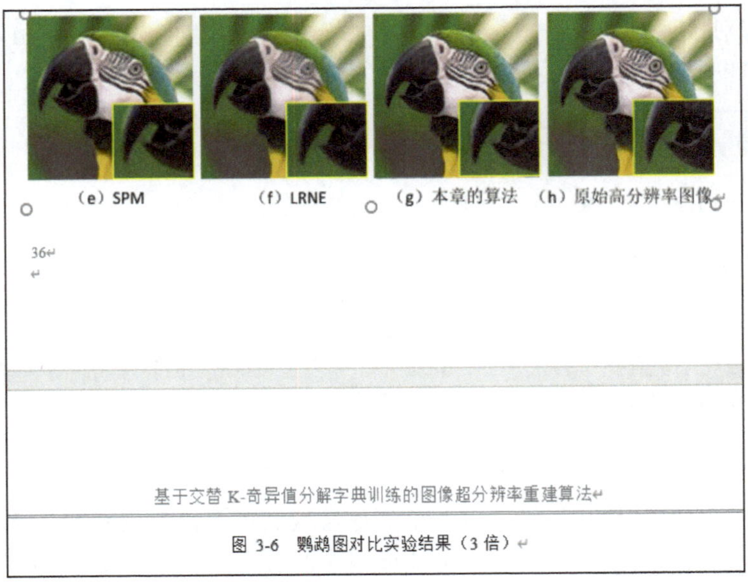

图 9.3 论文中图和图题跨页分离

9.2 LaTeX 软件介绍及使用方法

1. LaTeX 软件介绍

LaTeX 是一种基于 TeX 的排版系统，用于大型论文排版和数学公式输入，由美国计算机学家莱斯利·兰伯特(Leslie Lamport)在 20 世纪 80 年代初期开发。LaTeX 自从 80 年代初问世以来，也在不断地发展。最初的正式版本为 2.09，经过几年的发展之后，许多新的功能和机制被引入到 LaTeX 中。LaTeX 每 6 个月更新一次，修正发现的错误并加入一些新的功能。到目前为止，LaTeX 经历了长期的发展过程。最基本的 TeX 程序只是由一些很原始的命令组成，它们可以完成简单的排版操作和程序设计功能。后来又出现了一个名叫 Plain TeX 的基本格式，与低层次的原始 TeX 呼应，其重点还是在于排版的层次上。LaTeX 构筑在 Plain TeX 的基础之上，并加进了很多功能以使得使用者可以更为方便地使用。

在 Windows 操作系统下，LaTeX 的一个比较稳定的版本是 CTeX 中文套装，CTeX 中文套装默认的编辑器是 WinEdt。WinEdt 的界面相比于 Word 的界面来说更加复杂。如图 9.4 所示，该界面主要分为 4 个部分：功能菜单区、文章结构显示区、代码编写区以及调试结果显示区。在功能菜单区，点击按钮，就能在代码编写区生成相应的代码。在文章结构显示区域，可以生成文章结构的树状图。在结果显示区，可以查看代码调试的错误信息。打开文档可以直接双击.TEX 文件启动 LaTeX 系统，也可以在 WinEdt 里面点击 File→Open。如果打开显示错误，可以尝试将右下角格式选为 UTF-8。

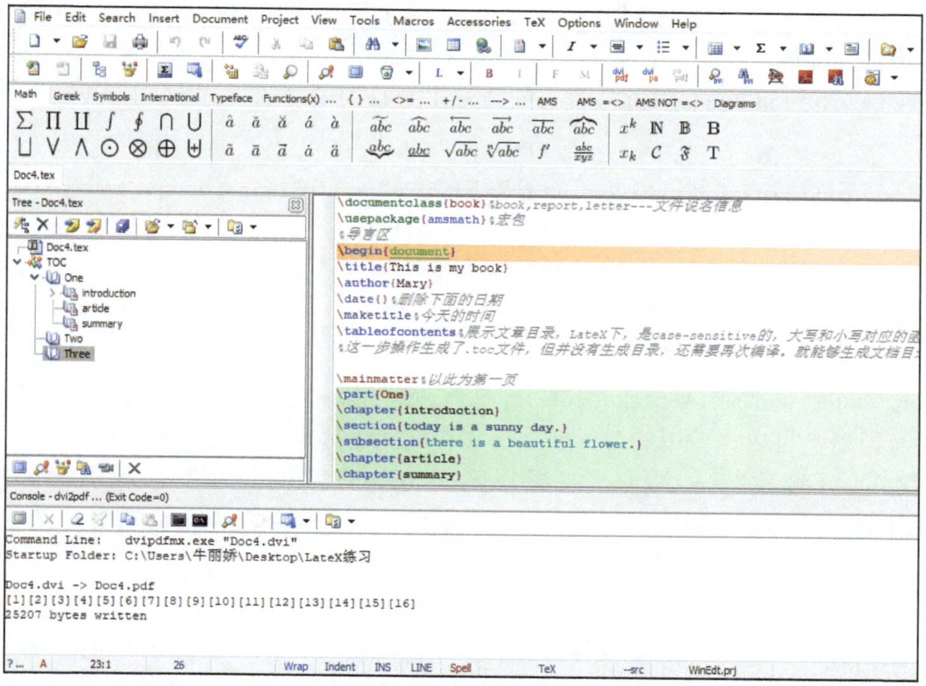

图 9.4　WinEdt 界面

2. 软件的使用

LaTeX 使用时其文档结构跟一般论文结构顺序是一样的，不过文档内容是用代码实现的。接下来基于一般论文结构，介绍 LaTeX 软件中如何对一篇论文进行排版。

基本文档结构如下：

```
\documentclass{article}%文档类型
\begin{document}%开始标签
This is the body of the article.
\end{document}%结束标签
```

\documentclass{类}确定整篇文章的处理格式，期刊或者会议论文一般可选类为 article，再附上控制全局格式的“选项”，如字体、字号、页面格式、纸张大小等。论文所有的内容在\begin{document}……\end{document}里面完成，一些标签是前后配套的，也有单个的。

LaTeX 命令是大小写敏感的，并且有两种形式：一种是反斜线(\)+字母、字符命令组成，命令后的空格符、数字符或其他非字母命令符标志着该命令的结束；另一种是反斜线(\)+特殊字符组成的命令。此外，注释用百分号“%”。

(1)库函数。

排版文档的时候可能很多问题使用 LaTeX 的基本功能解决不了，而库函数就是用来增强功能的。例如，需要在论文中插入图片，就需要预先在顶部添加库函数：\usepackage{graphicx}。以下是常用的几种库函数类型：

```
\usepackage{multirow}%表格单元合并
\usepackage{tabulary}%设置表格宽度
\usepackage{hyperref}%使用超文本链接
\usepackage{booktabs}%设置表格线条粗细
\usepackage{algorithmic}%算法环境
\usepackage{bm}%文字加粗
```

每个库函数都有\usepackage 部分，不同的是括号里面的函数名称。库函数的种类还有很多，可以在使用的时候根据需要在网上进行查询。在编写代码的时候，放库函数的区域称为导言区。在导言区还可能有其他的标签，如页面样式：\pagestyle{选项}，选项为 empty 表示没有页眉和页脚以及其他全局性的设置等。导言区下面是正式编写文章内容的部分。

(2)标题和作者信息。

在正文部分，首先是文章标题\title{标题}，然后是作者信息\author{作者信息}(多个作者用\and 连接)，地址\address{地址信息}以及邮箱\email{邮箱}等，这部分信息放到一个\begin{}……\end{}里面。代码如下：

```
\begin{document}%开始标签
\title{Discarding jagged artifacts in image-upscaling with total
variation regularization}%标题
\author{\au{Jian Xu$^{1}$}%第一作者
\address{\add{1}{The School of Communications and Information
Engineering, Xi'an University of Posts and Telecommunications, Western
Changan Road, Changan Region, Xi'an 710121, China}%作者地址
\email{xujian\_paper@126.com}%联系方式
\end{document}%结束标签
```

(3)摘要。

摘要放在一个新的标签\begin{abstract}……\end{abstract}里面，代码如下：

```
\begin{abstract}%开始标签
Abstract Image upscaling is needed in many areas. There are two
types of methods for image upscaling: methods based on a simple hypothesis
```

```
and methods based on machine learning…….
    \end{abstract}%结束标签
```

(4) 节标题和标签。

章节命令为\section{第一层标题}，\subsection{第二层标题}，\subsubsection{第三层标题}。需要注意的是，节标签只到三层，没有\subsubsubsection{第四层标题}这样的命令。代码如下：

```
    \section{Introduction}%节标签
    \label{sec:Introduction}%标签，便于引用
    In real applications, we require larger images than cameras can
capture in many areas. We will discuss it in……
```

(5) 公式代码编写。

公式可以借助 MathType，把公式转化为 LaTeX 代码，具体操作为：在 Word 中点击要转换的公式，点击 MathType 下面的“公式转换”，在“Text using MathType translator”的选项处选择转换为“LaTeX and later”，点击转换就能生成该公式相对应的 LaTeX 代码，如图 9.5 所示。

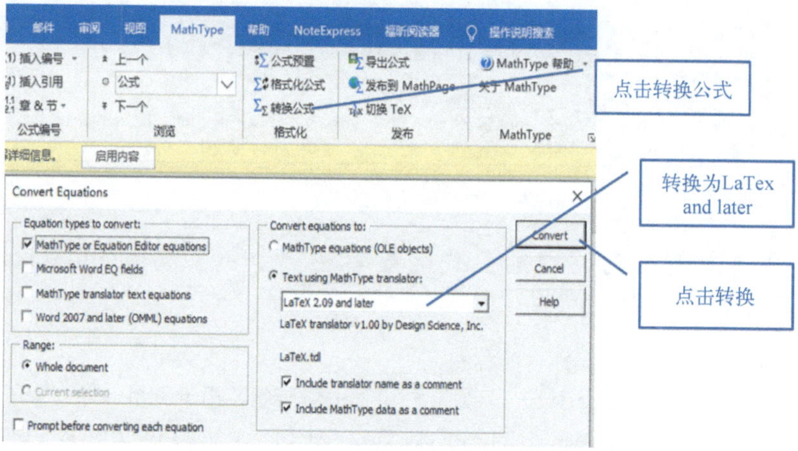

图 9.5　将公式转换为 LaTeX 代码

转换好以后把上面注释掉的代码都去掉，否则公式看上去将会特别长，如图 9.6 所示，可以将带%的行去掉，缩短公式代码。公式由 Word 转换后可能还有格式不满足要求的地方，需要手动对公式代码进行修改。

①行内公式的编写。

例如，编写公式 $\left\|J_f(\boldsymbol{x})\right\|_F^2=\sum_{i,j}\left(\frac{\partial h_j(\boldsymbol{x})}{\partial x_i}\right)^2$ 代码如下：

```
$\left\| {{J_f}\left( {\bf{x}} \right)} \right\|_F^2 = {\sum\limits_{i,j} {\left( {\frac{{\partial {h_j}\left( {\bf{x}} \right)}}{{\partial {x_i}}}} \right)} ^2}$
```

其中，$是行间公式的开始和结束标记；\left\|和\right\|是$\|\ \|$的代码，\left(和\right)是( )的代码；J_f 是 J_f 的代码，{\bf{x}}是将其变为粗体 $\boldsymbol{x}$，_F^2 表示以 F 为下标，以 2 为上标；\sum\limits_{i,j}是 $\sum\limits_{i,j}$ 的代码，\partial 就是 ∂ 的代码；\frac{}{}表示分数，其中，第一个大括号里的项是分子，第二个大括号里的项是分母。以上是编写案例公式所用到的所有标签，其他常见数学符号的 LaTeX 代码可参考本书附录，或者在使用的时候可以根据需要在网上自行查找。

```
% MathType!Translator!2!1!LaTeX.tdl!LaTeX 2.09 and later!
% MathType!MTEF!2!1!+-
% feaagKart1ev2aqatCvAUfeBSjuyZL2yd9gzLbvyNv2CaerbuLwBLn
% hiov2DGi1BTfMBaeXatLxBI9gBaebbnrfifHhDYfgatCvAUfeBSn0B
% KvguHDwzZbqegSSZmxoasaacH8srps0lbbf9q8WrFfeuY-Hhbbf9v8
% qqaqFr0xc9pk0xbba9q8WqFfea0-yr0RYxir-Jbba9q8aq0-yq-He9
% q8qqQ8frFve9Fve9Ff0dmeaabaqaciGacaGaaeWabaqaceaadaabaO
% qaamaafmaabaGaamOsamaaBaaaleaacaWGMbaabeaakmaabmaabaGa
% aCiEaaGaayjkaiaawMcaaaGaayzcSlaawQa7amaaDaaaleaacaWGgb
% aabaGaaGOmaaaakiabg2da9maaqafabaWaaeWaaeaadaWcaaqaaiab
% gkGi2kaadIgadaWgaaWcbaGaamOAaaqabaGcdaqadaqaaiaahIhaai
% aawIcacaGLPaaaaeaacqGHcilTcaWG4bWaaSbaaSqaaiaadMgaaeqa
% aaaaaOGaayjkaiaawMcaaaWcbaGaamyAaiaacYcacaWGQbaabeqdcq
% GHris5aOWaaWbaaSqabeaacaaIYaaaaaaa!5613!
$\left\| {{J_f}\left( {\bf{x}} \right)} \right\|_F^2 = {\sum\limits_{i,j} {\left( {\frac{{\partial {h_j}\left( {\bf{x}} \right)}}{{\partial {x_i}}}} \right)} ^2}$% MathType!End!2!1!
```

图 9.6　公式转换后的 LaTeX 代码

②行间公式的编写。行间公式需要写在一个单独的\begin{equation}……\end{equation}里面，代码如下：

```
\begin{equation}%开始标签
\label{equ: traditional equation}%标签，用于引用
{\rm{\textbf{\emph{E}}}}\left( {\bf{\textbf{\emph{H}}}}^t \right) = \int {\left| {\nabla {\bf{\textbf{\emph{H}}}}}^t \right| + {\frac{\lambda }{2}}\left\| {{\bf{{\bm{\varPsi}} \textbf{\emph{H}}}}}^t - {{\bf{\textbf{\emph{L}}}}}^t}} \right\|_2^2}
\end{equation}%结束标签
```

其中，label 标签的作用是方便在文中引用该公式。

(6)图的编写代码。

```
\begin{figure*}[!t]%开始标签
```

其中，“*”表示通栏排版，即将两栏全部占满，如果没有“*”则表示只占一栏。

```
\centering%图的位置
\includegraphics[width=2.3in]{LRtoHR.eps}%设置图的宽度
\caption{The task of image upscaling.}%图题
\label{fig:LRtoHR}%标签
end{figure}%结束标签
```

需要注意，LaTeX 中只能使用.eps 格式的图片，所以需要将所有图片先转换成为.eps 格式。一般图形需要在文中进行引用，引用格式为：Fig.\ref{图标签}，例如，

```
    Image upscaling is a technology that is used to obtain a larger
image from one or a group of small images}(as Fig.\ref{fig:LRtoHR})。
```

(7) 表格的编写代码。

```
\begin{table*}[!h]\small%开始标签
```

其中，small 表示小号字体，“*”表示通栏排版。

```
\caption{PSNR.}%表题
\label{Table :PSNR time_values}%标签，用于引用
\centering%表格位置
\begin{tabular}{c|c|c|c c c c|c c c}%表格样式
竖线表示表格是否有相应的纵向边框。
\hline%给表格添加横线
\rule[0mm]{0mm}{2.5mm}\multirow{2}{*}{Database}&\multirow{2}{*}
{Criterion}&\multirow{2}{*}{Bi-cubic}&\multicolumn{4}{c}%合并单元格
{Need external dataset}\vline&\multicolumn{3}{c}{Without
external dataset}\\
```

其中，每个&符号分隔相邻的两个单元格。上述代码中，合并后成为四个单元格，合并方式依次为：两行合并成一行、两行合并成一行、四列合并成一列、三列合并成一列。\\表示表格中的换行。单元格合并后的输出格式如图 9.7 所示，可以看到，该表格的最后 7 列，格式都是两行合并为一行，第一行的前四列合并为一列，后三列合并为一列。

Database	Criterion	Bi-cubic	Need external dataset				Without external dataset		
			VDSR	A+	SR-CNN	EDSR	Huang	Traditional TV	Proposed
	PSNR	23.2447	**25.9906**	24.8929	24.6995	24.0192	25.4398	24.1322	24.3583
	SSIM	0.7211	**0.8240**	0.7921	0.7812	0.7732	0.8088	0.7653	0.7726

图 9.7　合并后的单元格

```
    \rule[0mm]{0mm}{2.5mm}\multirow{5}{*}{Urban100}&PSNR&23.2447&\
textbf{25.9906}&24.8929&24.6995&24.0192&25.4398&24.1322&24.3583\\%单元
格中的内容加粗
```

其中，\textbf{}标签表示对大括号里面的内容加粗显示。上述代码的含义为：合并 5 行单元格，并对 25.9906 加粗，结果如图 9.8 所示。

Urban100	PSNR	23.2447	**25.9906**	24.8929	24.6995	24.0192	25.4398	24.1322	24.3583
	SSIM	0.7211	**0.8240**	0.7921	0.7812	0.7732	0.8088	0.7653	0.7726
	GMSD	0.1091	**0.0631**	0.0749	0.0792	0.0892	0.0682	0.0825	0.0801
	BIQA	0.3696	**0.6358**	0.5323	0.5237	0.5382	0.5340	0.5672	0.5776
	Time cost	**0.0038**	0.2619	2.3945	14.7927	1.4578	358.9234	24.4312	23.8772

图 9.8　单元格内容加粗显示

表格是编辑难度相对较大的，要编辑每一个位置的元素，还要控制是否保留一些横线，所以只有经常练习，才能快速完成一张表格的编辑。

(8) 算法的编写代码。

```
\begin{algorithm}%开始标签
\caption{The proposed algorithm }%算法标题
\begin{algorithmic}%算法开始标签
\label{alg:Algorithm_Summary}%引用标签
\REQUIRE ～～\\%从这一行开始，以下是算法内容
The input LR image ${{\bf{\emph{\textbf{L}}}}^t}$.%输入低分辨率图像
\ENSURE～～\\
The reconstructed HR image ${\bf{\hat {\textbf{\emph{H}}}}}^t$.%
重建高分辨率图像
\STATE Initialize $J=0$.%第一步
\STATE Produce the initial estimated HR image
${{\bf{\textbf{\emph{H}}}}^{t,0}}$ by up-scaling
${{\bf{\emph{\textbf{L}}}}^t}$ with bi-cubic interpolation…….%第二步
\end{algorithmic}%算法结束标签
\end{algorithm}%结束标签
```

以上是算法编写的部分代码，其中，一个\STATE 对应算法中的一个编号，输出结果如图 9.9 所示。

Require:
　The input LR image $\boldsymbol{L}^t$.
Ensure:
　The reconstructed HR image $\hat{\boldsymbol{H}}^t$.
1: Initialize $J = 0$.
2: Produce the initial estimated HR image $\boldsymbol{H}^{t,0}$ by up-scaling $\boldsymbol{L}^t$ with bi-cubic interpolation.

图 9.9　算法步骤

(9) 列出本研究得到哪些项目的支持。

这部分文字直接放到一个 section{}标签里面，代码如下：

```
\section*{Acknowledgment}%节标签
    This work was supported by the National Natural Science Foundation
of China under Grant 61601362, Grant 41874173, Grant 61671377, Grant
61571361, and Grant 41504115, China Scholarship Council, New Star TeXm of
Xi'an University of Posts and Telecommunications xyt2016-1.
```

(10)参考文献。

参考文献首先要自己编写.bib 文件，作为放参考文献的目录，如\bibliography{cc}，表示名为“cc”的一个文件。有了.bib 文件以后，就可以通过题录将参考文献引用到论文中。还要编写参考文献的格式文件，为.bst 文件，如\bibliographystyle{iet}，格式文件编写好了之后，在 LaTeX 上面直接把格式文件放上，就能得到相应的效果。

.bib 文件的编写如下。

①期刊。

```
@article{
ZhangZhang-1614,
    Author = {Zhang, Yongbing and Zhang, Yulun and Zhang, Jian and
Dai, Qionghai},
    Title = {CCR: Clustering and Collaborative Representation for
Fast Single Image Super-Resolution},
    Journal = {IEEE Transactions on Multimedia},
    Volume = {18},
    Number = {3},
    Pages = {405-417},
    Year = {2016} }
```

②会议论文。

```
@inproceedings{
ParkSon-1862,
    Author = {Park, Seong-Jin and Son, Hyeongseok and Cho, Sunghyun
and Hong, Ki-Sang and Lee, Seungyong},
    Title = {SRFeat: Single Image Super-Resolution with Feature
Discrimination},
    BookTitle = {European Conference on Computer Vision},
    Address= {Munich, Germany},
    Pages = {439-455},
    Year = {2018} }
```

在.bib 文件中，只要把这些项填上就可以了，不用考虑格式问题，因为格式可以交给.bst 文件去处理。

在论文中会对参考文献进行引用，引用方式如下所示：

In real applications, we require larger images than cameras can capture in many areas, such as medical imaging, security, surveillance and astronomical imaging. Image upscaling is a technology that is used to obtain a larger image from one or a group of small images**\cite{ ZhangZhang-1614}**(as Fig.\ref{fig:LRtoHR}). Since larger images contain more pixels, the key problem in image upscaling is predicting unknown pixel values from known pixel values**\cite{ ParkSon-1862}**. Due to the complex mode of images, prediction always produces artifacts.

其中，加粗显示的部分为引用参考文献的部分，引用格式为\cite{.bib 文件中的相应名称}。

(11) LaTeX 的编译。

使用 LaTeX 编译后，在存储文件的文件夹下面就会生成相应的.dvi 文件，这时点击相应按钮可以将.dvi 文件转换成.pdf 或者.ps 文件，并且可以查看相应格式的文件输出结果。如图 9.10 所示，左边一列是各种编译方式，正上方的按钮是进行文字格式转换的按钮，右上方的按钮是可以查看相应文件格式的按钮。

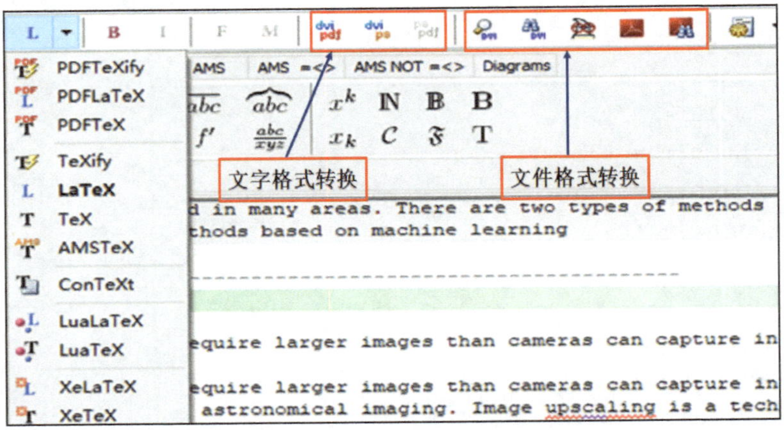

图 9.10　LaTeX 的编译与结果查看

此外，在论文写作过程中，经常会出现增加或者减少参考文献的情况。当.bib 文件更改过后，点击图 9.11 中的 B 按钮，可以重新编译。

LaTeX 中的编译方式很多，但是很多时候需要输出的文件都是 pdf 文件。但有时候会有人选择先编译成.ps 文件，再转换成.pdf 文件，这是因为在 LaTeX 下有一些工具对.ps 格式支持得比较好，如果直接由.dvi 格式转变成 pdf 格式，会出现格式上的混乱或者编译的错误。

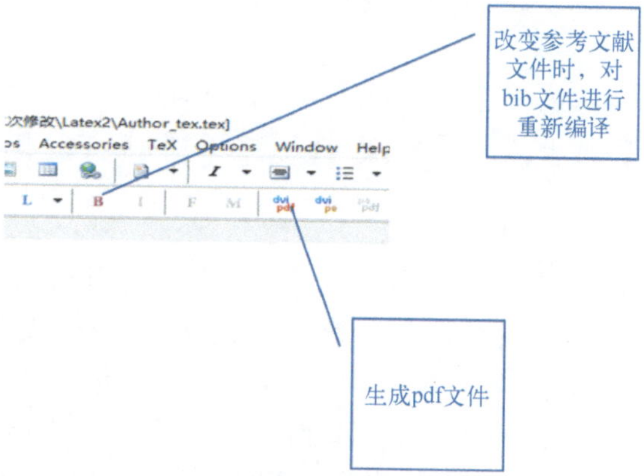

图 9.11　更新.bib 文件

(12)代码调试。

在 WinEdit 的主界面最下面部分可以对代码编译后的结果进行反馈，在调试代码的时候可以根据反馈信息寻找错误。代码排错的第一步是看懂 LaTeX 的报错提示，然后翻看相应位置的代码进行分析，最后根据经验、资料进行修改。代码报错提示如图 9.12 所示。

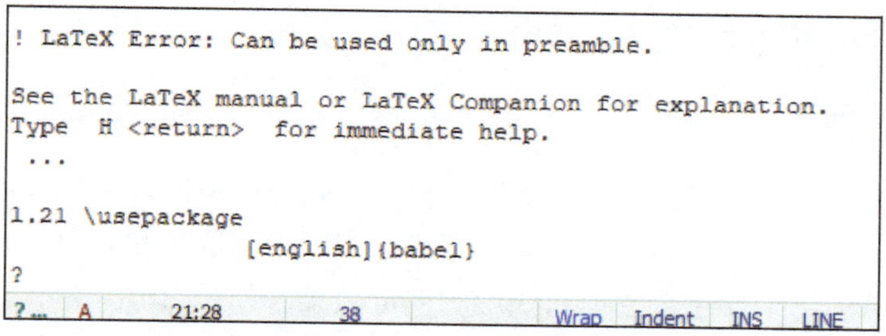

```
! LaTeX Error: Can be used only in preamble.

See the LaTeX manual or LaTeX Companion for explanation.
Type  H <return>  for immediate help.
 ...

l.21 \usepackage
                [english]{babel}
?
```

图 9.12　LaTeX 编译错误提示

报错信息分析如下。

第一行说明出错的原因；第二行是给出的建议；第三行标明出错的行数；第四行的?表示要求用户输入，可以输入 x 停止编译，或者“回车”忽略该错误，也可以按 s 键直接忽略后续一切错误。发现编译不通过，找不到错误的位置时，可以先把一大片代码进行注释，然后反复编译，直到缩小范围找到错误的位置。

建议每编辑一部分 LaTeX 代码就编译一次，如果前一次编译没有报错，后一次编译报错了，就说明主要的错误在后一次编辑的那一段代码里。

以上是 LaTeX 软件使用的简单介绍，详细内容可以自行参考 LaTeX 使用相关书籍，或者在网上搜索“lshort”中文版，里面对 LaTeX 的使用做了较为全面的介绍，可以作为使用该软件时的参考。

第 10 章　学术报告 PPT 的制作

无论在学习还是工作中，很多时候都不可避免地会用到 PPT，PPT 的应用场景是非常广泛的。所以，如何制作出与场景相符合的 PPT 是需要学习的技能。PPT 的制作是比较灵活的，各种元件、颜色可以任意搭配，但正是这种灵活性导致很多人在一开始拿到一个空白版式时不知道该如何下手。PPT 的制作需要综合考虑样式、配色、字体、字号等因素，针对学术报告的 PPT 又与其他 PPT 有一定的差别。本章将介绍学术报告 PPT 制作过程中的一些注意事项。

10.1　PPT 制作的美术基础

构图是指创作者安排和处理形象、符号的位置关系及其对应的空间占比，可以引导观赏者的视觉方向，有效分清画面的主次关系。所以在设计 PPT 的时候，遵循一些美术中的构图法则，更容易达到和谐美观的效果。

1. 点线面的对比

点、线、面的运用最大特点是强调规律性，它可以通过各种形式的组合，产生新的形态，构成千变万化的视觉形象。点线面构图具有数学和几何的规律性，具有严密的组织结构，十分注重条理和线形的视觉效果。如图 10.1 所示，在一页 PPT 中使用点、线、面的构图方法，可以让内容很多的画面看起来不显得混乱。

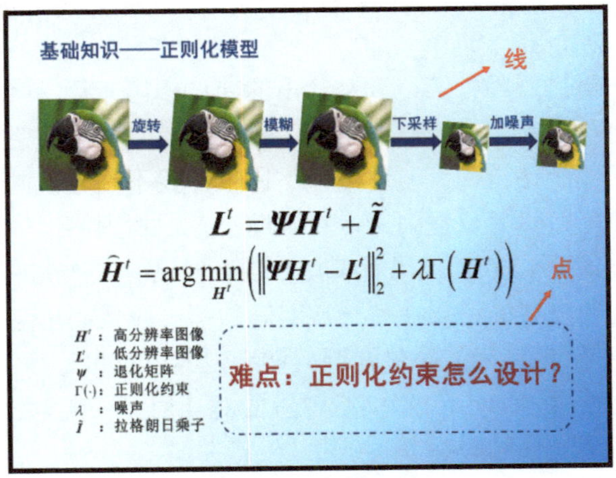

图 10.1　点线面构图 PPT

2. 画面的整体均衡

人在看画面的时候，感觉到的心理重量和物体的实际重量存在一定差别，心理重量是按照物体在人们生活中的重要性以及该物体与人的关系密切程度而定的。所以，在设计 PPT 的时候，要注意画面上的物体与人的心理重量之间的关系。一幅画面中，常见的各种对象的重要性程度一般依次为：人、动物、人造器物、植物、自然物质等。如图 10.2 所示，观众更容易注意到右侧的人物。

图 10.2　人物增加重量感

(1) 色调均衡补偿。

在图形中，色调的不均衡可通过调整形体大小进行补偿，形体的不均衡也可通过调整色调的深浅进行补偿。如图 10.3 所示，在图 10.3 (a) 中，明显左边的物体比右边的物体看起来更重；但是在图 10.3 (b) 中，将右边的物体填充为黑色，则右边的物体看起来会更重；在图 10.3 (c) 中，缩小了右边物体的比例，则两者看起来就会变得相对均衡。

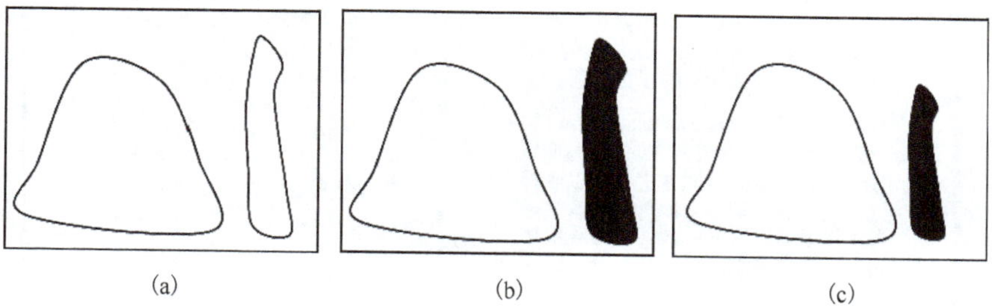

图 10.3　调整大小和颜色补偿色调不均衡

(2)运动的方向性。

实际中的运动是有方向性的，人们观察运动着的物体，视点往往追随着它的运动方向并且略为超前，因而在构图中也需要在运动前方留有更多的余地。如图 10.4 所示，箭头所指的方向应该为重点或总结性的内容。

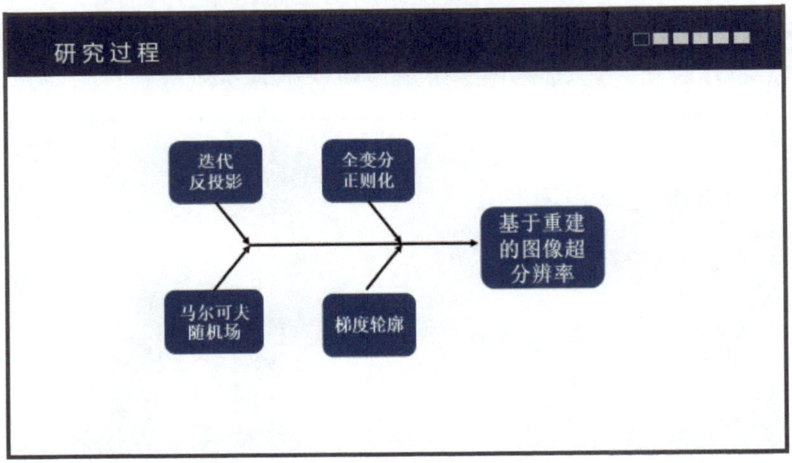

图 10.4　PPT 中的运动方向性

(3)突出重点。

一个画面中要有重点内容，这就需要在设计的时候对画面上的各部分内容合理排版。如图 10.5 所示，一张 PPT 中放入了过多文字，并且没有进行区分，就会显得没有重点。类似这样的画面，不适合出现在学术报告 PPT 中。如图 10.6 所示，中间的函数和图像是 PPT 的重点。

图 10.5　无重点的 PPT

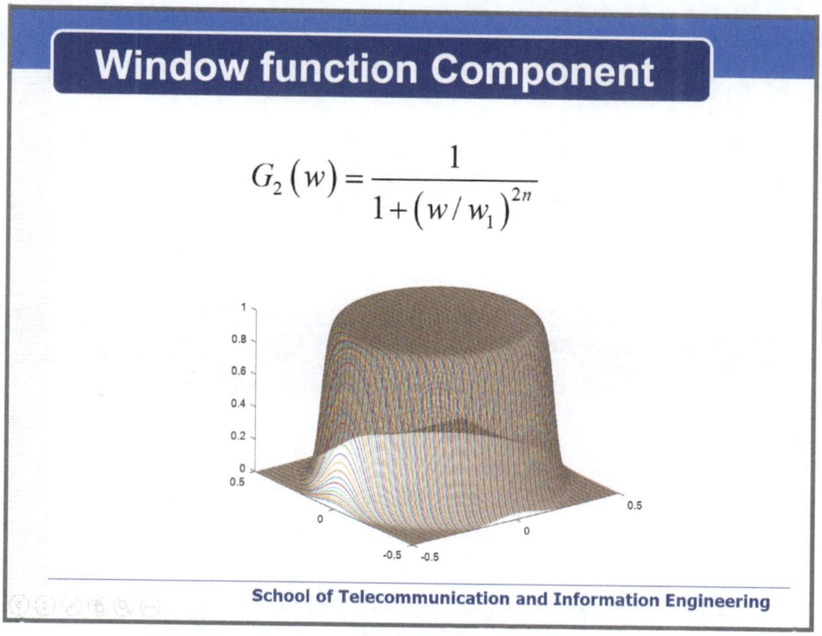

图 10.6　PPT 中突出重点

一个画面的高潮在于视觉中心，是节奏变化最强的部分。视觉中心并不一定是画面中央，而是指画面上最有趣的部分。画面中的其他部分应为这一中心服务，即引导观众的视线逐渐趋向这一中心，如图 10.7 所示。

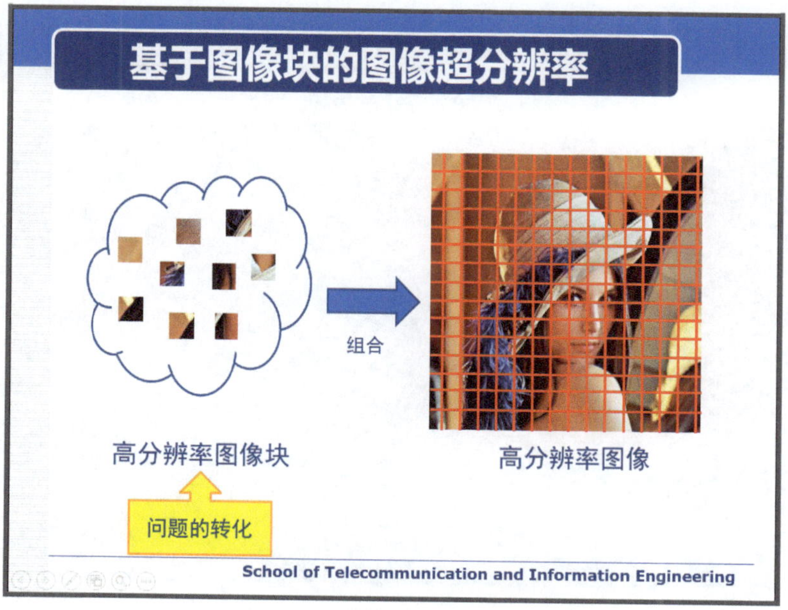

图 10.7　PPT 中的视觉高潮

3. 构图法则

(1) 几何形构架。

在设计画面的时候，几何图形能给人不一样的感觉。三角形给人崇高、坚实、稳定的感觉，图 10.8 所示为将三角形构图应用到 PPT 设计当中。如图 10.9 所示，长三角形有向上、飞驰、崇高的意境，PPT 设计中也可以使用长三角形。如图 10.10 所示，圆形给人旋转滚动的感觉，在 PPT 设计中使用圆形构图，可以增添画面的活力。

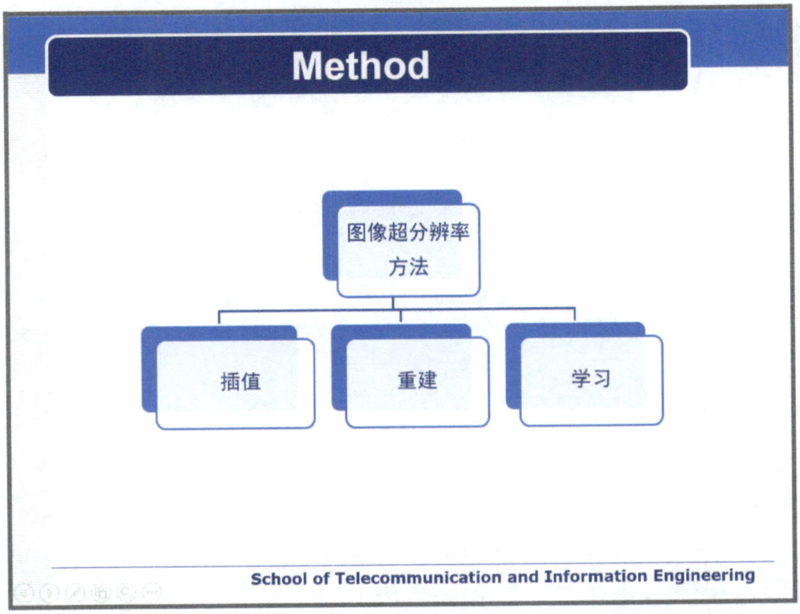

图 10.8　三角形构图 PPT

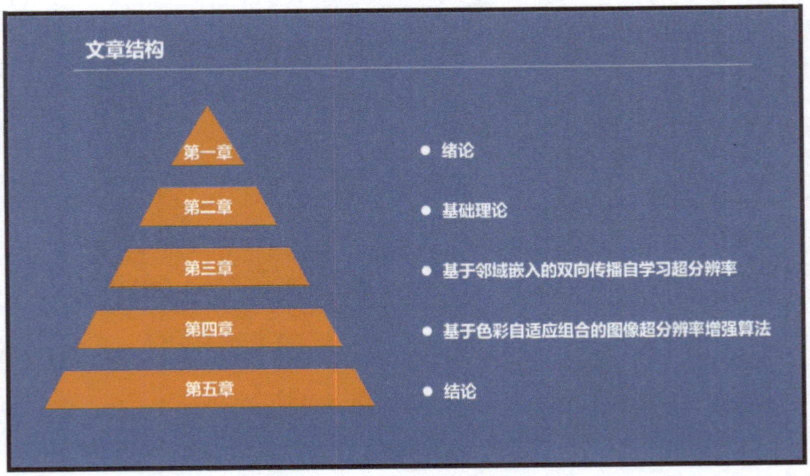

图 10.9　长三角形构图 PPT

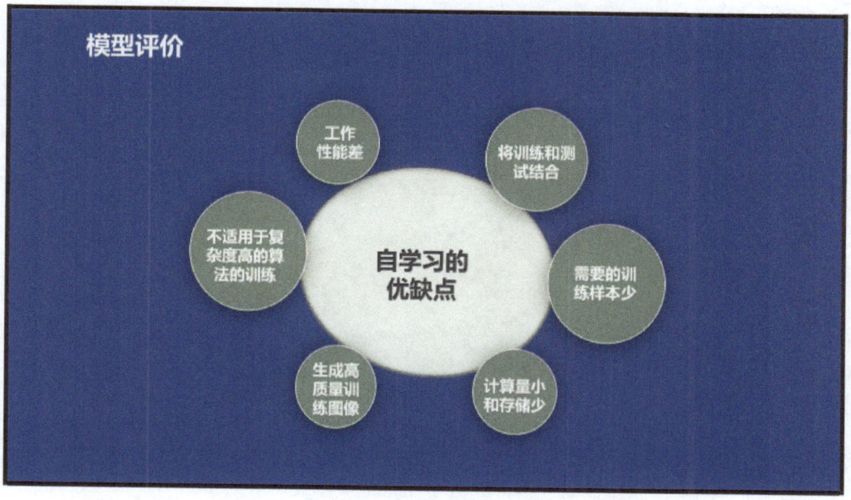

图 10.10　圆形构图 PPT

(2) 线条。

画面中不同的线条能够给人不一样的感觉。如图 10.11 所示，S 形能给人一种优美流畅的感觉，可以增加 PPT 的柔和感。如图 10.12 所示，PPT 的“之”字形给人一种盘旋纵深的感觉。如图 10.13 所示，V 字形有一种晃动的感觉，是一种活泼有动感的形式，将多个 V 字排列在一起反而有一种稳定的感觉。水平线代表着广袤天地，给人平静、静穆、安宁、开阔之感，图 10.14 所示为将水平构图应用到 PPT 设计中。如图 10.15 所示，PPT 中的垂直线有一种严肃、庄严的感觉。由于斜线容易使人感到重心不稳，所以动感强，倾斜角度越大，运动感越强，能形成深度空间，从而有一种延伸、冲动的视觉效果，图 10.16 为斜线构图的 PPT。

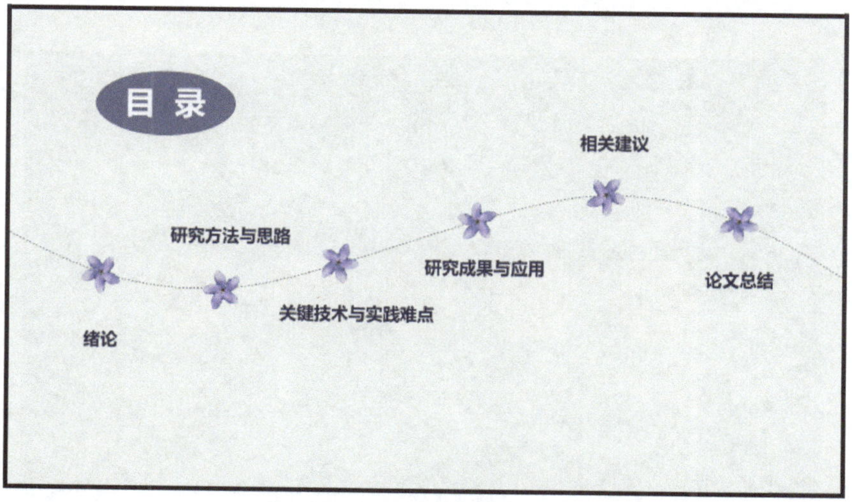

图 10.11　S 形曲线构图 PPT

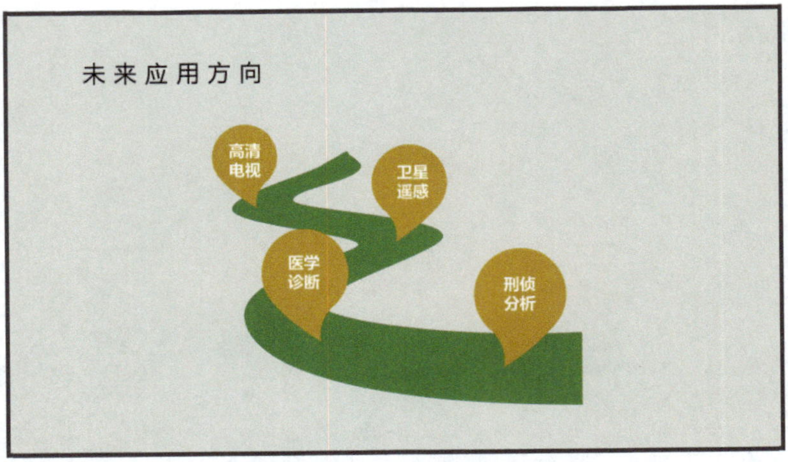

图 10.12 “之”字形构图 PPT

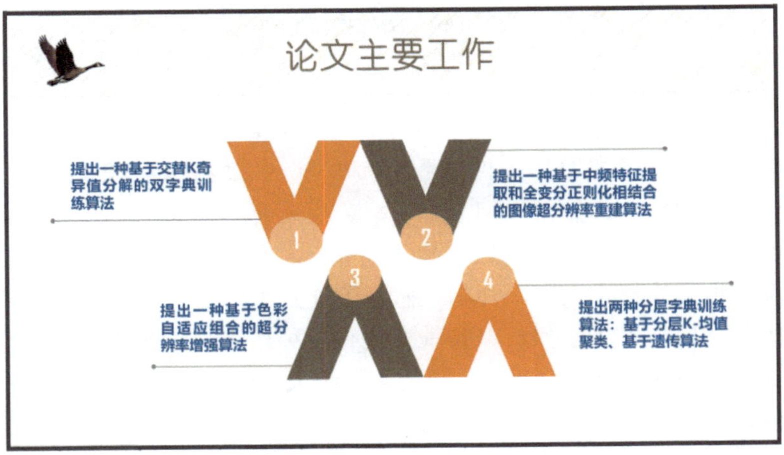

图 10.13 V 形构图 PPT

图 10.14 水平线构图 PPT

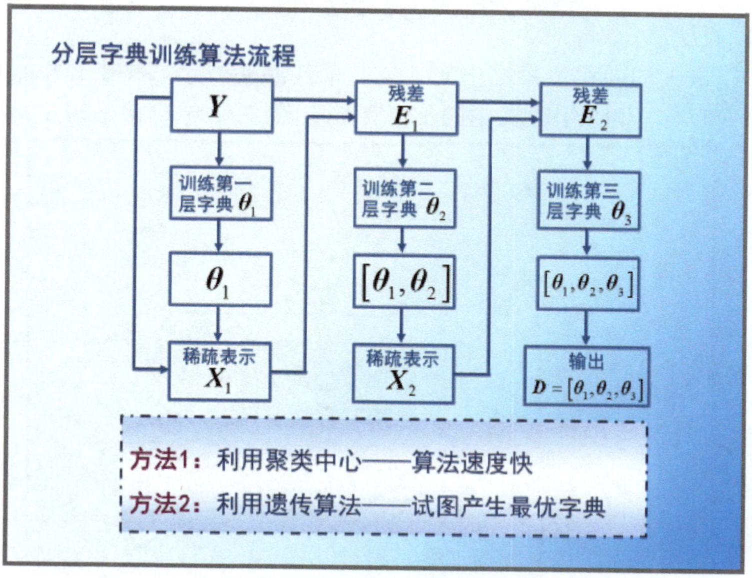

图 10.15　垂直构图 PPT

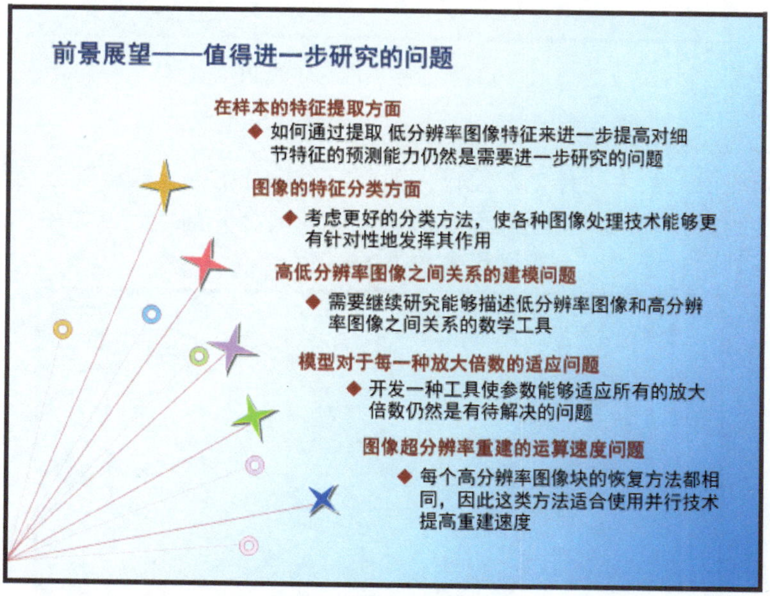

图 10.16　斜线构图 PPT

在设计 PPT 的时候，应根据 PPT 的内容以及其重要程度选择合适的构图方法。

4. 空间分割

画面通常由主体、副体、环境(分为前景和背景)以及空白组成。画面的布局就是研究如何使各种画面成分占有合理的位置，同时使之主次分明又相互关联地构成一个整体。

(1) 直接表现。

给主体以最大的面积、最突出的地位、最佳照明效果，将主体以最明显、最引人注目的形式直接予以突出。如图 10.17 所示，在 PPT 中直接表现主体。

图 10.17　直接表现主体的 PPT

(2) 黄金分割。

把一条线段分割为两部分，使较大部分与全长之比等于较小部分与较大部分之比，其比值约为 1∶0.618，将画面上的重点放在黄金分割点上。如图 10.18 所示，按照黄金分割比进行构图，构成优美和谐的画面。

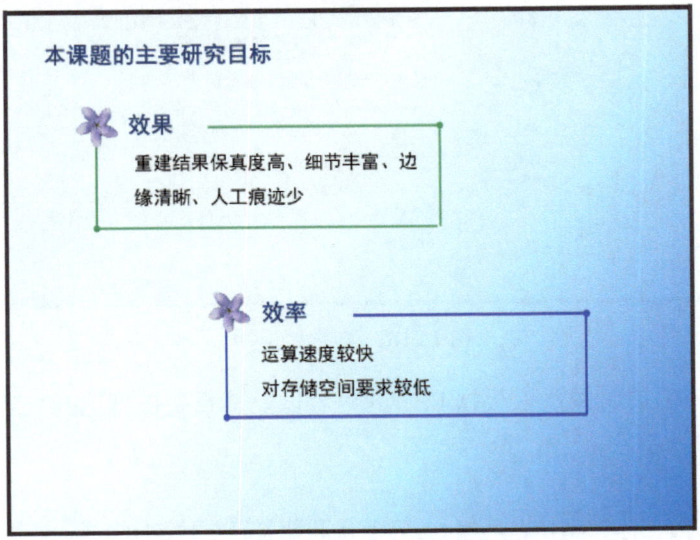

图 10.18　PPT 中的黄金分割比例

(3) 空间留白。

空间留白是营造空间意境的重要手段，在中国山水画里常常用到。不在多余的空白处对主体进行解释，而是让阅读者自己去发现重点，这一点在很多图形的构图中都用到过。如图 10.19 所示，在 PPT 中应用空间留白。

图 10.19 空间留白 PPT

10.2 色 彩

1. 色调

(1) 暗黑色调。暗黑，使色彩很大程度上失去五彩缤纷的绚丽感觉，它构成郁闷的情调，有如昏暗的阴天一般令人压抑。如图 10.20 所示，在 PPT 中也可以使用暗黑色调，但是要根据 PPT 的应用场景进行选择。

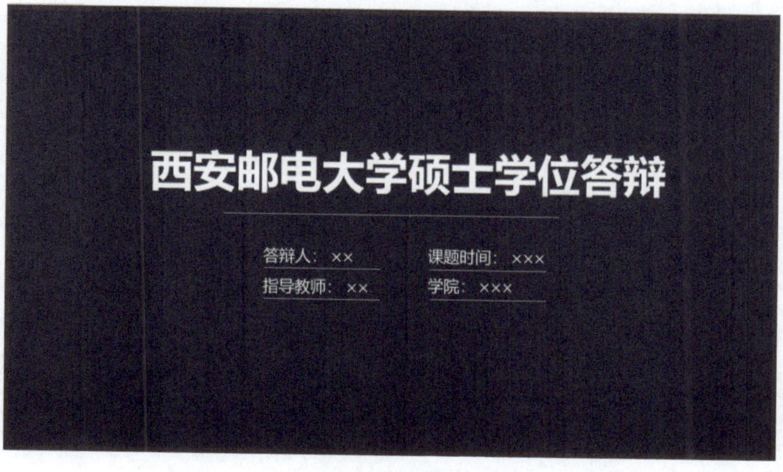

图 10.20 暗黑色调 PPT

(2) 明亮色调。明亮色调会使人爽朗愉快，由明亮色彩组成的画面，让观赏者如同置身于明媚阳光之中。这类色调的画面多用于表现欢乐的情调，如图 10.21 所示。

图 10.21　明亮色调 PPT

(3) 暖色调。由粉色、橘黄、土红等一系列暖色组成，给人以温暖亲切的感觉，如图 10.22 所示。

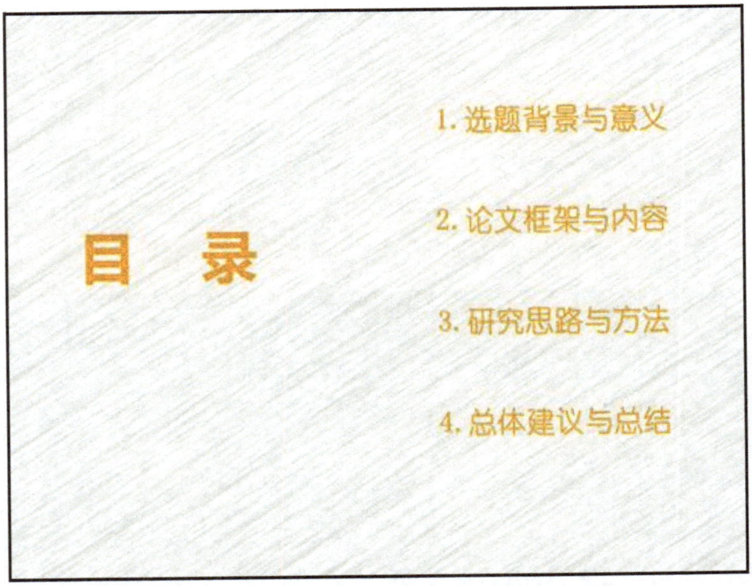

图 10.22　暖色调 PPT

(4) 冷色调。由蓝、绿等颜色组成的色调使人联想到天空、海洋、森林、雪地等，使人有宁静、疏远的感觉。如图 10.23 所示，完全用冷色调构成的画面有抑郁、忧伤的感觉，冷色调 PPT 适用于比较正式的场合。

图 10.23　冷色调 PPT

(5)浓重色调。颜色纯度高，因而有厚重、饱满的感觉，如印象派绘画中对光的描绘而产生的色彩亮丽的画面会给人一种亲切感。图 10.24 所示为浓重色调 PPT。

图 10.24　浓重色调 PPT

(6)清淡色调。清淡色调给人感觉单薄而清新，多见于水彩画中。图 10.25 所示为清淡色调图画。

2. 色彩对比

在设计 PPT 的时候，应该充分利用对比色，即根据主体的颜色尽可能选择其相对的色彩作为背景，这样可以使主体更突出。色彩的纯度越高，相对色之间的对比越强烈，视觉冲击力越大，如图 10.26 所示。相反，如果图像颜色反差小，画面会显得单调、呆板，此时应注意引进黑、白两种颜色，以增强反差、活跃图像，如图 10.27 所示。除此之外，基调色彩在图像上往往占有较大的面积，在整体上有先声夺人的效果，如图 10.28 所示。基调色彩有黑、白、金、银、灰等。

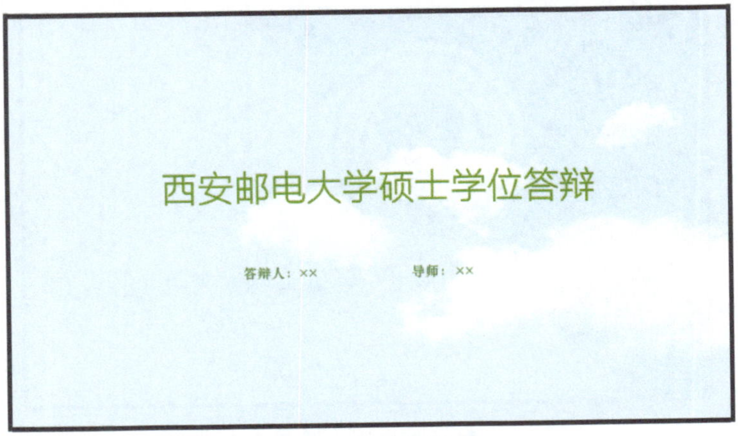

图 10.25　清淡色调 PPT

图 10.26　强烈对比色彩 PPT

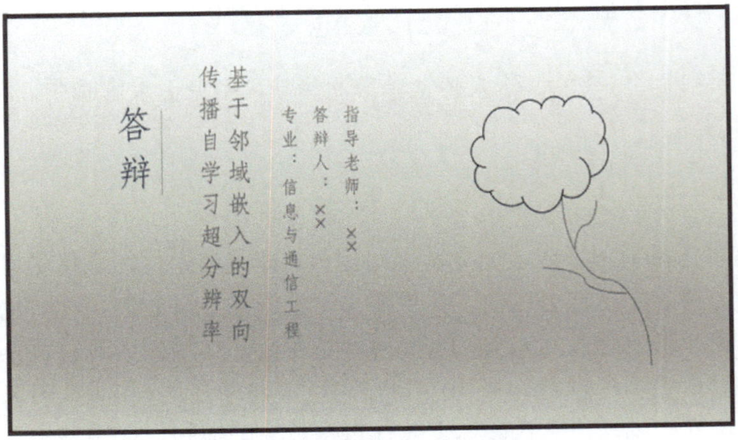

图 10.27　色调反差较小的 PPT

图 10.28　基调色彩 PPT

不同色彩的面积分布应避免等量、对称和凌乱。等量则无主次之分，对称则平淡无味，凌乱则使人生厌。色彩的分布要有大小、主次、轻重之分。图 10.29 所示为多色彩的 PPT，虽然使用了多种色彩，但是色彩分布根据物品大小、种类有所不同，整体看起来依然很和谐。

图 10.29　多色彩分布 PPT

3. 色彩心理

不同颜色能够给人带来不同的心理感受，常见颜色及其代表的意义如表 10.1 所示。

表 10.1　常见颜色及其所代表的意义

颜色	所代表的意义
红色	热情、喜悦、活力、艳丽、芬芳、成熟
黄色	光明、柔和、纯净、轻快、崇高、华贵
橙色	秋天、果实、明亮、健康
绿色	生命、春天、和平、宁静
蓝色	沉静、高洁、寂寞、悲伤、冷酷、神秘、高科技
紫色	优雅、高贵、有魅力
白色	干净、朴素、单调、凄凉
黑色	坚毅、严肃、庄重、恐怖、消极、忧伤、不幸、死亡

10.3　内 容 设 计

1. 准备工作

在编辑 PPT 文字内容之前，需要先对内容进行整理。首先思考以下三个问题。

(1) 希望听众通过 PPT 了解什么？作者需要抓住 PPT 的重点，即一页或者一套 PPT 想要给读者介绍哪些内容。对目标有了清晰的认识之后再进行内容排版。

(2) 希望听众通过 PPT 记住什么？一套 PPT 中应该有重点，而这些重点就是作者希望读者记住的地方。梳理出重点内容，在排版的时候将重要内容突出显示。

(3) 希望听众在演示后能做什么？作者在做 PPT 的时候应该对自己的演讲结果有一个预期，即通过此次演讲，希望观众有什么实际的收获。

如果是做学术汇报，可以先跟导师沟通，请导师对此次报告的目的进行讲解。或者先列出一个草稿，将想要讲解的内容梳理出来再与导师进行沟通。除此之外，还需要对观众进行分析，根据自己的内容寻找观众可能的兴奋点。大致的分析过程如下。

(1) 观众在想什么？在进行演讲或者汇报的时候，在场的观众必定是想从此次汇报中获取一些信息的，作者应该紧紧抓住演讲或汇报的主题去合理安排内容。在梳理各部分内容的时候，应该思考观众在听到这部分内容的时候可能会怎样理解，用这样的方式来讲解观众能不能理解。

(2) 观众为什么会这样想？站在观众的角度去思考问题，思考观众对某些内容可能会有怎样的理解，然后思考为什么他们会有理解上的偏差，从而在自己的表达方式上寻找原因。

(3) 观众喜欢怎样的沟通方式？在演讲过程中，演讲者需要与观众进行适当的沟通，演讲才能达到更好的效果。分析观众希望演讲者以怎样的方式去进行沟通，然后调整自己的沟通方式。

(4) 观众对怎样的形式容易理解？演讲者需要思考观众对怎样的内容呈现形式更容易适应。

(5) 如何得到观众真正的支持？在演讲中得到观众的支持可以极大地增加演讲者的信心，从而在演讲中发挥得更好。

2. 观众的态度

在上述介绍中提到了观众的支持对演讲者而言非常重要，那么应该如何最大程度地得到观众的支持呢？首先，演讲者应该要明白，自己的观点不一定是完全正确的，对待同一件事观众的态度可能跟自己的会有所不同。所以，当在演讲中面对不同情况的时候，应该怎样应对呢？方法如下。

(1) 支持。如果观众对演讲者的观点持支持态度，那么演讲者可以跟观众进行互动，表明自己感受到他们的支持，并希望他们在某些方面提供更多的帮助。

(2) 反对。如果观众不赞同自己的观点，这时候也不要慌，沉下心来理清思路，与观众进行沟通。首先认真倾听观众的看法，对他们的看法做简要分析，对他们的观点表示理解。然后再解释自己对此问题的理解，即自己为什么会持这样的观点。最后慢慢将观众引导到中立态度上。切忌一听到不同的声音就迫切地想要将别人引导到自己的观点上，这会造成对观众的不尊重，更不易获得观众的好感。

(3) 中立。如果观众持中立态度，演讲者需要通过更多的事实、数据来证明自己的观点，用严密的逻辑说服观众相信自己。

在演讲过程中还可能出现这样的情况，即观众支持演讲者可能是因为一些观众和演讲者关系好，他们并非真正对演讲者的观点表示赞同；还有可能一些观众持反对态度是因为利益关系。所以当遇到类似上述情况时，自信与坚定在演讲者身上就显得尤为重要。一名演讲者应该对自己所讲内容有充分的自信，不管出现什么样的声音，在充分尊重别人的前提下要始终坚持自己的观点，这样才会让观众更加信服。

3. 表达自己的观点

作者应该思考如何表达自己的观点，可选的方式有事实、数据、权威专家说的话、对某个故事的感触、图表或者图片等。对于不同的内容，其适合的表达方式也不同，例如，一些实验结论就更适合用数据进行论证。除了有证明材料之外，更重要的是演讲的过程。在讲述的时候，一定要逻辑清晰，层层递进。可以从以下几个方面进行思考：

①观众真正的需求是什么？

②为什么我们能满足观众的需求？

③为什么是我们而不是他们？

④为什么这才是真正有价值的观点？

当演讲者对上述问题有了一个明确的答案之后，给观众讲解时就会更加从容，即使遇到一些提问也能够从容应答。

10.4　PPT 的设计

1. PPT 封面的设计

封面设计最重要的是突出演讲的主题。可以将最重要的内容字体调大一些，颜色突出一些等。图 10.30 所示的封面，主题信息“图像超分辨率技术”和其他信息“通信与信息工程学院”字体相差不大，不能明显区分；左边的图案与报告主题无关，而且占的面积比较大，不适合放在这里。图 10.31 所示的封面将标题放在中央，与标题相比其他的字符都比较小，画面中所有的线条和装饰都能够对标题起到突出和衬托作用。

图 10.30　PPT 封面 1

图 10.31　PPT 封面 2

2. PPT 制作顺序

如果制作的是学术报告 PPT，其顺序可以按照论文的顺序，重点篇幅在于介绍文章的新思想。要注意避免使用太多的公式或变量，将最主要的思路、公式、创新点描述清楚即可。因为汇报的时间有限，如果对大量公式进行解释和推导，既浪费时间又容易使观众失去兴趣。

3. PPT 排版

在排版过程中，尽量将文字修改成长短一致的段落。保证观众能够快速地浏览完，并获取到主要信息。

以下是排版过程中需要遵循的一些原则。

(1) 对齐原则。对于 PPT 中的段落文字，要选择一个对齐方式，如上、下、左、右对齐，页面内所有元素也要对齐。图 10.32 所示为文字左对齐。

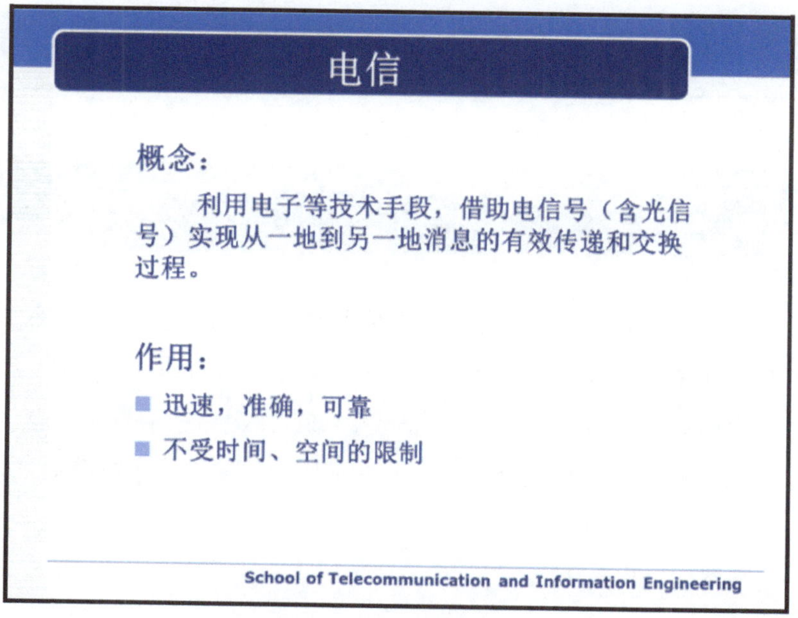

图 10.32　段落文字的对齐

(2) 分离原则。一页 PPT 中不同的内容尽量拉大距离，段与段之间的距离大于段内的行距。图 10.33 中，将一段文字分成条展示，方便观众理清思路。图 10.34 中将一整段文字放在 PPT 上，观众看的时候会很有压力。此外，二级内容和一级内容之间要有差异，可以增加一些项目符号以示区分，也可以用不同字号或缩进，如图 10.35 所示。

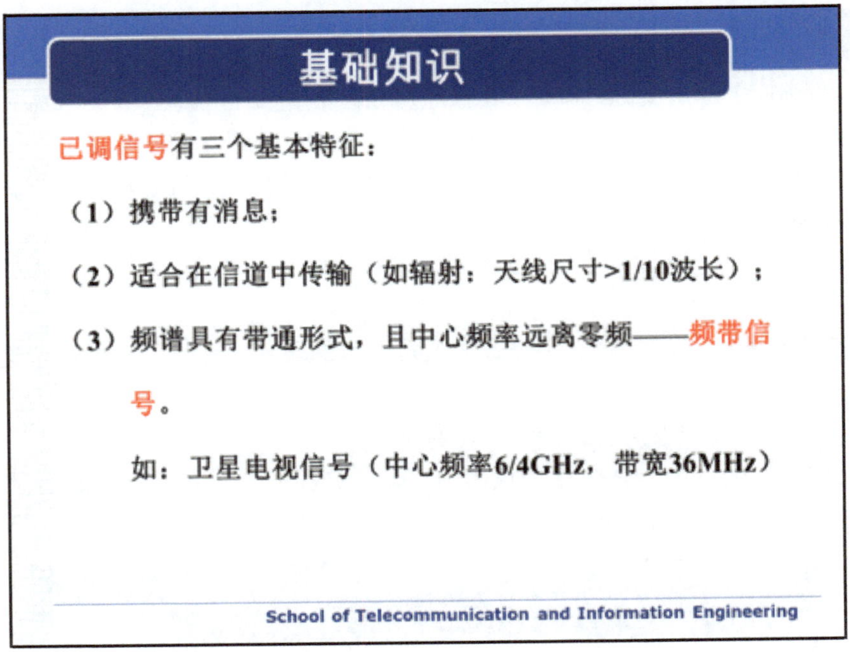

图 10.33　一段文字分成条展示

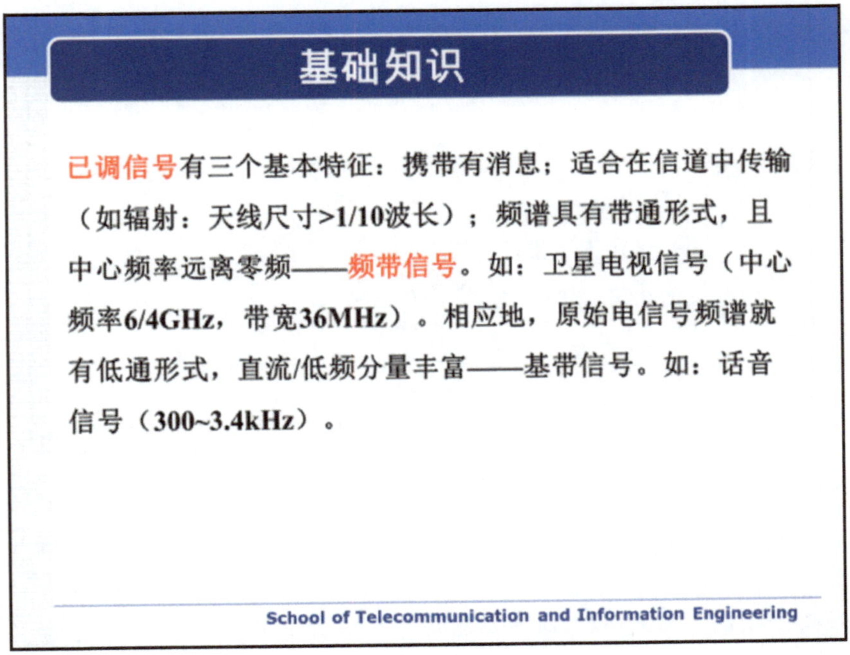

图 10.34　整段文字展示

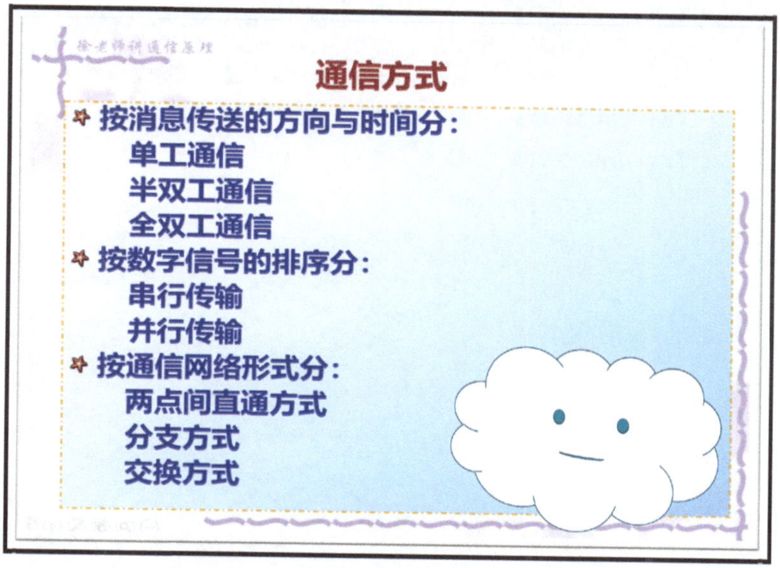

图 10.35　对不同级别的内容进行区分

(3) 留白原则。在 PPT 设计中应该遵循留白原则，给观众更多想象的空间，如图 10.36 和图 10.37 所示，前者中全是字，没有任何留白的空间，看起来容易产生疲惫感；而后者只有两个公式和一幅图，画面简洁，可以将观众的注意力吸引到重点内容上来。

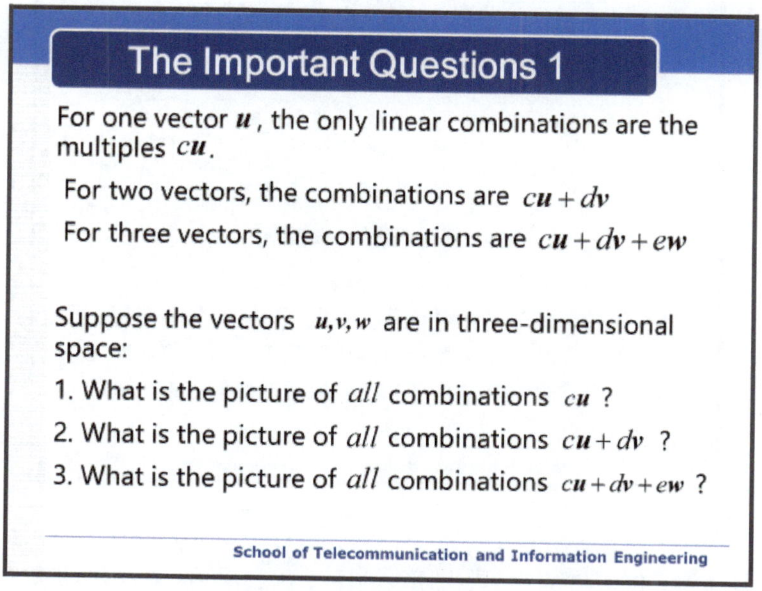

图 10.36　没有留白的 PPT

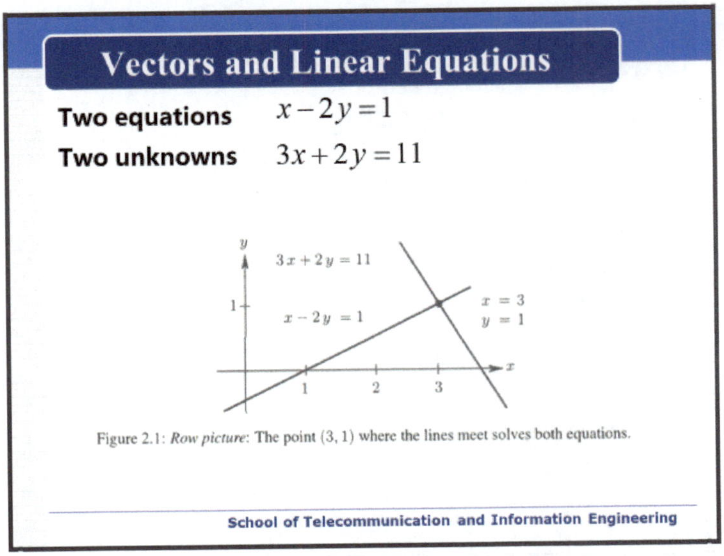

图 10.37　留白的 PPT

(4) 降噪原则。在 PPT 中要避免颜色过多、字数过多、图形太花、动画过闪等。如图 10.38 所示，在 PPT 中，蓝色方框里的部分非常亮，而且是动态的，特别容易吸引观众的眼球，但这并不是整张 PPT 的重点，应将其视为干扰成分。

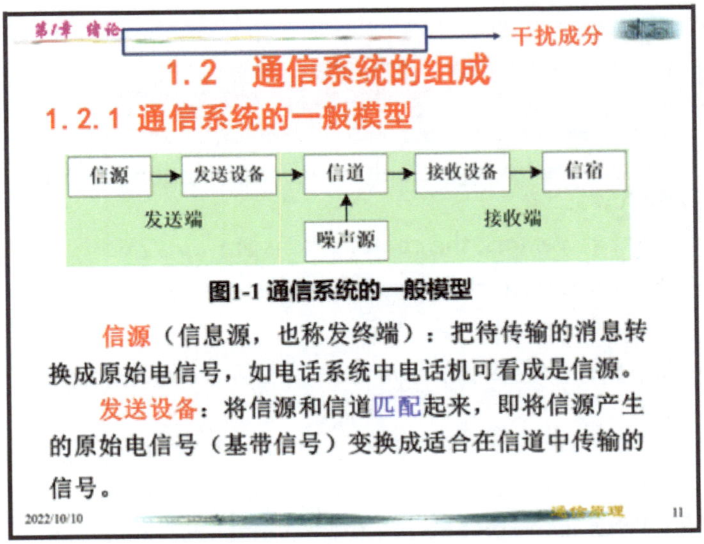

图 10.38 颜色太多的 PPT

(5) 重复原则。PPT 中的字号、图形、颜色、项目编号、形式形状等都可以重复，有时候为了页面整洁，尽量将同类型的内容用相同的形状。如图 10.39 所示，相同的内容用一样的元件展示。

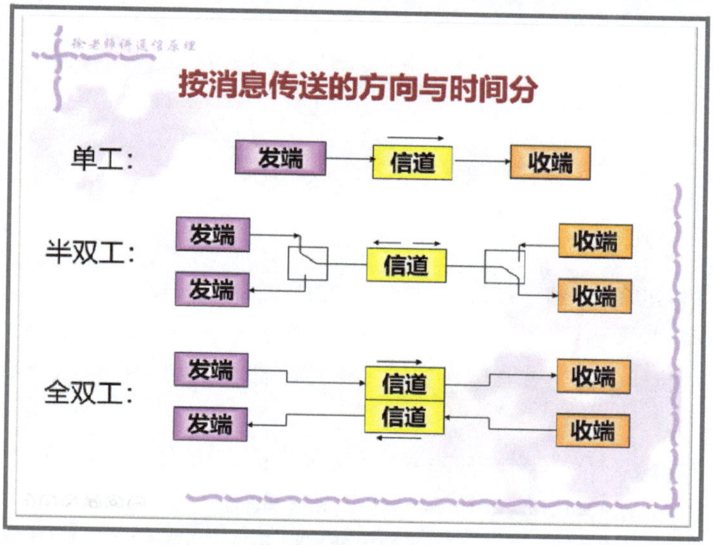

图 10.39 应用重复形状的 PPT

(6)对比原则。当需要对 PPT 中的某些内容进行强调时，可以选择不同颜色来展示该内容，如图 10.40 所示，为了对公式的单位进行强调，将其标为红色。

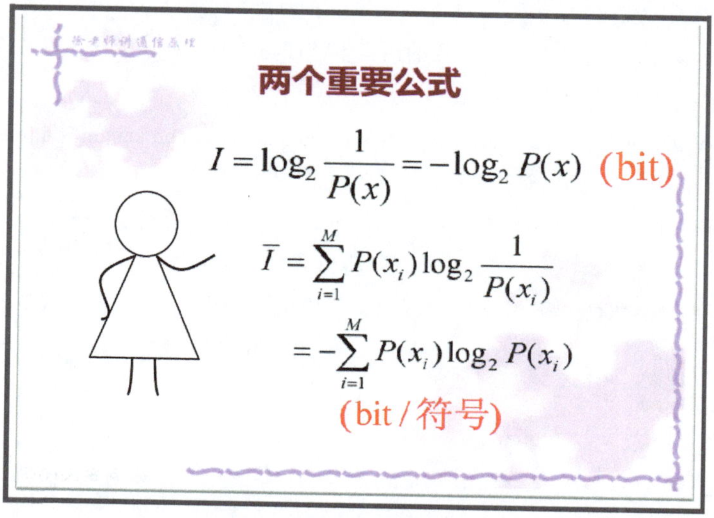

图 10.40　具有强调内容的 PPT

参 考 文 献

[1] 凌斌. 论文写作的提问和选题[J]. 中外法学, 2015, 27(1): 36-42.

[2] 刘敏. 科学问题的生成及其进化机制[J]. 东北大学学报(社会科学版), 2015, 17(1): 8-13.

[3] 陆宜新. 科技学术期刊青年编辑初审工作要做到“1234”[J]. 编辑学报, 2019, 31(1): 106-108.

[4] 姚志昌, 段瑞云, 付继娟, 等. F5000入选论文对精准选稿的启示——以能源领域代表性期刊为例[J]. 中国科技期刊研究, 2019, 30(11): 1197-1205.

[5] 蒲素清, 罗云梅, 李缨来, 等. 编辑部集体分层初审的实施细则及优势[J]. 编辑学报, 2019, 31(2): 165-168.

[6] 盛杰. 期刊编辑对科技论文创新性的把握[J]. 编辑学报, 2011, 23(3): 215-217.

[7] 张品纯. 科技期刊编辑提高学术研究能力和论文写作水平的一些要点[J]. 中国科技期刊研究, 2020, 31(10): 1193-1201.

[8] 索传军, 于果鑫. 学术论文研究亮点的语言学特征与分布规律研究[J]. 图书情报工作, 2020, 64(9): 104-113.

[9] Lu C, Bu Y, Dong X L, et al. Analyzing linguistic complexity and scientific impact[J]. Journal of Informetrics, 2019, 13(3): 817-829.

[10] 徐红霞, 李春旺. 科技文献内容知识点抽取研究综述[J]. 数据分析与知识发现, 2019, 3(3): 14-24.

[11] 曹树金, 闫欣阳, 张倩, 等. 中外情报学论文创新性特征研究[J]. 图书情报工作, 2020, 64(1): 80-92.

附　　录

LaTeX 中常见的数学符号命令：

<table>
<tr><td>α</td><td>\alpha</td><td>$\rightarrow$</td><td>\rightarrow</td></tr>
<tr><td>β</td><td>\beta</td><td>$\leftrightarrow$</td><td>\leftrightarrow</td></tr>
<tr><td>γ</td><td>\gamma</td><td>$\uparrow$</td><td>\uparrow</td></tr>
<tr><td>η</td><td>\eta</td><td>$\downarrow$</td><td>\downarrow</td></tr>
<tr><td>μ</td><td>\mu</td><td>$\Leftarrow$</td><td>\Leftarrow</td></tr>
<tr><td>ε</td><td>\varepsilon</td><td>$\Rightarrow$</td><td>\Rightarrow</td></tr>
<tr><td>δ</td><td>\delta</td><td>$\Leftrightarrow$</td><td>\Leftrightarrow</td></tr>
<tr><td>∞</td><td>\infty</td><td>(</td><td>\left(</td></tr>
<tr><td>ϕ</td><td>\emptyset</td><td>)</td><td>\right)</td></tr>
<tr><td>θ</td><td>\theta</td><td>{</td><td>\left\{</td></tr>
<tr><td>Σ</td><td>\Sigma</td><td>}</td><td>\right\}</td></tr>
<tr><td>Δ</td><td>\Delta</td><td>[</td><td>\left[</td></tr>
<tr><td>Λ</td><td>\Lambda</td><td>]</td><td>\right]</td></tr>
<tr><td>Ω</td><td>\Omega</td><td>||</td><td>\left\||</td></tr>
<tr><td>Π</td><td>\Pi</td><td>|</td><td>\left</td></tr>
<tr><td>Θ</td><td>\Theta</td><td>$\langle$</td><td>\langle</td></tr>
<tr><td>$+$</td><td>+</td><td>$\rangle$</td><td>\rangle</td></tr>
<tr><td>$-$</td><td>−</td><td>$\leqslant$</td><td>\leqslant</td></tr>
<tr><td>$\pm$</td><td>\pm</td><td>$\geqslant$</td><td>\geqsland</td></tr>
<tr><td>$\mp$</td><td>\mp</td><td>$\ll$</td><td>\ll</td></tr>
<tr><td>$\cdot$</td><td>\cdot</td><td>$\gg$</td><td>\gg</td></tr>
<tr><td>$\div$</td><td>\div</td><td>$\thickapprox$</td><td>\thickapprox</td></tr>
<tr><td>$\times$</td><td>\times</td><td>$\propto$</td><td>\propto</td></tr>
<tr><td>$\cup$</td><td>\cup</td><td>$\backslash$</td><td>\backslash</td></tr>
<tr><td>$\cap$</td><td>\cap</td><td>∇</td><td>\nabla</td></tr>
<tr><td>$\oplus$</td><td>\oplus</td><td>abc（斜体字）</td><td>\textit{abc}</td></tr>
<tr><td>$\ast$</td><td>\ast</td><td>abc（直立文本）</td><td>\textup{abc}</td></tr>
</table>

$\sum$	\sum	X_{n1}	\X_n1
$\prod$	\prod	$\frac{x}{y}$（分数）	\frac{x}{y}
$\coprod$	\coprod	∂（偏导）	\partial
$\int$	\int	$\mathrm{d}t$（导数）	\mathrm{d}t
$\oint$	\oint	$\boldsymbol{abc}$（加粗）	\textbf{abc}
$\ne$	\ne		
$ABCdef$	\mathrm{ABCdef}		
$\leftarrow$	\leftarrow		
$\rightleftharpoons$	\rightleftharpoons		